U0226410

开放经济视角下中国环境污染的影响因素分析研究

A Study on the Influence Factors of
China's Environmental Pollution from the Perspective of the
Open Economy

谢锐 著

经济管理出版社
ECONOMY & MANAGEMENT PUBLISHING HOUSE

图书在版编目（CIP）数据

开放经济视角下中国环境污染的影响因素分析研究/谢锐著. —北京：经济管理出版社，2015.12

ISBN 978-7-5096-4214-6

Ⅰ.①开… Ⅱ.①谢… Ⅲ.①环境污染—影响因素—因素分析—研究—中国 Ⅳ.①X508.2

中国版本图书馆 CIP 数据核字（2016）第 013018 号

组稿编辑：宋　娜
责任编辑：宋　娜　赵晓静
责任印制：黄章平
责任校对：王　淼

出版发行：经济管理出版社
　　　　　（北京市海淀区北蜂窝 8 号中雅大厦 A 座 11 层　100038）
网　　址：www. E-mp. com. cn
电　　话：(010) 51915602
印　　刷：三河市延风印装有限公司
经　　销：新华书店
开　　本：720mm×1000mm/16
印　　张：18.75
字　　数：300 千字
版　　次：2015 年 12 月第 1 版　　2015 年 12 月第 1 次印刷
书　　号：ISBN 978-7-5096-4214-6
定　　价：98.00 元

第四批《中国社会科学博士后文库》编委会及编辑部成员名单

（一）编委会

主　任：张　江

副主任：马　援　张冠梓　俞家栋　夏文峰

秘书长：张国春　邱春雷　刘连军

成　员（按姓氏笔画排序）：

卜宪群　方　勇　王　巍　王利明　王国刚　王建朗　邓纯东
史　丹　刘　伟　刘丹青　孙壮志　朱光磊　吴白乙　吴振武
张车伟　张世贤　张宇燕　张伯里　张星星　张顺洪　李　平
李　林　李　薇　李永全　李汉林　李向阳　李国强　杨　光
杨　忠　陆建德　陈众议　陈泽宪　陈春声　卓新平　房　宁
罗卫东　郑秉文　赵天晓　赵剑英　高培勇　曹卫东　曹宏举
黄　平　朝戈金　谢地坤　谢红星　谢寿光　谢维和　裴长洪
潘家华　冀祥德　魏后凯

（二）编辑部（按姓氏笔画排序）：

主　任：张国春（兼）

副主任：刘丹华　曲建君　李晓琳　陈　颖　薛万里

成　员（按姓氏笔画排序）：

王　芳　王　琪　刘　杰　孙大伟　宋　娜　苑淑娅　姚冬梅
郝　丽　梅　枚　章　瑾

　　本书获国家自然科学基金项目"环境规制对能源—经济—环境系统的影响及其路径选择：基于动态 CGE 模型的研究"（项目编号：71303076）、博士后科学基金特别资助项目"环境税改革影响能源—经济—环境系统的动态一般均衡研究"（项目编号：2013T60219）、博士后科学基金面上资助项目"东亚区域贸易自由化对我国环境效应的动态一般均衡分析"（项目编号：2012M510057）和湖南省科技计划软科学重点项目"长江经济带发展背景下推动长株潭城市群生态环境协同治理机制与对策研究"（项目编号：2015zk2002）共同资助。

序　言

　　2015 年是我国实施博士后制度 30 周年，也是我国哲学社会科学领域实施博士后制度的第 23 个年头。

　　30 年来，在党中央国务院的正确领导下，我国博士后事业在探索中不断开拓前进，取得了非常显著的工作成绩。博士后制度的实施，培养出了一大批精力充沛、思维活跃、问题意识敏锐、学术功底扎实的高层次人才。目前，博士后群体已成为国家创新型人才中的一支骨干力量，为经济社会发展和科学技术进步作出了独特贡献。在哲学社会科学领域实施博士后制度，已成为培养各学科领域高端后备人才的重要途径，对于加强哲学社会科学人才队伍建设、繁荣发展哲学社会科学事业发挥了重要作用。20 多年来，一批又一批博士后成为我国哲学社会科学研究和教学单位的骨干人才和领军人物。

　　中国社会科学院作为党中央直接领导的国家哲学社会科学研究机构，在社会科学博士后工作方面承担着特殊责任，理应走在全国前列。为充分展示我国哲学社会科学领域博士后工作成果，推动中国博士后事业进一步繁荣发展，中国社会科学院和全国博士后管理委员会在 2012 年推出了《中国社会科学博士后文库》（以下简称《文库》），迄今已出版四批共 151 部博士后优秀著作。为支持 《文库》的出版，中国社会科学院已累计投入资金 820 余万元，人力资源和社会保障部与中国博士后科学基金会累计投入 160 万元。实践证明，《文库》已成为集中、系统、全面反映我国哲学社会科学博士后优秀成果的高端学术平台，为调动哲学社会科学博士后的积极性和创造力、扩大哲学社会科学博士后的学术影响力和社会影响力发挥了重要作用。中国社会科学院和全国博士后管理委员会将共同努力，继续编辑出版好《文库》，进一步提高《文库》的学术水准和社会效益，使之成为学术出版界的知名品牌。

哲学社会科学是人类知识体系中不可或缺的重要组成部分，是人们认识世界、改造世界的重要工具，是推动历史发展和社会进步的重要力量。建设中国特色社会主义的伟大事业，离不开以马克思主义为指导的哲学社会科学的繁荣发展。而哲学社会科学的繁荣发展关键在人，在人才，在一批又一批具有深厚知识基础和较强创新能力的高层次人才。广大哲学社会科学博士后要充分认识到自身所肩负的责任和使命，通过自己扎扎实实的创造性工作，努力成为国家创新型人才中名副其实的一支骨干力量。为此，必须做到：

第一，始终坚持正确的政治方向和学术导向。马克思主义是科学的世界观和方法论，是当代中国的主流意识形态，是我们立党立国的根本指导思想，也是我国哲学社会科学的灵魂所在。哲学社会科学博士后要自觉担负起巩固和发展马克思主义指导地位的神圣使命，把马克思主义的立场、观点、方法贯穿到具体的研究工作中，用发展着的马克思主义指导哲学社会科学。要认真学习马克思主义基本原理、中国特色社会主义理论体系和习近平总书记系列重要讲话精神，在思想上、政治上、行动上与党中央保持高度一致。在涉及党的基本理论、基本路线和重大原则、重要方针政策问题上，要立场坚定、观点鲜明、态度坚决，积极传播正面声音，正确引领社会思潮。

第二，始终坚持站在党和人民立场上做学问。为什么人的问题，是马克思主义唯物史观的核心问题，是哲学社会科学研究的根本性、方向性、原则性问题。解决哲学社会科学为什么人的问题，说到底就是要解决哲学社会科学工作者为什么人从事学术研究的问题。哲学社会科学博士后要牢固树立人民至上的价值观、人民是真正英雄的历史观，始终把人民的根本利益放在首位，把拿出让党和人民满意的科研成果放在首位，坚持为人民做学问，做实学问、做好学问、做真学问，为人民拿笔杆子，为人民鼓与呼，为人民谋利益，切实发挥好党和人民事业的思想库作用。这是我国哲学社会科学工作者，包括广大哲学社会科学博士后的神圣职责，也是实现哲学社会科学价值的必然途径。

第三，始终坚持以党和国家关注的重大理论和现实问题为科研主攻方向。哲学社会科学只有在对时代问题、重大理论和现实问题的深入分析和探索中才能不断向前发展。哲学社会科学博士后要根据时代和实践发展要求，运用马克思主义这个望远镜和显微镜，增强辩证思维、创新思维能力，善于发现问题、分析问题，积极推动解决问题。要深入研究党和国家面临的一系列亟待回答和解决的重大理论和现实问题，经济社会发展中的全局性、前瞻性、战略性问题，干部群众普遍关注的热点、焦点、难点问题，以高质量的科学研究成果，更好地为党和国家的决策服务，为全面建成小康社会服务，为实现"两个一百年"奋斗目标和中华民族伟大复兴中国梦服务。

第四，始终坚持弘扬理论联系实际的优良学风。实践是理论研究的不竭源泉，是检验真理和价值的唯一标准。离开了实践，理论研究就成为无源之水、无本之木。哲学社会科学研究只有同经济社会发展的要求、丰富多彩的生活和人民群众的实践紧密结合起来，才能具有强大的生命力，才能实现自身的社会价值。哲学社会科学博士后要大力弘扬理论联系实际的优良学风，立足当代、立足国情，深入基层、深入群众，坚持从人民群众的生产和生活中，从人民群众建设中国特色社会主义的伟大实践中，汲取智慧和营养，把是否符合、是否有利于人民群众根本利益作为衡量和检验哲学社会科学研究工作的第一标准。要经常用人民群众这面镜子照照自己，匡正自己的人生追求和价值选择，校验自己的责任态度，衡量自己的职业精神。

第五，始终坚持推动理论体系和话语体系创新。党的十八届五中全会明确提出不断推进理论创新、制度创新、科技创新、文化创新等各方面创新的艰巨任务。必须充分认识到，推进理论创新、文化创新，哲学社会科学责无旁贷；推进制度创新、科技创新等各方面的创新，同样需要哲学社会科学提供有效的智力支撑。哲学社会科学博士后要努力推动学科体系、学术观点、科研方法创新，为构建中国特色、中国风格、中国气派的哲学社会科学创新体系作出贡献。要积极投身到党和国家创新洪流中去，深入开展探索性创新研究，不断向未知领域进军，勇攀学术高峰。要大力推进学术话语体系创新，力求厚积薄发、深入浅出、语言朴实、文风清新，力戒言之无物、故作高深、食洋不化、食古不化，不断增强我国学术话语体系的说服力、感染力、影响力。

"长风破浪会有时，直挂云帆济沧海。"当前，世界正处于前所未有的激烈变动之中，我国即将进入全面建成小康社会的决胜阶段。这既为哲学社会科学的繁荣发展提供了广阔空间，也为哲学社会科学界提供了大有作为的重要舞台。衷心希望广大哲学社会科学博士后能够自觉把自己的研究工作与党和人民的事业紧密联系在一起，把个人的前途命运与党和国家的前途命运紧密联系在一起，与时代共奋进、与国家共荣辱、与人民共呼吸，努力成为忠诚服务于党和人民事业、值得党和人民信赖的学问家。

是为序。

张江

中国社会科学院副院长

中国社会科学院博士后管理委员会主任

2015 年 12 月 1 日

摘　要

　　近年来，中国环境质量恶化日益严重，多半以上城市出现雾霾天气，生态环境系统已经无法通过自动循环来恢复。同时，据世界气象组织（WMO）统计未来的气温会更高，全球变暖的趋势仍将持续。随着世界各国对减少污染排放和环境保护的呼声不断加大，我国作为发展中国家，且在世界经济体系中扮演的角色越来越重要，所以必须主动承担起节能减排的重任，这就使我国陷入了"环境质量改善"与"经济高速发展"的两难境地。因此，深入探讨近年来中国环境污染排放居高不下的驱动因素，不仅有利于我国提出有针对性的减排政策，还对大力发展环境友好型经济有着巨大的理论和现实意义。

　　首先，根据世界投入产出表数据库（WIOD）提供的1995~2009年中国单区域（进口）非竞争型投入产出表和环境账户表，从需求与供给两个角度分析影响中国环境污染排放的影响因素。从最终需求角度看，1995~2009年，经济规模效应和中间投入产品结构效应是驱动中国环境污染排放增长的主要原因，而由生产技术进步促使污染排放强度降低是缓解中国环境质量恶化的重要方式。整体上，加入WTO之前，消费需求效应远高于投资需求效应和出口需求效应，是导致中国环境污染排放增长的主要因素；加入WTO之后，投资需求超过消费需求成为环境质量恶化的最主要因素，是近年来中国环境污染排放加速增长的主要原因。从供给角度看，与从最终需求角度结果相同的是，1995~2009年，经济规模效应是导致中国环境污染排放增加的重要因素，而污染排放强度效应是抑制环境污染排放增加的重要因素。

　　其次，随着国际贸易的迅速发展，贸易中隐含污染转移量也逐渐增加。Wyckoff 和 Roop（1994）指出一国可以通过减少本国国内产品的生产，增加产品的进口来达到降低本国污染排放的目的。中国作为贸易盈余大国，对外贸易对环境产生非常大的影响。对此，本研究利用 WIOD 提供的 1995~2009 年由 41 个主要经济体组成的世界多区域投入产出表和环境账户表，重新构建了充分考虑各国污染物排放强度差异和中间投入产出技术系数差异的环境贸易平衡和污染贸易条件测算模型。从总量层面、部门和多种污染物这三个维度估算了 1995~2009 年中国对外贸易的环境效应，并对其进行 SDA 分析。具体结果如下。

从总量层面上，1995~2009 年，国际贸易对中国环境的正面影响远低于负面影响，中国是一个贸易盈余国，同时也是一个环境贸易赤字国，且赤字额呈上升趋势。中国 CO_2、NH_3、NO_x 和 SO_x 的贸易条件在 1995~2009 年均大于 1，"污染天堂假说"成立。不过，污染贸易条件整体呈现改善趋势。中国污染排放强度的下降是抑制环境贸易赤字增加和改善污染贸易条件的主要因素，进口规模的扩张也是抑制中国环境贸易赤字增加的因素，但出口规模的扩张却导致环境贸易赤字的增加。

从部门层面上，1995~2009 年，从出口来看，中国出口隐含 CO_2、NH_3、NO_x 和 SO_x 排放量主要由第二产业构成，至 2009 年，均占中国总出口隐含污染排放量的 4/5 以上。而第二产业的制造业又是第二产业出口隐含污染排放量的主要构成行业；从进口来看，中国进口隐含 CO_2、NO_x 和 SO_x 排放量主要由第二产业的制造业构成，而水污染 NH_3 排放量主要由第一产业构成；从净转移量来看，第二产业和第三产业的 CO_2、NH_3、NO_x 和 SO_x 贸易平衡均表现为赤字状态且赤字额呈现增加趋势，但第一产业的环境贸易平衡却从赤字状态逐渐转为盈余状态，且盈余额呈现增加态势。并且，第二产业的制造业（特别是电气与光学设备制造业和纺织及服装制造业这两个部门）是导致中国 CO_2、NH_3、NO_x 和 SO_x 贸易平衡呈现赤字状态的主要产业；从污染贸易条件来看，整体而言，中国三次产业和 35 个细分部门 CO_2、NH_3、NO_x 和 SO_x 的贸易条件均大于 1，但均呈现下降趋势。这表明，中国三次产业和各部门的出口产品比进口产品都"肮脏"，已成为其他国家的"污染避难所"。

最后，考虑到随着贸易流的区域间转移，隐藏着污染流的逆区域间逆向转移，进一步从国别（地区）层面分析中国对外贸易的环境效应。结果显示：从进出口转移量来看，1995~2009年，中国出口隐含 CO_2 和三种污染物排放量主要流向欧美经济体的欧盟和美国，进口隐含 CO_2、NO_X 和 SO_X 主要来源于东亚经济体的韩国和中国台湾；1995~2001 年，NH_3 主要来源于澳大利亚、欧盟和美国，2001~2009 年主要来源于巴西、澳大利亚和欧盟。从净转移量来看，绝对量上，中国与发达经济体、东亚经济体的日本、韩国和印度尼西亚以及资源型国家的澳大利亚和印度之间双边贸易隐含 CO_2、NH_3、NO_X 和 SO_X 排放量平衡在1995~2009 年均为负，而整体上，与中国台湾、俄罗斯和巴西双边贸易隐含污染排放量平衡却为正；相对量上，中国与欧美国家之间的环境贸易赤字额占中国总环境贸易赤字额的 1/2 以上；影响因素上，进口规模的扩张和中国国内污染排放强度的下降是导致中国与这些经济体之间环境贸易赤字减少的主要因素，但出口规模的扩张、中国国内中间投入结构的劣化和进口来源区域污染排放强度的下降却使得其增加。从污染贸易条件来看，中国与发达经济体、东亚经济体以及资源型国家的澳大利亚之间的 CO_2、NH_3、NO_X 和 SO_X 的贸易条件在 1995~2009 年均大于1，意味着中国已经成为这些经济体的"污染避难所"，但污染贸易条件整体上呈现改善趋势。这主要是由中国国内污染排放强度效应引起的，而进口来源区域污染排放强度的下降和中国国内中间投入结构的恶化却使其增加。

关键词：投入产出模型；环境贸易平衡（ETB）；双边贸易隐含污染排放量平衡（BEEBT）；污染贸易条件（PTT）；结构分解分析（SDA）

Abstract

In recent years, China's environmental quality is increasingly serious deterioration, most cities suffer fog and haze weather, the pollution of rivers and lakes and residents drinking water safety problems occur frequently. The ecological environment system has been unable, through automatic cycle to recover. Meanwhile, according to the data from World Meteorological Organization (WMO), the future of temperatures will higher, the trend of global warming will continue. With the voice of protect the world environment and reduce pollution emissions is growing, our country will play an increasingly important role in the economic system world, and as a developing country, China must initiative to take up the task of energy conservation, which makes our country into the dilemma between " environmental quality improvement " and "rapid economic progress". Therefore, Studying the driving factors of China's environmental pollution in recent years, this is not only beneficial to our country put forward targeted emission reduction policy, also to developing environmentally friendly economy has a great theoretical and realistic significance.

Firstly, according to the WIOD database for 1995–2009 China sing –regional (import) non –competitive input –output table and environment account table, we will analysis the influence factors of influence Chinese environmental pollution emissions from the angles of demand and supply. From the perspective of final demand, found that from 1995 to 2009, economic scale effect and intermediate input products structure effect is the main reason why drive China's environmental pollution emissions growth, and the falling of pollution emissions intensity prompted by the production technology progress is the most important way to alleviate China's environmental quality deterioration. Overall, before joining the WTO, the consumer demand effect is the main factor in China's environmental pollution emissions growth, far higher than investment demand effect and export demand effect; After joining the WTO, investment demand more than consumer demand to become the main factor of deterioration environmental quality, is the main causes of China environmental pollution emissions accelerated growth in recent years. From the perspective of supply, found that the result is the same from the view of final demand, 1995 –2009, the economic scale effect is an important factor to the rise in China's environmental pollution emissions, and pollution emissions intensity effect is an important factor to curb environmental pollution emissions continue to increase.

Secondly, with the rapid development of international trade, the pollution emission embodied in trade also increases. Wyckoff and Roop (1994) pointed out a country in order to reach their goal of reducing pollution emissions should reduce domestic production and increase imports. As a trade surplus countries, what kind of foreign trade impact on the China's environmental pollution? So, based on multi –regional input –output tables and environmental accounts that contains 41 major economies from 1995 to 2009 provided by WIOD, this study rebuild the calculation model of environmental trade balance and the pollution terms of trade, which fully consider the differences between countries emissions intensity and intermediate input –output technical coefficients. From three dimensions of the amount level, department, and various pollutants, we analyze the influence of foreign trade on the China's environmental pollution from 1995 to 2009. We also use the structural decomposition analysis to analyze its influencing factors. The empirical results are as follows.

From the total perspective, during the period from 1995 to 2009, the positive impact of international trade on China's environment is far lower than the negative impact, with the trade surplus is also the China's environmental trade deficit, and the amount of the deficit is rise. Meanwhile, during the period from 1995 to 2009, the CO_2, NH_3, NO_X and SO_X terms of trade of Chinese are greater than one, namely China's unit export implied pollution emissions far more than the unit import implied pollution emissions, "Pollution Haven Hypothesis" is established. However, the pollution terms of trade as a whole show a trend toward improvement. Declining in China's emissions intensity is a major factor inhibiting environmental trade deficit and the pollution terms of trade improve. The expansion of import scale also inhibit the environmental trade deficit increase, while the expansion of export scale is driven the environment trade deficit increased.

From the department perspective, during the period from 1995 to 2009, from the view of exports, the second industry is the mainly consists of the CO_2, NH_3, NO_X and SO_X emissions embodied in China's export, to 2009, all accounts for more than 4/5 of China's pollution emissions embodied in total exports. The manufact-uring of the second industry is the mainly components of the pollution emissions embodied in export of second industry; From the view of imports, the second industry is the mainly consists of China's the CO_2, NO_X and SO_X emissions embodied in import, the NH_3 emissions of water pollution embodied in import is mainly composed of primary industry; From the point of net transfer, the CO_2, NH_3, NO_X and SO_X trade balance of the second industry and the tertiary industry are characterized by deficits and deficit showed a trend of increase, but the environment trade balance of the first industry is gradually turning from deficit to surplus, and the surplus showed increasing trend. And, the manufacturing of second industry (especially the two departments of electrical and optical equipment manufacturing and textile and garment manufacturing) is the main industries to cause the CO_2, NH_3, NO_X and SO_X trade balance showing deficit; From the pollution terms of trade, on the whole, the CO_2, NH_3, NO_X and SO_X's terms of trade of China's three industries and 35 subdivision department are greater than 1, but all showed a trend of decline. This shows that the export products of China's three industries and departments are "dirty" than the imported products, has become the "pollution haven" of other countries.

Finally, considering interregional transfer of trade and the reverse flow of hidden pollutants, this paper further analyzes the influence of foreign trade on China's environmental pollution from the country level. The results showed that: from the point of import and export, during the period from 1995 to 2009, the amount of CO_2, NH_3, NO_X and SO_X emissions embodied in China's exports are mainly flow to the EU and the US, and the proportion of this amount accounting for the emissions embodied in China's total export is contaminants 2/5 or more, while the amount of CO_2, NO_X and SO_X emissions embodied in China's imports mainly from South Korea and Taiwan of East Asian economies; from 1995 to 2001, NH_3 mainly from Australia, the European Union and the United States, from 2001 to 2009, mainly from Brazil, Australia and the United States. From the view of net transfer, with the exception of Taiwan, Russia and Brazil, the balances of the CO_2, NH_3, NO_X and SO_X emissions embodied in Chinese trade with the economies studied are negative, and this tendency is increasing. The amount of environmental trade deficit between China and the EU and US accounting for Chinese environmental trade deficit is contaminants 1/2 or more. The expansion of imports scale and the decrease of China's domestic emissions intensity are the main factors to promote environmental trade deficit between China and these economies. But the expansion of exports scale, the deterioration of Chinese domestic intermediate inputs structure and the decline of pollution emissions intensity of imported regional are driven its increase. From the view of pollution terms of bilateral trade, 1995–2009, the pollution terms of bilateral trade between China and European countries, East Asian economies and Australia of resource –based country are greater than 1, means that China has become a "Pollution Haven" for these countries. But the pollution terms of bilateral trade shows improvement trend. It is mainly due to the effects of Chinese domestic emissions intensity, however, and the decline of pollution emissions intensity of import source of regional, and the contamination of China's domestic intermediate inputs structure leading to its increases.

Key Words: Input–output Model; Environmental Pollution Environmental Trade Balance (ETB); Balance of Emissions Embodied in Bilateral Trade (BEEBT); The Pollution Terms of Trade (PTT); Structural Decomposition Analysis (SDA)

目　录

Contents

第一章 导 论

第一节 选题背景与意义

随着经济全球化进程的推进与能源需求的急剧增加，生态环境自动循环系统遭到破坏，温室气体（CO_2）、水污染（COD 和 NH_3）和空气污染物（NO_x 和 SO_x）的排放量超过生态环境负荷，已经无法通过生态环境系统自动循环来恢复环境，一方面以二氧化碳（CO_2）为主的温室气体引起世界范围内的气候变暖，成为国际社会普遍关注的问题；另一方面由于空气污染物和水污染物引起的一国或地区出现雾霾等空气质量恶化现象及居民饮用水隐患、河流污染等水环境恶化现象。1979 年第一届世界气候大会首次把气候变化作为一个引起国际社会关注的问题提上议事日程，引发了世界对人类活动造成气候变化这一事实的关注，随后从《京都议定书》到"巴厘岛路线图"到《联合国气候变化框架公约》再到《坎昆协议》，最后到 2014 年利马气候大会提出了一份 《巴黎协议》草案，作为 2015 年谈判起草《巴黎气候大会协议》文本的基础，该协议将是 2020 年后唯一具备法律约束力的全球气候协议，也将是联合国气候变化框架公约中新的核心。

与此同时，随着中国经济进入"新常态"，节能减排受到越来越多的重视，我国政府也在参与国内外事务时多次提出减排目标。现阶段，我国已把环境问题上升至经济发展中战略问题的高度，中共"十七大"报告首次提出建设生态文明，基本形成节约能源资源和保护生态环境的产业结构、增长方式、消费模式。同时，中共"十七大"报告还提出了"加强能源资源节约和生态环境保护，增强可持续发展能力"战略；而中共"十八大"报告更是首次把生态文明建设提升至与经济、政治、文化、社会四大建设并列的高度，列为建设中国特色社会主义"五位一体"的总布局之一，并根据我国经济社会发展实际，提出了新要求，即资源节约型、环境友好型社会建设要取得重大进展，单位国内生产总值能源消耗和二氧化碳排放大幅下降，主要污染物排放总量显著减少。为承担污染减排的职责，我国在"十二五"规划中决定继续把化学需氧量（COD）和二氧化硫（SO_2）排放量作为约束性指标，同时根据环境保护和改善环境质量的需要，又将氮氧化物（NO_X）和氨氮（NH_3）这两种污染物列入了约束性指标，即对温室气体二氧化碳（CO_2）、空气污染物 SO_2 和 NO_X，以及水污染物 COD 和 NH_3 都明确规定了减排目标。"十二五"时期，与 2010 年相比，单位国内生产总值 CO_2 排放降低 17%；约束性指标的减排幅度为 8%～10%，其中，新增的两项污染物 NH_3 和 NO_X 的排放总量下降 10%，原有的两项污染物 COD 和 SO_2 的排放总量下降 8%。探讨影响 CO_2、NH_3 和 SO_2 等环境污染物排放的因素是有效应用各类措施减排的重要基础。

在影响污染排放的因素中，已有文献一开始从最基本的环境库兹涅茨曲线（Environmental Kuznets Curve，EKC）模型出发，认为经济增长与环境质量之间存在着一定的关系。但在全球贸易自由化的国际背景下，最基本的 EKC 模型已不再满足环境影响效应分析所需。随着《京都协定书》的签署，贸易与环境变化之间的关系逐渐成为各国关注的热点问题，Wyckoff 和 Roop（1994）指出伴随商品贸易流的是隐含污染流的国际转移，一国可以通过减少本国内产品生产而增加进口产品达到降低本国污染排放的目标。进而，有些学者在最初 EKC 模型的基础上加入其他一些指标来研究环境的影响因素，如贸易开放度、FDI、环境规制、研发强度、能源效率等影响因素（Frankel 和 Romer，1999；Cole 等，2005，2008；Jalil 和 Feridun，2011；盛斌和吕越，2012；许和连和邓玉萍，2012；Ren 等，2014）。同时，也有不少学者通过数理模型（如：SDA 和 IDA）等方法对中国污染排放或能源消耗增长的影响因素进行了因素分解分析（Zhang，2009，2010，2013；刘瑞翔和姜彩楼，2011；孙文杰，2012；Brizga 等，2014）。值得一提的是，随着贸易与环境的关系成为学术界研究的焦点，不少学者也采用了数理模型对中国对外贸易的环境效应进行影响因素分析（Pan 等，2008；张友国，2009，2010）。

为此，本书首先借鉴已有文献的研究方法，利用 WIOD 数据库提供的1995~2009 年中国单区域（进口）非竞争型投入产出表和中国环境账户表，从供给与需求两个角度对近年来中国国内温室气体（CO_2）、水污染（NH_3）和空气污染物（NO_X和SO_X）排放出现增加的影响因素进行分析。其次，为了进一步深入分析作为出口大国的中国，其对外贸易的环境效应如何，是否成了发达国家的"污染避难所"，随着贸易流的区域间转移，隐藏着污染流的逆向区域间转移特性如何等问题，本书利用 WIOD 数据库提供的 1995~2009 年世界 40 个主要经济体和其他国家加总的多区域（进口）非竞争型投入产出表和 41 个经济体的环境污染排放数据，重新构建了环境贸易平衡和污染贸易条件的测度模型，从总体、部门、国别和多种污染物（包括温室气体 CO_2、水污染 NH_3 以及空气污染物 NO_X 和 SO_X）四个维度深入探讨中国对外贸易的环境效应。再次，基于已有文献，重新构建基于世界多区域投入产出模型测算的中国环境贸易平衡绝对量和污染贸易条件相对量，采用 SDA 分解分析法对它们进行 SDA 分析，以使了解影响中国对外贸易环境效应的因素。这为中国制定合理的贸易政策、环保措施和行业政策提供良好的依据。最后，本书基于已有的分析，得出主要结论、政策建议和研究展望。

第二节　中国环境污染现状

目前，我国气候变化、环境污染问题越来越不容忽视，由环境污染所引发的空气质量恶化、资源问题、土地荒漠化、能源问题、水资源短缺等日趋严重。具体表现在以下几个方面。

第一，水污染方面，我国江河湖泊普遍受到污染。据调查显示，目前，全国已有 75% 的湖泊出现了不同程度的富营养化；90% 的城市水域污染严重。由于水污染，南方 60%~70% 的城市缺水；对我国 118 个大中城市的地下水调查显示，有 115 个城市地下水受到污染。同时，全国生活饮用水安全也存在一定的隐患，全国水质普查全项均合格的比例只有 10% 左右。目前，我国还有 1.2 亿农村人口的饮水卫生条件没有得到任何改善，超过 1/4 的人喝不上合格的饮用水。南方仍有部分地区的农村饮用沟塘水、河水，其"三氮"含量高，与上消化道肿瘤高发密切相关。据 WIOD 数据库的环境账户表显示，中国生产环节水污染物 NH_3 排放量在 1995~

2009 年一直高于美国和日本等国家，成为 NH_3 排放量最大的国家，且 NH_3 排放总量从 1995 年的 5.42MT 增长至 2009 年的 7.56MT，年均增长率达 2.41%。这表明，我国水污染排放总量仍处于较高水平，水污染问题仍是目前面临的一个重大环境问题。

第二，大气污染方面，中国空气污染的态势日益严峻（马丽梅和张晓，2014；贺泓等，2013），贺泓等（2013）研究认为 NO_x、SO_x、NH_3 等前驱体污染物是致霾重点污染物已成为共识。据 WIOD 数据库的环境账户表显示，中国生产环节的 SO_x 排放量在 1995~2009 年一直大于其他经济体，成为世界主要的 SO_x 排放国，不过，反映空气污染的 NO_x 排放量却在 1995~2004 年低于美国，位居第二位，但自 2005~2009 年，中国 NO_x 排放量超过美国，成为世界 NO_x 排放量最多的国家。中国生产环节的 NO_x 和 SO_x 排放量分别从 1995 年的 8.90MT 和 21.88MT 增长至 2009 年的 20.62MT 和 41.12MT，年均增长率分别达 6.19% 和 4.61%。

第三，温室效应方面，CO_2 是产生温室效应的最主要气体，虽然它并非空气污染物，但随着含量的增高仍然会对人体健康造成危害，给我们的生产生活带来较大的负面影响。一般来讲植物能够通过光合作用吸收大气中的 CO_2，释放出氧气以供人类和动物呼吸，人和动物呼吸所释放出的 CO_2 又能够支持绿色植物的光合作用，从而保持稳定的生态平衡。如今随着资源利用状况的不断加剧，这种平衡也逐步被打破，造成温室效应，温室效应同样是当今我们所面临的主要世界性难题。温室效应会造成全球范围内气温上升，使冰川融化，温室气体 CO_2 的排放，主要产生于人类生产、日常生活以及煤炭、石油等燃料的燃烧。

据世界银行数据显示，中国从 2006 年超过美国，成为世界第一大 CO_2 排放国。中国 CO_2 排放量从 1960 年的 780.73MT 下降至 1963 年的 436.70MT 再上升至 1997 年的 3469.51MT，之后再次呈现小幅下降趋势，下降至 1999 年的 3318.06MT，1999 年之后再次呈现快速的上升趋势，增加至 2010 年的 8286.89MT，即整体呈现"W"型发展态势，且在 1960~2010 年增加了 10.6 倍左右。同时，中国国内 CO_2 排放总量占世界 CO_2 排放总量的比重也整体呈现"W"型变化趋势，从 1960 年的 8.31% 下降至 1967 年的 3.50%，再上升至 1996 年的 14.59%，之后再呈现下降趋势，下降至 1999 年的 13.69%，之后再次上升至 2010 年的 24.65%，即至 2010 年世界约有 1/4 的 CO_2 排放量由中国产生。这意味着，近年来，中国温室气体

CO_2排放量仍处于较高水平且呈现上升趋势。

综上所述，目前，中国的环境仍处于恶化状态，不管是水污染、空气污染还是臭氧层破坏，环境问题已经成为抑制中国经济可持续发展的重大问题。

第三节 基本研究思路及框架

一、基本思路

基于环境问题已经上升至中国经济发展的战略高度，并且"十三五"规划即将开始，国家对环境保护的力度越来越大，规划必将涉及更加严格合理的减排计划。那么，追踪环境污染的源泉将有利于我国制定和实施合理的环境政策。因此，本书根据多区域投入产出模型，利用 WIOD 提供的1995~2009 年包含 41 个主要经济体世界多区域投入产出表和环境账户表，从供给与需求角度分析中国国内污染排放的影响因素，重新构建了中国环境贸易平衡和污染贸易条件的测算模型。首先，基于 WIOD 数据库提供的中国单区域（进口）非竞争型投入产出表和污染物排放数据，基于最终需求，从需求与供给角度出发，分析中国污染排放的影响因素。其次，考虑到贸易发展，隐含着污染物的逆区域转移，分析了中国对外贸易的环境影响效应，从总体、部门、国别和多种污染物这四个维度进行分析。最后，基于已有的研究，得出相应研究结论，提出一定的政策建议，并为后续研究提出了研究展望。

二、基本框架

本书共分为九章，具体的章节内容安排如下。

第一章为导论部分，包括选题背景与意义、中国环境污染现状和基本框架结构及新颖之处。

第二章为文献综述部分，即环境污染影响因素研究进展。在这一章，首先总体概括已有研究环境污染影响因素文献。其次，主要分析采用投入产出模型来研究环境污染的影响因素。再次，把投入产出表运用到贸易与环境领域。最后，进行相应的文献评述。

第三章从最终需求视角分析中国环境污染的影响因素。这一章主要是借鉴已有的参考文献，采用 WIOD 数据库提供的中国单区域（进口）非竞争型投入产出表、温室气体（CO_2）和三种污染物（NH_3、NO_x 和 SO_x）排放数据，从最终需求角度全面分析中国环境污染的影响因素。

第四章基于供给视角分析中国环境污染的影响因素。这一章与第三章采用相同的数据，但不同的是，本章主要从供给角度分析中国环境污染的影响因素。

第五章基于全球多区域投入产出表，重新构建了衡量中国对外贸易环境效应的环境贸易平衡绝对量和污染贸易条件相对量的测算模型，并利用 SDA 分析对中国对外贸易环境效应的影响因素进行分析。基于贸易的环境影响效应已成为国内外学者关注的焦点问题，本章采用 WIOD 数据库提供的包含 41 个主要经济体的世界多区域投入产出表和环境账户表，构建测算模型和结构分解模型。

第六章从总量层面分析中国对外贸易的环境效应。这一章主要是从总量层面上，分析中国对外贸易隐含温室气体（CO_2）、水污染（NH_3）和空气污染物（NO_x 和 SO_x）排放量转移，并对基于单区域与多区域模型测算的中国对外贸易隐含污染排放量转移结果进行比较分析。同时，对中国环境贸易平衡和污染贸易条件进行 SDA 分析。

第七章从部门层面分析中国对外贸易的环境效应。本章主要是从部门层面出发，采用逐渐深入的分析方面，先分析三次产业层面，再逐渐分析到具体的部门，有利于中国制定良好的行业政策，以利于我国节能减排。

第八章从国别层面分析中国对外贸易隐含污染流转移的区域特征。随着贸易流的是污染流的逆转移，因此，这一章主要从国别角度，分析中国与不同经济体之间进行贸易对国内环境的影响效应，为中国制定良好的贸易政策和环境政策提供建议。

第九章为主要结论、政策建议和研究展望。这一章将根据实证研究所得的结果，总结中国环境污染排放的主要影响因素和中国对外贸易的环境影响效应，并提出相关的可行性意见。最后针对已有的研究，提出下一步的研究展望。

第四节 创新之处

有别于之前的相关研究，本书的新颖之处主要体现在以下三个方面：

第一，基于最终需求、供给和对外贸易多个视角研究中国环境污染变迁的影响因素，为系统、全面和多层次地考察中国环境污染的影响规律提供了基础。具体来看，本书首先构建 1995~2009 年中国单区域（进口）非竞争型经济—环境投入产出表，基于 SDA 分解法，提出能够全面分析污染强度效应、中间投入结构效应、产业结构效应、最终需求结构效应、进口中间品投入效应和经济规模效应等因素对环境污染排放的影响研究框架。针对经济规模是引起中国环境污染排放量增加的最重要的因素，进一步基于最终需求视角分析消费、投资和出口等不同的经济增长拉动方式对环境污染排放的影响。其次，考虑到研究污染排放时，不仅要重视需求层面，也要重视供给层面来分析污染物排放的影响因素，从而制定相应的节能减排政策。因此，从供给视角构建基于 Ghosh 矩阵的 SDA 分解模型，即"供给—驱动投入产出模型"的 SDA 分解模型，把环境污染变迁影响因素分解为经济规模效应、供给结构效应、中间分配效应和排放强度效应。最后，从对外贸易视角构建基于全球多区域投入产出模型（GMRIO）的环境贸易平衡和污染贸易条件测算模型及 SDA 分解模型，并利用构建的模型对环境贸易平衡和污染贸易条件及其影响因素进行实证分析，从总量、部门、国别和多污染物四个维度探讨开放经济视角下中国对外贸易的环境效应。

第二，利用由欧盟 11 个机构联合编制的世界投入产出表数据库（WIOD）和环境账户表，数据的一致性、全面性和连续性使研究结论在时间、空间和产业多个层面具有可比性。本书研究过程中采用的 WIOD 数据库包含 1995~2009 年中国单区域（进口）非竞争型投入产出表以及由中国、美国、日本和德国等 41 个主要经济体 35 个部门组成的全球多区域（进口）非竞争型投入产出表和与之相匹配的环境账户表，该环境账户表包含 1995~2009 年 41 个主要经济体 35 个部门温室气体二氧化碳与硫氧化物、氮氧化物和氨氮等 7 种污染物的排放数据。数据具有统计口径的一致性、污染物和国别的全面性及时间上的连续性，这些为研究结果的国际比较、不同时间段的动态比较、不同部门的比较和不同污染物的比较提供了重要基础。

第三，本书研究过程中由于采用的是 WIOD 数据库提供的全球多区域投入产出表和环境账户表，构建了能够充分考虑各国污染排放系数与中间投入结构系数差异的环境贸易平衡和污染贸易条件测算模型，并在此基础上构建了环境贸易平衡变迁和污染贸易条件变迁的影响因素分解模型，与以往研究相比计算结果更加精确。具体来看，由于全球多区域投入产出表能够详细地看到某国或者地区贸易的流向和来源，这为准确测算进出口产品隐含污染排放量提供了条件。同时，在全球多区域投入产出表中，可以清晰地看到各国中间投入结构的变迁，即能测算出某国或者某地区的投入产出技术系数，然而技术系数会影响产品中隐含污染排放量的多少。因此，利用全球多区域投入产出表能够充分考虑各国或者地区的污染排放系数与中间投入结构系数的差异，准确测算进出口产品隐含污染排放量，进而为准确分析对外贸易对某国或者地区环境产生的影响效应提供了可能。

第二章　文献综述

第一节　环境污染影响因素研究进展

目前，中国已陷入"环境质量改善"与"经济持续发展"的两难境地，环境问题已经上升至我国经济发展问题的战略高度，以"高污染、高能耗、高排放"来谋求经济增长的粗放型发展模式是不可持续的。因此，不少学者通过深入分析环境污染排放的影响因素，试图找到污染排放的根源，进而为制定有效的环境政策提供有力的依据。

一、环境污染与经济增长

1. 理论研究

国内外有关环境污染与经济增长之间关系的研究主要围绕环境库兹涅茨曲线（Environmental Kuznets Curve，EKC）展开。EKC 假说是一种衡量环境和经济变量之间关系广泛使用的理论工具，是模拟环境污染与人均收入指标之间关系的演变过程，用以说明经济发展对环境污染程度的影响，即经济增长与环境质量之间为倒"U"型关系。

根据图 2-1 可知，环境库兹涅茨曲线的主要内容[①] 为：当一国（地区）的经济发展水平较低时，该国（地区）的环境污染程度较轻，但是随着人均收入的增加，环境污染由低趋高，即环境恶化的程度随经济增长而加

---

① Grossman G. M., Krueger A. B., "Envimnnmntal Impacts of a North American Free Trade Agreement", *National Bureau of Economic Research*，*Working Paper*，No.3914，1991.

刷。这主要是由于当经济发展水平较低时，生产投入中所需的环境资源较少，所以环境污染程度也较低。但此时当人均收入逐渐增加时，一方面，生产投入中所需环境资源增加；另一方面，由于人均收入低、生产效率低、技术水平落后，导致能源利用效率低。伴随经济的增长，这将导致环境恶化越来越严重。此后，当经济发展达到一定水平后，即到达某个临界点或称"拐点"以后，随着人均收入的进一步增加，该国（地区）的环境污染程度逐渐减缓，由高趋低，环境质量逐渐得到改善。这主要是因为，一方面，当经济增长达到一定的程度之后，技术效应和结构效应明显增加，大于经济规模效应；另一方面，当人均收入达到一定程度，人们对环境质量的要求越来越高，政府部门将加强对环境污染的规制。综上所述，Panayoutou（1993）借用著名经济学家库兹涅茨对经济增长与人均收入分配关系研究所得到的倒"U"型曲线关系，将该曲线称为"环境库兹涅茨曲线"[①]。

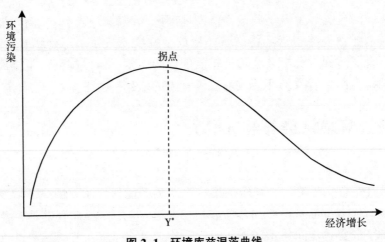

图 2-1 环境库兹涅茨曲线

2. 实证研究

Grossman 和 Krueger（1991）利用 1977~1988 年 32 个国家的 52 个城市的横截面数据，选取 SO_2 浓度、微尘和悬浮颗粒三种污染物作为环境污染指标，采用按购买力测算的人均 GDP 作为经济指标，首次对 EKC 进行实

---

① Panayotou T., "Empirical Tests and Policy Analysis of Environmental Degradation at Different Stages of Economic Development", *International Labour Organization*, *Working Paper*, No. 292778, 1993.

证研究。结果表明，三种污染物与人均收入均呈倒"U"型关系，并找到证据证明了真实收入和环境恶化之间的倒"U"型关系，估算了其转折点在 4772~5965 美元。Panayotou（1993）利用 1985 年 54 个国家样本的截面数据，选取 SO_2、NO_x 和 SPM 三类污染物指标，以及衡量生态破坏程度的森林砍伐率指标，采用人均 GDP 作为经济指标，进一步证实了环境库兹涅茨曲线的存在。Selden 和 Song（1994）利用 30 个国家的面板数据，考察了四种重要的空气污染物（SO_2、CO、NO_x 和 SPM）排放与按购买力测算的人均 GDP 之间的关系，发现它们与人均收入之间都存在倒"U"型的关系，并指出由于转折点高于大部分国家目前的经济水平，因此，全球大气污染在未来的年份里将进一步趋于恶化。Xepapadeas 和 Amri（1995）对大气中 SO_2 浓度也进行了实证分析，得出同样的结论。Carson 等（1997）利用美国 50 个州的截面数据，选取温室气体（Greenhouse Gases）、空气毒物质（Air Toxics）、CO、NO_x、SO_2、VOC 和 PM_{10} 七种环境污染指标，用七种污染物分别与人均收入进行回归分析，结果和 EKC 预测的结果相一致。林伯强和蒋竺均（2009）利用传统的环境库兹涅茨模型模拟二氧化碳排放，与中国的二氧化碳库兹涅茨曲线做了对比研究和预测。结果发现，中国二氧化碳库兹涅茨曲线的理论拐点对应的人均收入是 37170 元，即 2020 年左右。但实证预测表明，拐点到 2040 年还没有出现。Arrow 等（1995）、Cole 等（1997）、Roberts 和 Grimes（1997）、包群和彭水军（2006）的研究也均表明环境库兹涅茨曲线的存在。

不过，随着 EKC 关系的广泛经验研究，结果出现了不一致。一是 EKC 曲线并不存在固定的形式，针对不同污染物有着不同的形式。例如，Shafik（1994）研究发现 SO_2 和城市烟雾污染物与人均 GDP 之间存在倒"U"型关系，但饮用水质量、城市卫生与人均 GDP 之间并不存在倒"U"型关系，而是随人均收入的增长而持续改善，且固体废弃物和碳排放量均随着经济的增长呈现持续恶化现象。陈华文和刘康兵（2004）发现人均 GDP 与 TSP 的浓度和 NO_x 的浓度之间呈倒"U"型关系，而与 CO 的浓度之间先呈正"U"型，然后呈倒"U"型关系，即整体呈现倒"N"型关系，与 SO_2 的浓度之间关系呈正"U"型。许广月和宋德勇（2010）选用 1990~2007 年中国省域面板数据，研究了中国碳排放环境库兹涅茨曲线的存在性。结果表明，中国及其东部地区和中部地区存在人均碳排放环境库兹涅茨曲线，但是西部地区不存在该曲线。二是 EKC 曲线为"N"型

（Vincent，1997；Friedl 和 Getzner，2002），如 Vincent（1997）也采用时间序列数据检验了马来西亚从 20 世纪 70 年代后期到 20 世纪 90 年代初期人均收入和大量空气污染、水污染物之间的关系。结果显示，没有一种污染物与人均收入呈倒"U"型关系。Friedl 和 Getzner（2002）采用奥地利 1903~1999 年度经济增长与 CO_2 排放量的时间序列数据检验 EKC 假说。结果显示，对数据拟合度最佳的是三次方型（"N"型）而非通常的倒"U"型关系。三是倒"N"型（Shao 等，2011），Shao 等（2011）基于 ICE-STIRPAT 模型，从计量经济学角度研究行业 CO_2 排放（ICE）的决定因素。结果发现，CO_2 排放与人均收入之间存在两个转折点的倒"N"型关系，而并非只有一个转折点的"U"型关系。

二、开放经济下环境污染的影响因素

从上文可知，环境污染的影响因素分析主要是采用计量模型，在封闭式经济下考虑了环境污染与经济增长的关系。但是，随着经济全球化的快速发展，贸易活动对环境污染的影响引起了关注。

1. 理论研究

从重商主义主张通过贸易的顺差来获得财富到亚当·斯密的绝对优势理论主张自由贸易，认为一国将出口其成本上有绝对优势的产品，而进口成本上有绝对劣势的产品，再到李嘉图的比较优势理论，其认为一国将生产并出口其具有"比较优势"的产品，进口其具有"比较劣势"的产品，最后到赫克歇尔—俄林（H-O）的要素禀赋理论，认为一国将生产和出口其国内相对富足要素密集生产的产品，而进口其国内相对稀缺要素密集生产的产品。这些理论均围绕贸易的由来及贸易的利益进行分析。然而，古典贸易理论的比较优势理论和 H-O 要素禀赋理论并没有将环境资源要素作为一种生产要素纳入贸易模型中。1990 年 Siebert 在原有 H-O 模型的基础上，纳入环境要素，认为如果将环境资源作为影响一国比较优势的生产要素，那么，环境资源相对富裕的国家将生产和出口环境资源密集型的产品，即生产并出口污染产品，而环境资源相对匮乏的国家将生产和出口所需环境资源较少的产品，即生产并出口清洁产品。

我们借鉴许钊（2010）的分析，将环境资源作为一种生产要素纳入 H-O 模型进行分析。假定，有 A 和 B 两个国家，且两国的环境资源价格分别为 x 和 y。其中，A 国为环境资源禀赋国，B 国为环境资源稀缺国。根据要素禀赋理论，环境资源丰裕国 A 的环境资源价格 x 会小于环境资源稀缺国 B 的环境价格 y。因此，A 国将具有相对较低的环境资源成本优势，进而生产和出口隐含环境资源较多的污染产品，而 B 国将生产和出口隐含环境资源较少的清洁产品。

然而，环境资源具有公共属性，作为一个外部因素，也具有较强的负外部性。一国政府会采取环境保护政策，设置严格的环境管制，增加其环境成本，即提高环境资源价格，导致其不再具有原本的环境资源相对成本优势，进而生产和出口清洁产品，并进口环境资源密集型产品，即污染产品。这一方面，通过国家贸易，使得污染产品的生产发生了国际转移；另一方面，将改善实施严格环境管制国家的环境质量，而实施宽松或者无环境管制国家的环境将出现恶化。具体分析为，当 A 国的环境资源价格 x 加上该国政府征收的环境规制税 z 大于 B 国的环境资源价格 y，即当 x+z>y 时，A 国将失去较低的环境资源成本优势，而 B 国将具有环境资源成本优势，即生产并出口环境资源密集型产品将由 A 国转向 B 国，进而改善了 A 国的环境质量。而实施宽松环境管制的 B 国，为了实现经济增长，扩大经济规模，B 国自然资源将被过分利用，进而环境质量遭到破坏。

Wyckoff 和 Roop（1994）指出随着商品贸易流的转移，污染流这个隐性要素也随之发生转移，一国可以通过减少本国内产品的生产，增加产品的进口来达到降低本国污染排放的目标。对外贸易主要从两个方面影响一国的环境质量：一方面，通过出口贸易，由于出口产品在本国国内进行生产，会消耗本国的环境资源，进而增加了本国环境资源需求，使得本国环境质量恶化，即环境负效应；另一方面，通过进口贸易，由于进口产品在国外进行生产，不会消耗本国的环境资源，进而使得本国环境质量得以改善，即环境正效应。

综上所述，对外贸易活动会对环境质量产生影响。目前，有关对外贸易环境效应的争议主要体现在以下两个方面：①贸易会导致环境恶化，这里主要的是"污染避难所假说"或者"污染天堂假说"，该假说最初是由 Copeland 和 Taylor（1994）在研究南北贸易和环境的关系时提出，其要旨是在开放经济条件下，自由贸易的结果将导致高污染产业不断地从发达国家迁移到发展中国家。发达国家为保护本国环境，制定较强的环境管制，将污染产品或者环境资源密集型产品通过国际贸易转移到那些发展中国家，这些国家为了谋求经济的快速增长，提高居民的收入水平，不得不牺牲环境资源，使得发展中国家成为发达国家的"污染避难所"，即贸易有害论。②贸易有利于环境改善，这里主要有"波特假说（Porter）"或者"污染晕轮效应"。"波特假说"认为环境保护政策有助于提高企业的竞争力。因为，在动态分析的框架下，考虑到环境管制的变动，可能会引起生产技术、产品和生产过程的改进，则环境管制与国际竞争力之间必然存在正相关关系。世界银行关于贸易与环境问题的研究发现，越是实行贸易开放政策的国家，其污染密集工业增长率越低。陈诗一（2010）验证了"波特假说"存在于中国，就长期而言，节能减排不仅能改善环境质量，而且能提高劳动生产率和产出。同时，"污染晕轮效应"假说的主要思想是，在国内面对更为刚性的环境规制的跨国公司，会把更进步、更清洁的技术和环境管理制度传播到东道国，进而产生技术创新和学习效应，降低环境成本的影响。

2. 实证研究

对外贸易的环境效应是指由国际贸易活动对环境质量产生的综合影响。其主要从三条路径探讨贸易活动对环境污染产生的影响。

第一，从计量模型出发，基于 EKC 基本模型，将一些衡量贸易活动的指标［贸易开放度、外商直接投资（FDI）、环境规制等］加入最初的 EKC 计量模型中，以深入分析对外贸易活动对环境的影响（Cole，2004；杨海生等，2005；He，2006；何洁，2010；Pao 和 Tsai，2011；Jalil 和 Feridun，2011；盛斌和吕越，2012；Ren 等，2014）。其中，Cole（2004）利用详细的南北污染密集型产品贸易流动的数据，探讨"污染天堂假说"是否成立。结果显示，污染转移确实在南北贸易活动中出现，李小平和卢先祥（2010）在 Cole（2004）的基础上，进一步探讨国际贸易对环境污染的影响。结果发现，中国工业行业的人均产出和 CO_2 排放量存在显著的倒"U"型环境库兹涅茨曲线，但中国并没有通过国际贸易成为发达国家的"污染产业天堂"。杨海生等（2005）选取 1990~2002 年中国 30 个省（市、区）的贸易、FDI、经济和环境等相关数据，从定性和定量描述的角度探讨贸易、FDI 对我国 EKC 的影响。结果发现，对外贸易的增加并没有对我国的 EKC 和污染物的排放产生显著的影响，但 FDI 与污染物排放之间存在着显著的正相关关系，即 FDI 对环境有负效应，增加了中国越过 EKC 顶点的难度。He（2006）利用中国 29 个省（市、区）的行业面板数据，探讨 FDI 对 SO_2 排放的影响，结果表明 FDI 对 SO_2 排放的影响很小，并用其来说明"污染天堂假说"在中国不成立。何洁（2010）利用中国 29 个省（市、区）1993~2001 年工业 SO_2 排放的面板数据来估计模型。结果显示，出口和制造品进口在工业 SO_2 排放的决定中起了完全相反的作用，"污染天堂假说"不成立，且出口企业所面对的市场竞争增强，是促进污染治理技术进步的积极因素。

第二，通过构建数学模型对环境的影响因素进行分解分析，进而将对外贸易对环境产生的影响分解成几种因素产生的综合影响。Grossman 和 Krueger（1991）最初把对外贸易的环境效应分解成规模效应（Scale Effect，SE）、技术效应（Technique Effect，TE）和结构效应（Composition Effect，CE）这三种效应，初步建立了对外贸易环境效应的分析框架。

规模效应（SE）是指由于自由贸易的发展，促进经济规模活动的扩张，进而对环境产生的影响。一方面规模效应为负效应，这是由于经济规模活动的扩大，将使用更多的自然资源来生产更多的产品，而当一国的技术水平低和资源利用效率低的条件下，自然资源使用量的剧增将增加环境污染程度；另一方面规模效应为正效应，随着一国人均收入水平的提高，该国人们对环境质量的要求会越来越高。此时，一方面政府会制定严格的环境保护政策和严格的环境管制来满足人们的要求；另一方面随着专业化的深化，内部分工更细，同时，生产率的提高将降低单位产品含污量，生产更多的清洁产品。因此，长期来看，当一国的收入水平达到一定的高度，规模效应将为正效应，有利于环境改善。

技术效应（TE）是指由对外贸易引起的技术因素跨国扩散和传播，各国进行先进技术模仿和学习，产生技术创新和学习效应，进而提高资源利用效率，降低单位产品污染排放强度，使得生产产品逐渐清洁化，减少了污染排放量。因此，技术效应为正效应。但因贸易壁垒的出现，一些技术因素很难无成本地在各国之间进行传播，可能会对一些企业或者产业产生有利影响，但并非普遍性。相反会让那些不达标或者污染严重的产业从环境管制严格的国家转移到环境管制宽松的国家，使得环境管制宽松国的生产技术并没有取得进步。此时，技术效应为负效应。

结构效应（CE）是指对外贸易通过影响一国的经济结构所造成的环境效应。根据比较优势或者 H-O 要素禀赋理论，随着自由贸易的发展，专业化分工的细化，将使得一国在清洁产品的生产上具有比较优势，使得该国的经济结构变得更清洁。此时，结构效应对该国的环境产生正效应；而对于那些在污染产品地生产上具有比较优势的国家来说，其经济结构将更具污染性，此时，结构效应对这些国家的环境产生负效应。

Copel 和 Taylor（1994，2003）、Antweiler 等（1998）、Pan 等（2008）、何洁（2010）、傅京燕和裴前丽（2012）、党玉婷（2013）均基于此对国际贸易的环境效应进行了分解。经济合作与发展组织（OECD，1994）在 Gross-man 和 Krueger（1991）的基础上，增加了产品效应，进一步补充了对外贸易的环境效应。Panayoutou（2000）进一步将对外贸易的环境效应分解成规模效应、技术效应、结构效应、收入效应（Income Effect，IE）、规制效应（Regulatory Effect，RE）和产品效应（Product Effect，PE）六种效应，其中，收入效应是对规模效应的补充与完善。

但随着投入产出模型在对外贸易与环境的运用，有些学者从测算贸易中隐含污染排放量的投入产出模型出发，重新把对外贸易产生的环境效应分解成其他几种因素（Wang 等，2005；Liu 等，2007；蒋金荷，2011；张友国，2009，2010；Xu 和 Dietzenbacher，2014；Xu 等，2014），以便制定出更有针对性的减排对策。例如，张友国（2010）采用 SDA 对 1987~2007 年中国对外贸易隐含 CO_2 排放量进行了影响因素分析，将其分解为能源强度效应、能源结构效应、碳排放系数效应、中间投入结构效应、出口产品结构和出口规模效应；Xu 等（2011）主要采用结构分解法将 2002~2008 年出口隐含 CO_2 排放量分解为排放强度、经济生产结构、出口结构和出口规模四种效应；Xu 和 Dietzenbacher（2014）采用 WIOD 数据库，对中国进出口隐含 CO_2 排放量分别进行乘法方式的结构分解。因此，本书从 GMRIO 模型出发，也对影响中国对外贸易环境效应的因素进行 SDA 分析，主要是进出口产品污染排放系数、进出口国中间投入结构系数、进出口规模和进出口产品结构效应。

第三，测算污染排放量，尤其是测算温室气体 CO_2 排放量。投入产出模型不仅能够反映各部门之间投入与产出的协调关系，分析各部门之间的直接与间接联系，也能反映产品供求平衡关系，已成为国内外学者研究对外贸易与环境污染之间关系的主要工具之一。因此，在 Wyckoff 和 Roop（1994）的基础上，不少学者基于投入产出模型，通过测算一国（地区）对外贸易隐含污染排放量，分析国际贸易对该国（地区）环境污染的影响（沈利生和唐志，2008；彭水军和刘安平，2010；党玉婷，2013；Xu 和 Dietzenbacher，2014）。为了更好地估算环境污染的程度，1988 年联合国建立了政府间气候变化专门委员会（Inter-governmental Panel on Climate Change，IPCC），专门监测和报告全球气候变化，并负责评估气候变化状况及其影响等。基于经济体中行业与行业间并不是孤立存在的现状，从污染的直接排放与间接排放两个视角对我国污染排放量进行测算，如 CO_2 排放的测算。一方面，不考虑产业的关联效应，根据 IPCC（2006），即《2006 年 IPCC 国家温室气体清单指南》的第二卷（能源）的方法得到各行业直接 CO_2 排放量（陈诗一，2009）。各行业的 CO_2 直接排放量可以由生产过程中所消耗的各种能源产生的污染排放量组成；另一方面，将产业的关联效应纳入 CO_2 排放度量方法中，结合 IPCC（2006）与环境投入产出模型，对 CO_2 的直接排放与间接排放进行综合测算。这样可以进一步测算出不同需求对中国环境污染排放的影响（沈利生，2009）。同时，由于国际贸易与环境之间的关系逐渐受到广泛的关注，不少学者采用投入产出模型测算国际贸易隐含污染转移量，尤其是温室气体 CO_2 的转移量，进而测算一国或地区进出口贸易隐含净污染转移量，分析国际贸易是否增加或减少该国或地区污染排放，并在一定程度上通过测算污染贸易条件来说明其是否成为"污染避难所"，如沈利生和唐志（2008）、Liu 等（2010）、张友国（2009，2010）、彭水军和刘安平（2010）、党玉婷（2010，2013）等通过测算这两个指标衡量中国对外贸易的环境效应。

第二节 环境污染影响因素分解的研究进展

近年来，投入产出模型日益成为研究环境领域不同经济体之间关联性的有效工具。国内外学者在采用投入产出模型的基础上，主要运用分解法将相对复杂的指标分解成若干个子变量，再对每一个子变量进行研究，从而达到易于分析、便于实行的目的。目前，分解法主要包括指数分解法（IDA）和结构分解法（SDA）。

指数分解法（Index Decomposition Analysis，IDA）是将数理中的指数概念应用于分解分析当中，实际上是将计算总量的公式表示为几个因素指标的乘积，并根据不同情况来确定不同权重的分解方法，以确定各个指标的增量份额。IDA 被广泛用来分析能源消耗和碳排放变化的影响因素，也逐渐用于分析贸易隐含污染转移量变化的影响因素。IDA 分解方法有很多种，而目前盛行的与主要的 IDA 分解方法分为两大类：一类是以 Laspeyres 为基础的 IDA 方法；另一类是 Divisia IDA 方法，该方法在众多指数分析法中最具优势，并被广泛应用。原因是该方法所需数据路径独立，允许数据存在零值，且不产生余值。其中，Sun（1998）提出了以 Laspeyres 为基础的 IDA，即完全指数分解法。由于该方法很好地解决了残差项的问题，所以被众多研究者广泛运用。不过，由于指数分解法（IDA）只需利用部门的加总数据就能进行分解，操作方法简便，但不能深入分析部门之间的直接与间接效应。

SDA 分析法（Structural Decomposition Analysis，SDA），其能克服指数分解法不能深入分析经济活动之间直接与间接效应的缺点，可以考虑到部门之间的直接和间接经济联系，并随着投入产出数据逐渐完善，采用 SDA 方法进行研究的文献逐渐丰富。目前，SDA 已成为投入产出技术领域的主流分析工具，主要应用于与贸易、价格、能源和环保等方面的分析中。但是 SDA 分析法对数据的要求较严格，在因素权重的可比性、测算结果的唯一性和交互影响的分解方法等方面存在一些不足。Dietzenbacher 和 Los（1998）证明，如果一个变量的变化由 n 个因素决定，那么从不同的因素开始分解将得到不同的分解方程。这意味着，该变量的变化分解形式共有 n! 个，他们认为用上述 n! 个分解方程中每个因素的变化对因变量影响的平均值来衡量该因素的变化对因变量的影响是合理的。为此，大部分文献采用两级中点权分解法来衡量每个因素对因变量变化产生的效应。

一、环境污染排放的 IDA 和 SDA 分析

1. IDA

对数平均 D 氏指数法（Logarithmic Mean Divisia Index，LMDI）是 Sun（1998）、Ang 和 Choi（1997）、Ang 和 Liu（2001）、吴献金和李妍芳（2012）等提出的一种能源消费分解方法，用来客观测量经济增长、产业结构变动和节能降耗措施等分别对能源消费总量和单位能耗的影响。其中，Sun（1998）基于一般指数分解法分析了 1980~1994 年中国能源强度的变化，得出了中国改革开放以后，能源效率有了很大的改进。由于一般指数分解法带有残差项，影响结论的准确性，Sun（1998）提出了完全分

解法，克服了一般指数分解法的缺点。Zhang 等（2009）根据 Sun（1998）提出的完全指数分解法分析了中国 1991~2006 年能源碳排放的驱动因素，认为经济结构效应促进了能源碳排放的小幅上升。

Wang 等（2005）、Liu 等（2007）和蒋金荷（2011）采用 IDA 分解分析法，对中国 CO_2 排放进行分解分析，均表明中国 CO_2 排放的减少主要是由于能源强度的提高。邓吉祥等（2014）利用 LMDI 分解方法得出，各区域碳排放量占全国比重的变化与该地区经济状态相关，能源消费和碳排放增长率具有相似的变化规律，即 1995~2010 年碳排放总量、能源消费总量和能源结构强度的区域差异变化不大，且人均碳排放量趋于收敛，1995~2010 年能源消费增长率和碳排放增长率的区域差异均缩小，但引发该现象的技术推广作用尚不稳定。Xu 等（2014）也运用 LMDI 分解法分析影响中国 1995~2011 年碳排放的因素，将能源消费碳排放分解为能源结构、能源强度、产业结构、经济规模和人口规模五种效应，表明促进碳排放增长的主要因素是经济规模效应，其次是人口规模和能源结构效应，而能源强度效应是抑制碳排放增长的主要因素，这与孙建卫等（2010）、王锋等（2010）、许士春等（2012）、郑义和徐康宁（2013）得出的结果大致相同。

2. SDA

Peters 等（2007）运用 SDA 分解分析了中国 1992~2002 年工业 CO_2 排放量增长的影响因素，发现中国国内最终需求增加。例如，基础设施建设和城市家庭消费以及由此驱动的城市化和生活方式的改变等最终需求是导致 CO_2 排放增长的主要原因，其超过了 CO_2 排放强度下降带来的负效应，且净贸易对总排放量的影响较小；刘伟和蔡志洲（2008）利用直接消耗系数与间接消耗系数分析了技术进步、结构变动对国民经济中间消耗的影响；刘瑞翔和姜彩楼（2011）运用 SDA 分析了中国 1987~2007 年能耗加速的原因，认为 1987~2007 年，中间产品投入结构变化和经济规模扩张是导致中国能源消费近年来加速增长的主要原因，并且在行业层面上能源增长与中国工业特别是重工业近年来迅速发展相关。刘红光等（2010）利用中国 2007 年的投入产出表，得出出口是中国碳排放总量迅速增加的主要推动力之一，建筑业和机械设备制造业是中国碳排放最主要的根源，也是排放敏感性最高的两个部门。而且，中国国内对服务业和电力热力的最终消费也是碳排放的主要根源之一。

郭朝先（2010）采用 SDA 方法分析中国 CO_2 排放增长因素，发现

1992~2007 年出口扩张效应对 CO_2 排放增长起主要的驱动作用，贡献率达 116.50%，且投资扩张效应仅次于出口扩张效应，达 115.88%。由此可知，出口需求对中国环境恶化起着不容忽视的作用；而袁鹏等（2012）利用 SDA 和 LMDI 结合的分解法，将我国 CO_2 排放的增长分解为能源效率效应、能源替代效应、技术效应、国内最终需求效应、出口效应和进口效应六项，认为 1992~2005 年，国内最终需求效应是我国 CO_2 排放呈现快速上升趋势的决定性因素，并非是国际贸易效应，而国内需求效应又是经济发展的必然结果。郑义和徐康宁（2013）、Xu 等（2014）不仅考虑了经济规模效应，也考虑了能源结构和产业结构等效应对中国碳排放增长的影响。

二、对外贸易环境效应的 IDA 和 SDA 分析

Yan 和 Yang（2010）、Dong 等（2010）、Xu 等（2011）、Minx 等（2011）、Xu 和 Dietzenbacher（2014）等学者采用 SDA 方法对国际贸易隐含排放量的影响因素进行因素分解研究。其中，Minx 等（2011）同样对中国 1992~2007 年的 CO_2 排放增长总量进行分解，发现出口需求的增加引致 2002~2005 年 CO_2 排放增长量占此期间 CO_2 增长量的比重大于 50%；Xu 等（2011）主要采用结构分解法将 2002~2008 年出口隐含 CO_2 排放量分解为排放强度、经济生产结构[①]、出口结构和出口规模四种效应，与本书单独对出口隐含排放量的分解效应相同；Xu 和 Dietzenbacher（2014）采用 WIOD 数据库，对中国进出口隐含 CO_2 排放量分别进行乘法方式的结构分解，而本书采用减法方式的结构分解。此外，Zhang（2010）从供给的层面分析了中国碳排放的影响因素。

张友国（2009）构建 1987~2006 年的可比价格投入产出表，采用 SDA 方法分析了中国对外贸易对能源消耗和 SO_2 排放的影响，将出口（进口）隐含 SO_2 排放量分解成污染排放强度效应、投入技术系数效应、出口（进口）产品结构效应和出口（进口）规模四种效应，认为出口含污量明显多于进口含污量，而出口规模迅速增长带来的规模效应是导致出口含污量快速上升的主要原因，但污染排放系数和中间投入结构系数效应有效地抑制了规模效应。张友国（2010）采用 SDA 方法对 1987~2007 年中国对外贸易

---

① 其实质是中间投入结构效应。

隐含碳量进行了影响因素分析，将其分解为能源强度效应、能源结构效应、碳排放系数效应、中间投入结构效应、出口产品结构和出口规模效应。结果发现，贸易规模的增长是导致贸易含碳量迅速增加的主要原因，而不断降低的部门能源强度则是抑制其增加的主要因素。不过，进出口产品结构、投入结构、能源结构及碳排放系数的变化对贸易含碳量的影响较小；倪红福等（2012）使用 SDA 方法，对中国与主要贸易伙伴国的贸易进行了研究，得出中国对外贸易创造了巨大贸易顺差，但是由于高耗能、高污染产品在出口产品中占有较高的比重以及中国的能源利用效率较低，使得中国在进行对外贸易的过程中隐性地转移了大量的 CO_2。

第三节　投入产出模型与贸易隐含污染转移研究

投入产出分析是研究经济系统各个部分间表现为投入与产出的相互依存关系的经济数量方法，亦称为产业部门间分析。它由美国 W.列昂惕夫于 1936 年最早提出。在计划经济时期，投入产出表为一张平衡表，能够较好地运用在经济分析、政策模拟、计划论证和经济预测。但随着经济的快速发展，投入产出模型已经从静态投入产出模型发展至动态模型、优化模型；从产品模型发展至固定资产模型、生产能力模型、投资模型、劳动模型以及研究人口、环境保护等专门问题的模型。由于投入产出模型能够利用投入与产出相平衡的关系，直接与间接地反映各部门或者产业之间的技术经济联系，所以，投入产出模型运用在环境、贸易、能源、资源和经济等多个研究领域。在环境领域，可以根据已有的投入产出模型，加入环境污染排放，构建相应的环境—经济型投入产出表，进而可以对环境污染排放的来源进行影响因素分解和路径分析，为控制污染排放制定合理的政策。计量模型相比投入产出模型在探讨某个决定性因素时，具有能够很好地反映每个因素影响的优势。下面主要从投入产出模型在环境与贸易领域的运用中探讨投入产出模型的演进过程。

投入产出模型已成为国内外学者测算和分析贸易隐含污染排放量的主要工具之一，且随着投入产出表数据和污染排放数据的逐渐完善，相关测算和分析也越来越精确。1970 年，Leontief 开创性地把投入产出模型拓展到经济发展与环境恶化关系的研究领域，随后投入产出模型也成为研究贸易与环境污染关系的主要分析工具之一。研究进展主要体现在两个方面：一方面是进口中间品和国产中间品是否可以替代；另一方面是在测算进口隐含排放量时，进口品的污染排放系数和中间投入结构系数的选取。

投入产出模型按进口产品和国内产品是否可以替代分为（进口）竞争型与（进口）非竞争型投入产出模型，前者假定进口品与国内产品具有完全可替代性，即中间投入和最终需求部分都没有区分国内产品与进口产品，后者则将中间投入和最终需求部分进行了进口产品与国内产品的区分，这意味着国内产品和进口产品两者具有不可替代性。按包含区域的多少可以分为单区域投入产出模型（SRIO）与多区域投入产出模型（MRIO）。下面我们将依次介绍单区域（进口）竞争型、单区域（进口）非竞争型、多区域（进口）竞争型以及多区域（进口）非竞争型在贸易与环境领域的应用。

一、单区域（进口）竞争型投入产出表

最初受投入产出数据和排放数据的限制，以往文献主要采用单区域（进口）竞争型投入产出表来测算贸易隐含污染排放量（Machado 等，2001；Wang 和 Watson，2007；Li 等，2007；Lin 和 Sun，2010；Xu 等，2011）。基于单区域（进口）竞争型投入产出表，在测算出口隐含污染排放量时，假定进口中间品和国产中间品可以完全替代，即国内直接消耗系数没有扣除进口品中间投入部分；在测算进口隐含污染排放量时，假定进口品的污染排放系数和中间投入结构系数与国内产品相同，即根据进口排放同质性（Emissions Avoided by Imported，EAI）假说测算进口隐含污染排放量。表 2-1 为单区域（进口）竞争型投入产出表基本形式，具体形式如下。

表 2-1　单区域（进口）竞争型投入产出表基本形式

		中间需求	最终需求					总产出
		部门 1 … 部门 n	消费	投资	出口	进口	合计	
中间投入	部门 1 ⋮ 部门 n	Z	C	I	EX	IM	F	X
	增加值 总投入	V X						

表 2-1 中，Z 为直接消耗矩阵（包括国内产品和进口品的中间投入）；X 为总产出列向量，若 A 为直接消耗系数矩阵，则有 $A_{ij} = Z_{ij}/X_j$；F 为国内最终需求总和，其分为消费 C、投资 I 和出口 EX 三个部分，但是需扣除进口产品用于国内最终需求部分，即有 F = C + I + EX - IM；V 为增加值行向量。根据表 2-1 中的行平衡关系可得：

$$AX + F = X \tag{2-1}$$

$$X = (I - A)^{-1} F \tag{2-2}$$

其中，式（2-2）反映了最终需求和总产出之间的关系；$(I - A)^{-1}$ 为列昂惕夫逆矩阵。又由于 F = C + I + EX - IM，则式（2-2）可表示为：

$$X = (I - A)^{-1} F = (I - A)^{-1}(C + I + EX - IM) \tag{2-3}$$

若假定 P_i 为 i 经济体的直接污染排放系数行向量，则基于单区域（进口）竞争型投入产出模型，测算的 i 经济体与 j 经济体之间出口隐含污染物排放量（EEE_{ij}^{snr}）和进口隐含污染物排放量（EEI_{ij}^{snr}）分别为：

$$EEE_{ij}^{snr} = P_i(I - A_i)^{-1} EX_{ij} \tag{2-4}$$

$$EEI_{ij}^{snr} = P_i(I - A_i)^{-1} IM_{ij} \tag{2-5}$$

其中，A_i 为 i 经济体直接消耗系数矩阵，其中间投入部分并没有国内产品与进口品；EX_{ij} 为 i 经济体各部门出口到 j 经济体的列向量；IM_{ij} 为 i 经济体从 j 经济体各部门进口产品的列向量。进一步可得 i 经济体与 j 经济体之间的环境贸易平衡与污染贸易条件为：

$$BEEBT_{ij}^{snr} = EEI_{ij}^{snr} - EEE_{ij}^{snr} \tag{2-6}$$

$$PTBT_{ij}^{snr} = \frac{EEE_{ij}^{snr}/ex_{ij}}{EEI_{ij}^{snr}/im_{ij}} \tag{2-7}$$

其中，ex_{ij} 为 i 经济体出口到 j 经济体的产品总量；im_{ij} 为 i 经济体从 j 经济体进口产品总量。

综上所述，可进一步推导出 i 经济体总量层面上的环境贸易平衡和污染贸易条件为：

$$ETB_i^{snr} = \sum_{j=1,\ i \neq j}^{m} (EEI_{ij}^{snr} - EEE_{ij}^{snr}) = P_i(I - A_i)^{-1}(IM_i - EX_i) \tag{2-8}$$

$$PTT_i^{snr} = \frac{\sum_{j=1,\ j \neq i}^{m} EEE_{ij}^{snr}/ex_i}{\sum_{j=1,\ j \neq i}^{41} EEI_{ij}^{snr}/im_i} = \frac{P_i(I - A_i)^{-1} EX_i/ex_i}{P_i(I - A_i)^{-1} IM_i/im_i} \tag{2-9}$$

其中，m 表示 i 经济体产品出口流向 m 个地区或者国家；EX_i 是 i 经济体各部门出口产品总量，为列向量；IM_i 是 i 经济体各部门进口产品总量，为列向量；ex_i 为 i 经济体出口产品总量；im_i 为 i 经济体进口产品总量。

在单区域（进口）竞争型投入产出模型方面，一种是测算贸易隐含污染转移绝对量：Wang 和 Watson（2007）计算了中国 2004 年出口含碳量，结果表明 2004 年中国净出口含碳量为 1109MT，达到当年国内碳排放总量的 23%。Peters 等（2007）计算了 1992 年、1997 年和 2002 年中国进出口隐含 CO_2 排放量，认为 1992 和 2002 年中国为净进口含 CO_2 国，1997 年为净出口含 CO_2 国。沈利生和唐志（2008）计算了 2002~2005 年中国进出口隐含 SO_2 排放量，结果表明，2002 年中国为净进口含 SO_2 国，2003 年开始为净出口含 SO_2 国，且净出口转移量呈扩大趋势，2005 年达 156.06 万吨。徐慧（2010）计算了 2002 年中国对外贸易隐含 CO_2、SO_2 和 NO_x 排放量，认为中国为净进口含 CO_2 国和净进口含 SO_2 国，而为净出口含 NO_x 国。高静和刘友金（2012）计算了 1997~2009 年中美进出口贸易隐含 CO_2 排放量，结果表明，自 1997 年以来，与美国进行双边贸易，中国一直为净出口含 CO_2 国，且净出口含 CO_2 量呈现扩大趋势。因此，整体来看，大部分学者均表明，中国为其他国家承担了 CO_2 或者 SO_2 排放，参与对外贸易不利于中国减排。

另一种是测算贸易隐含污染转移相对量：沈利生和唐志（2008）利用单区域（进口）竞争型投入产出模型计算了中国 SO_2 的贸易条件，测算结果为：2002~2006 年中国 SO_2 的贸易条件分别为 0.83、0.92、0.93、0.92 和 0.86，表明中国出口商品比进口商品更加清洁，"污染避难所"假说并不成立。徐慧（2010）也利用单区域（进口）竞争型投入产出模型，计算了 2002~2006 年中国 CO_2、SO_2 和 NO_2 的贸易条件，得出在样本期间内，CO_2、SO_2 和 NO_x 的贸易条件均小于 1，且 CO_2 和 NO_x 贸易条件呈改善趋势，但 SO_2 贸易条件呈恶化趋势。高静和刘友金（2012）计算了 1997~2009 年中美之间 CO_2 的贸易条件，得到中美之间 CO_2 的贸易条件呈恶化趋势，由 1997 年的 0.87 上升至 2009 年的 1.07。

由于单区域（进口）竞争型投入产出模型假设进口品和国内产品是完全替代的，使得其国内中间投入结构系数并没有扣除进口品中间投入结构部分，进而可能不能合理地测算出口隐含污染排放量。并且，假定进口品和国内产品的中间投入结构系数和污染排放系数相同（EAI 假说）。而这种假设往往不符合实际，所以计算的结果与实际结果会存在一定的误差。

二、单区域（进口）非竞争型投入产出表

由于上一节单区域（进口）竞争型投入产出表存在一定的缺陷，学者们通过各种不同的方式考虑进口中间品和国产中间品的差异来完善出口隐含污染排放量的测算。其中，数据要求较低的一种方式是按比例区分中间投入部分的进口品和国内产品，进而编制单区域（进口）非竞争型投入产出表，此时，在计算出口隐含污染排放量时运用扣除了进口中间品的中间投入结构系数（Weber 等，2008；Pan 等，2008；Su 等，2010；Su 和 Ang，2010）。为了能够采用更加精确的中间投入结构系数来测算贸易隐含污染排放量，部分学者和组织编制并采用了能够更好反映进口中间品投入结构和加工贸易的单区域（进口）非竞争型投入产出表（Chen 等，2001；Lau 等，2010；Dean 等，2011；Koopman 等，2008，2012；Su 等，2013）。表2-2 为单区域（进口）非竞争型投入产出表的基本形式，具体形式如下。

表2-2 单区域（进口）非竞争型投入产出表基本形式

		中间需求	最终需求				总产出或总进口
		部门1… 部门n	消费	投资	出口	合计	
国内中间投入	部门1 ⋮ 部门n	Z^d	C^d	I^d	EX^d 或 EX	F^d	X
进口中间投入	部门1 ⋮ 部门n	Z^m	C^m	I^m	0	F^m	IM
增加值 总投入		V X					

注：上标 d 表示国内产品；上标 m 表示进口产品。

在表2-2 中已将中间投入分为国内中间投入和进口中间投入，即认为国内产品和进口品之间具有不可替代性。其中，X 为总产出列向量；Z^d 为国内产品直接消耗矩阵，若 A^d 表示国内产品直接消耗系数矩阵，则有 $A_{ij}^d = Z_{ij}^d/X_j$；Z^m 为进口品直接消耗矩阵，若 A^m 表示进口品直接消耗系数矩阵，则有 $A_{ij}^m = Z_{ij}^m/X_j$，同时有 $A = A^d + A^m$；C^d 和 C^m 分别表示国内产品和进口品最终消费需求列向量；I^d 和 I^m 分别表示国内产品和进口品最终投资需求列向量；EX^d 或 EX 为国内产品出口列向量，由于假定进口品一般不直接用

于出口，所以有 $EX^d = EX$；IM 为进口列向量。根据行平衡关系可知：

$$A^d X + F^d = X \tag{2-10}$$

$$X = (I - A^d)F^d \tag{2-11}$$

又由 $F^d = C^d + I^d + EX^d$，可知：

$$X = (I - A^d)F^d = (I - A^d)(C^d + I^d + EX^d) \tag{2-12}$$

若假定 P_i 为 i 经济体直接污染排放系数行向量，则基于单区域（进口）非竞争型投入产出模型，测算的 i 经济体与 j 经济体之间出口隐含污染物排放量（EEE_{ij}^{snr}）和进口隐含污染物排放量（EEI_{ij}^{snr}）的公式分别为：

$$EEE_{ij}^{snr} = P_i(I - A_i^d)^{-1} EX_{ij} \tag{2-13}$$

$$EEI_{ij}^{snr} = P_i(I - A_i^d)^{-1} IM_{ij} \tag{2-14}$$

其中，A_i^d 为 i 经济体国内产品直接消耗系数矩阵；EX_{ij} 为 i 经济体各部门出口到 j 经济体的产品量，为列向量；IM_{ij} 为 i 经济体从 j 经济体各部门进口产品量，为列向量。进一步可得 i 经济体与 j 经济体之间的环境贸易平衡与污染贸易条件为：

$$BEEBT_{ij}^{snr} = EEI_{ij}^{snr} - EEE_{ij}^{snr} \tag{2-15}$$

$$PTBT_{ij}^{snr} = \frac{EEE_{ij}^{snr}/ex_{ij}}{EEI_{ij}^{snr}/im_{ij}} \tag{2-16}$$

其中，ex_{ij} 为 i 经济体出口到 j 经济体的产品总量；im_{ij} 为 i 经济体从 j 经济体进口产品总量。

综上所述，可进一步推导出 i 经济体总量层面上的环境贸易平衡和污染贸易条件为：

$$ETB_i^{snr} = \sum_{j=1,\ i \neq j}^{m} (EEI_{ij}^{snr} - EEE_{ij}^{snr}) = P_i(I - A_i^d)^{-1}(IM_i - EX_i) \tag{2-17}$$

$$PTT_i^{snr} = \frac{\sum_{j=1,\ j \neq i}^{m} EEE_{ij}^{snr}/ex_i}{\sum_{j=1,\ j \neq i}^{41} EEI_{ij}^{snr}/im_i} = \frac{P_i(I - A_i^d)^{-1} EX_i/ex_i}{P_i(I - A_i^d)^{-1} IM_i/im_i} \tag{2-18}$$

其中，m 表示 i 经济体产品出口流向 m 个地区或者国家；EX_i 是 i 经济体各部门出口产品总量，为列向量；IM_i 是 i 经济体各部门进口产品总量，为列向量；ex_i 为 i 经济体出口产品总量；im_i 为 i 经济体进口产品总量。

基于单区域（进口）非竞争型投入产出模型，一方面是测算贸易隐含污染绝对量转移，Weber 等（2008）计算了 1987~2005 年中国进出口贸易

隐含 CO_2 排放量，认为中国一直为净出口含 CO_2 国，且净出口含 CO_2 量从 1987 年的 160MT 上升至 2005 年的 530MT。张友国（2010）采用可比价单区域（进口）非竞争型投入产出表，测算了 1987~2007 年中国进出口贸易隐含 CO_2 排放量。结果显示，中国 CO_2 贸易平衡由 1987 年的净进口含 CO_2 量 139MT 转化为 2007 年的净出口含 CO_2 量 731MT。姚愉芳等（2008）及闫云凤和赵忠秀（2012）采用单区域（进口）非竞争型投入产出模型，测算了中国 CO_2 贸易平衡，均表明中国为净出口含 CO_2 国。除了测算中国贸易隐含 CO_2 转移外，张友国（2009）测算了中国进出口贸易隐含 SO_2 排放量。结果显示，中国 SO_2 贸易平衡由 1987 年的净进口含 SO_2 量 36.55MT 转变至 2006 年的净出口含 SO_2 量 210.89MT，彭水军和刘安平（2010）测算的 SO_2 贸易平衡，得到了类似的结论。

另一方面是测算贸易隐含污染相对量转移。张友国（2009）利用单区域（进口）非竞争型投入产出模型测算了 1987~2006 年中国 SO_2 的贸易条件，结果表明 1987~2006 年中国 SO_2 的贸易条件均小于 1，但呈现上升趋势。彭水军和刘安平（2010）测算了中国 1997~2005 年工业 SO_2、工业烟尘、工业粉尘和化学需氧量等污染物的贸易条件，结果表明三种大气污染物（工业 SO_2、工业烟尘和工业粉尘）的贸易条件都小于 1，但总体呈上升趋势，而水污染化学需氧量的贸易条件大于 1。整体而言，中国并没有成为其他国家的"污染避难所"。闫云凤和赵忠秀（2012）计算的 2007 年中国 CO_2 的贸易条件为 0.93，即出口品比进口品"清洁"。

另一种比较简单的方法是在不编制详细的多区域投入产出表的情况下重点对进口品的污染排放系数进行测算和替代，一些学者在测算进口隐含污染排放量时并不采用进口国的污染排放系数而是采用其他一些污染排放系数来代替，如 Shui 和 Harriss（2006）；Yan 和 Yang（2010）采用经济投入产出生命周期评价（EIO-LCA）软件得到美国各行业的 CO_2 排放系数。其中，Shui 和 Harriss（2006）计算了中国进出口贸易隐含 CO_2 排放量，认为中国由出口向美国输出的 CO_2 量从 1997 年的 213 万吨上升到 2003 年的 497 万吨，但美国向中国输出的 CO_2 量则很少，即中国为美国承担了大量的 CO_2 排放。Pan 等（2008）在计算进口隐含污染排放量时采用的污染排放系数为各进口产品来源区域内的平均排放强度。党玉婷（2013）借鉴 Hettige（2000）的方法对国外直接排污系数进行推算等方式，进而对测度模型进行改进。Ren 等（2014）采用由中国十个主要贸易伙伴国的总排放强度乘以相应进口量比重得出的调整系数对中国各部门污染排放系数进行调整，进而用其来测算中国进口隐含 CO_2 排放量。

即式（2-14）变为：

$$EEI_{ij}^{snr} = P_k(I - A_i^d)^{-1}IM_{ij} \qquad (2-19)$$

其中，P_k 为采用一些方法得到的 i 经济体进口产品的污染排放系数。此时，在测算 i 经济体总进口隐含污染排放量时，并不是直接利用 i 经济体国内产品的污染排放系数，也不是利用 i 经济体所有进口品来源国的污染排放系数。

与单区域（进口）竞争型投入产出模型相比，单区域（进口）非竞争型投入产出模型区分了国内产品和进口品产品结构之间的差异，但是单区域投入产出模型不能反映国家或地区之间因贸易而产生的溢出反馈效应，从而不能真实地反映出本系统和外部系统的联系。而且，基于单区域投入产出模型构建的贸易隐含污染排放量的测算模型没有考虑进口品来源国中间投入结构系数的差异，也不能充分地考虑各国各部门进口品的污染排放系数的差异。

三、多区域（进口）竞争型投入产出表

由于每个国家最初编制的投入产出表均为竞争型投入产出表，但每个国家编制投入产出表的时间以及部门划分存在不一致性，所以一些学者采用详细的海关数据，得出两国之间各部门进出口产品量，再利用各国编制的单区域（进口）竞争型投入产出表，将其进行部门合并等处理，使得其变成部门划分相一致的竞争型投入产出表，进而测算两国之间或者某个国家的进出口贸易隐含污染排放量。因此，基于多区域（进口）竞争型投入产出模型，测算的 i 经济体与 j 经济体之间出口隐含污染物排放量（EEE_{ij}^{mnr}）和进口隐含污染物排放量（EEI_{ij}^{mcr}）分别为：

$$EEE_{ij}^{mcr} = P_i(I - A_i)^{-1}EX_{ij} \qquad (2-20)$$

$$EEI_{ij}^{mcr} = P_j(I - A_j)^{-1}IM_{ij} \qquad (2-21)$$

其中，P_i 和 P_j 分别为 i 经济体和 j 经济体的污染排放系数行向量；A_i 和 A_j 分别为 i 经济体和 j 经济体的国内产品直接消耗系数矩阵；EX_{ij} 为 i 经济体各部门出口到 j 经济体的产品量，为列向量；IM_{ij} 为 i 经济体从 j 经

济体各部门进口产品量，为列向量。进一步可得 i 经济体与 j 经济体之间的环境贸易平衡与污染贸易条件为：

$$BEEBT_{ij}^{mcr} = EEI_{ij}^{mcr} - EEE_{ij}^{mcr} \qquad (2-22)$$

$$PTBT_{ij}^{mcr} = \frac{EEE_{ij}^{mcr}/ex_{ij}}{EEI_{ij}^{mcr}/im_{ij}} \qquad (2-23)$$

其中，ex_{ij} 为 i 经济体出口到 j 经济体的产品总量；im_{ij} 为 i 经济体从 j 经济体进口产品总量。

在多区域（进口）竞争型投入产出模型研究方面，Ahmed 和 Wyckoff（2003）利用世界所有国家碳排放强度的平均值代替中国进口品的碳排放强度，计算结果表明中国 1997 年为净出口含碳国，净出口含 CO_2 量达 351MT，明显高于张友国（2010）利用单区域（进口）非竞争型投入产出模型的计算结论。Li 和 Hewitt（2008）测算了中英两国贸易隐含 CO_2 排放量，认为 2004 年中国向英国出口的产品隐含 CO_2 排放量达 186MT，而从英国进口的产品隐含 CO_2 排放量仅为 2.3MT；齐晔等（2008）测算了 1997~2006 年中日两国贸易隐含碳排放量，认为不管计算进口隐含碳排放量时采用中国的碳耗系数还是采用日本的碳耗系数，1997~2006 年中国都是一个净出口含碳国，且净出口含碳量呈上升的趋势。

四、多区域（进口）非竞争型投入产出表

随着经济全球化的加深以及产品价值链分工的细化，多区域（进口）竞争型投入产出表虽然能反映不同区域之间的溢出反馈效应，但是还存在不能反映国内产品与进口产品中间投入结构差异的缺陷，也不能详细地反映一国出口产品的具体流向。Su 等（2013）使用 1997 年和 2002 年中国的投入产出表，对比得出，对中国这样的加工出口占出口很大比例的国家来说，使用传统的投入产出模型和统一出口的假设时，加工出口贸易隐含碳排放量将会被高估，而正常贸易隐含碳排放量将会被低估。鉴于此，Andrew 等（2009）、Peters 等（2011a，2011b）、Weitzel 和 Ma（2014）、Branger 和 Quirion（2014）等利用 GTAP 数据库提供的多区域（进口）非竞争型投入产出表研究了对外贸易隐含 CO_2 转移的问题，但由于该数据库没有相匹配的污染排放数据，使得其在研究环境领域方面的运用还不多。而欧盟开发的 WIOD 数据库，包含了 1995~2011 年由 41 个区域 35 个部门组

成的全球多区域（进口）非竞争型投入产出表，以及 1995~2009 年共 41 个区域 35 个部门的 CO_2、NH_3、NO_X 和 SO_X 等八类排放数据。基于 WIOD 数据库提供的世界多区域投入产出表和环境账户表，在计算进口隐含污染排放量时可充分考虑各国污染排放系数和中间投入结构系数的差异，已成为研究对外贸易与环境污染之间关系的重要数据库。Boitier（2012）、Löschel 等（2013）、Arto 等（2014）、Xu 和 Dietzenbacher（2014）等学者已经采用该数据库研究了贸易隐含污染物转移的问题。表 2-3 为多区域（进口）非竞争型投入产出表模型的基本形式，具体形式如下。

表 2-3　多区域（进口）非竞争型投入产出表基本形式

		中间需求			最终需求			总产出
		区域 1 1, …, m	…	区域 n 1, …, m	区域 1	…	区域 n	
中间投入	区域 1 1, 2, …, m	$Z^{1,1}$	…	$Z^{1,n}$	$F^{1,1}$	…	$F^{1,n}$	X^1
	⋮	⋮	⋱	⋮	⋮	⋱	⋮	⋮
	区域 n 1, 2, …, m	$Z^{n,1}$	…	$Z^{n,n}$	$F^{n,1}$	…	$F^{n,n}$	X^n
增加值		V^1	…	V^n				
总投入		X^1	…	X^n				

表 2-3 更加详细地反映了每个国家出口产品和进口产品的去向与来源，基于该模型测算的贸易中隐含污染排放量将在第五章进行详细的阐述。

与上述三种模型相比，多区域（进口）非竞争型投入产出模型既考虑了国内产品和进口品的差异，同时也考虑了不同国家或区域之间的溢出反馈效应。因此，能够更为真实地刻画贸易与环境之间的双向关系。

基于多区域（进口）非竞争型投入产出模型的研究中，一方面是测算贸易隐含污染排放绝对量，王文中和程永明（2006）、Liu 等（2010）、吴献金和李妍芳（2012）等分别计算了不同年份中日双边贸易隐含 CO_2 排放量，结论均表明中国为净出口含 CO_2 国，且净出口含 CO_2 量较大。Yu 和 Wang（2010）计算了中美双边贸易隐含 CO_2 排放量，结论表明 1997 年与 2002 年中美商品碳贸易平衡（出口隐含碳排放量–进口隐含碳排放量）顺差额分别达 3719.48 万吨和 4720.6 万吨。倪红福等（2012）计算了中国与世界、日本、英国、德国、法国、加拿大、美国和澳大利亚之间双边贸易

隐含 CO_2 排放量。结果显示，美国、日本、德国和英国是中国出口隐含 CO_2 排放量最大的国家，而澳大利亚、日本和美国是进口隐含 CO_2 排放量最大的国家。并且除与澳大利亚在 2007 年存在微小的净进口之外，与其他发达经济体进行双边贸易时，中国均为净出口含 CO_2 国。

Su 和 Ang（2010）利用中国 1997 年的多区域投入产出表，得出地区层面的空间集聚效应比国家层面要强，如果使用国家层面的数据，那些排放密度低的地区其出口隐含碳排放量被高估，那些排放密度高的地区其出口隐含碳排放量被低估。傅京燕和裴前丽（2012）实证分析了 1997~2009 年对外贸易对我国 CO_2 排放总量的影响，实证结果得出对外贸易不利于我国 CO_2 减排目标的实现，却有利于我国 CO_2 排放强度的降低。Su 和 Ang（2014）利用中国 1997 年的多地区投入产出表和 2000 年的国际投入产出表，通过结合 HEET 方法和 SDA 分析法建立了地区间贸易隐含污染排放模型。实证研究表明，如果分别从地区间贸易和国际双边贸易来看，发达地区一般是净出口含污染者，而发展中地区一般是净进口含污染者。

另一方面是测算贸易隐含污染排放相对量，Liu 等（2010）测算的 1990年、1995 年和 2000 年中日之间 CO_2 贸易条件分别为 6.10、4.74 和 2.09，即中国出口品比进口品"肮脏"，"污染避难所"假说成立。倪红福等（2012）测算了 2002~2007 年中国与日本、英国、德国、法国、加拿大、美国和澳大利亚等国之间的 CO_2 贸易条件。结果显示，除 2007 年中国与澳大利亚之间的 CO_2 贸易条件小于 1 外，2002 年、2005 年和 2007 年中国、日本和美国等六国之间的 CO_2 贸易条件均大于 1，且测算结果明显大于利用单区域（进口）非竞争型投入产出模型计算的结果。这表明，中国已经成为了这些发达国家的"污染避难所"。

第四节　文献评述

在以往有关中国环境污染排放影响因素的研究文献中，主要针对 CO_2 与 SO_2 两类污染物影响因素的研究较多，同时分析我国"十二五"规划中列入的两个新约束性指标氮氧化物（NO_X）和氨氮（NH_3）的研究较少。大部分的研究主要从需求的角度对中国环境污染排放的影响因素进行分析，而较少从供给角度展开；在研究某国环境污染排放的影响因素中，较多学者利用该国单区域（进口）竞争型投入产出表进行研究，而较少采用连续型单区域（进口）非竞争型投入产出表进行研究。在测算贸易中隐含污染物转移的问题中，采用多区域（进口）非竞争投入产出模型的研究较少，然而其他三类投入产出模型由于采用的直接消耗系数和排污系数的差异，都会使测算结果存在一定的偏差，从理论上来讲，多区域（进口）非竞争型投入产出模型是相对而言比较适合用于测算环境贸易平衡和污染贸易条件的。由于受到各国投入产出表公布时间的限制性以及各国投入产出表统计的差别性（产业划分、测量单位、统计口径等不同）使得大多数研究者只能测算某个年份或者间断几个年份的环境贸易平衡和污染贸易条件，很少测算连续多年的环境贸易平衡和污染贸易条件的研究，且主要测算的是中国与世界或中国与美国、日本等主要发达国家之间的环境贸易平衡和污染贸易条件，包含发展中国家的研究较少。较少研究对环境贸易平衡和污染贸易条件进行相应的结构分解。

因此，在已有文献研究的基础上，本书的主要贡献体现在：基于WIOD 提供的中国单区域（进口）非竞争型投入产出表，从最终需求角度和供给角度两个方面对中国温室气体（CO_2）、水污染（NH_3）和空气污染物（NO_X 和 SO_X）排放增长总量进行 SDA 分析。基于 WIOD 数据库提供的包含 40 个国家和世界其他国家 ROW 的总体所构成的多区域投入产出表以及 40 个主要经济体各自（进口）非竞争型投入产出表，进而考虑进口产品含污量可以利用原产地技术系数来测算，得出中国进口产品真正的含污量。基于 WIOD 数据库提供的环境账户表，测算了我国四种污染物〔二氧化碳（CO_2）；氨氮（NH_3）；氮氧化物（NO_X）；硫氧化物（SO_X）〕的环境贸易平衡和污染贸易条件，基本可以覆盖我国"十二五"规划中温室气体排放量指标二氧化碳、水污染指标和空气污染三类约束性指标，进而分析中国参与国际贸易对"十二五"规划三类指标实现的影响，从中国总体、产业、多污染物和国别这四个维度来测算贸易与环境污染的关系，既考虑了中国与世界总体和分行业贸易对多种污染物排放的影响，同时考虑了中国与其他 14 个主要经济体（包括发达经济体、东亚经济体和资源型国家）进行双边贸易分别对中国总体多种污染物排放的影响，即区分了不同国别贸易因素对中国环境产生的影响。本书测算了 1995~2009 年共 14 年的环境贸易平衡与污染贸易条件，进而形成一个连续性动态比较分析；在已有的方法上，对影响环境贸易平衡和污染贸易条件的因素进行结构分解。

本书所使用的全球多区域投入产出表（GMRIO）和环境污染排放数据均来自 WIOD 数据库[①]。目前，全球多区域投入产出表的主要来源有 WIOD、EORA、EXIOPOL、GTAP-MRIO、GRAM 和 IDE-JETRO 等数据库，其中，EORA 数据库提供了许多国家的投入产出表，且提供了一个与时间序列相匹配的包含 1995~2011 年 187 个国家的环境和社会卫星账户，Lenzen 等（2013）描述了该数据库的基本构成；GTAP-MRIO 虽然包含 1990~2007 年 129 个国家的多区域投入产出表，但其并没有包含相应的环境数据库。因此，这个数据库在研究贸易的环境影响效应时运用并不多。

WIOD 数据库是由欧盟 11 个机构联合编制并公开的世界投入产出表数据库，此数据库一共包含四个数据账户：一是包含 1995~2011 年各个年份由欧盟 27 个成员国[②]、中国和美国等 13 个主要经济体和世界其他国家（ROW）共 41 个经济体 35 个行业所组成的世界多区域投入产出表（WIO）[③]；二是包含 1995~2011 年各个年份 41 个经济体各自的单区域（进口）非竞争型投入产出表[④]，其行业仍为 35 个；三是包含 1995~2009 年由 41 个经济体 35 个行业工业能源使用、CO_2 和 7 种污染物的排放量［甲烷（CH_4）；氨氮（NH_3）；氮氧化物（NO_x）；硫氧化物（SO_x）；一氧化二氮（N_2O）；一氧化碳（CO）；非甲烷挥发有机物（NMVOC）］组成的环境账户表；四是包含 1995~2011 年各个年份 41 个经济体各自的总产出、中间投入、资本报酬、劳动报酬等组成的社会—经济核算账户，其行业仍为 35 个。其中，35 个行业分类是依据联合国统计局公布的 ISIC ReV3.1 版[⑤]对其进行重新归类得到。

---

① Eu.WIOD Data，http：//www.wiod.org.
② 欧盟的 27 个成员国中，除了新加入欧盟的克罗地亚。
③ WIO 表又分为以当期价格与上年度价格为基期的 WIO 表，本书采用当期价格测算的 WIO 表。
④ SRIO 表又分为以当期价格与上年度价格为基期的 SRIO 表，本书采用当期价格测算的 SRIO 表。
⑤ 联合国统计局：《国际标准分类》（第三版），（ISIC，ReV.3.1），http：//unstats.un.org/unsd/cr/registry/regcst.asp？Cl=17.

第三章 最终需求视角下中国环境污染影响因素分析

第一节 引 言

改革开放以来，中国经济取得了举世瞩目的成绩，1978~2013 年 GDP 平均增长率达 9.86%。但伴随经济快速增长，中国环境恶化日益严重。2013 年 1 月以来，全国性雾霾天气频发，三分之一的城市都饱受着雾霾的困扰，环境质量恶化已经成为关系到民生和制约经济发展的重要因素。根据 WIOD 数据库提供的环境账户数据显示，其中，中国空气污染物（以硫氧化物和氮氧化物排放量之和表示）排放总量从 1995 年的 30.78MT 下降至 2001 年的 20.58MT，但中国加入 WTO 之后，呈现加速上升的趋势，在短短八年之内增长了两倍多，2009 年达 61.74MT，占世界排放总量的 29.07%。深入探讨中国环境污染排放量加速上升背后的影响因素，对中国提出有针对性的减排政策，大力发展环境友好型经济有着巨大的理论和现实意义。

环境库兹涅茨曲线（Environmental Kuznets Curve，EKC）假说是研究环境效应最基本的理论框架模型，该理论认为环境质量与人均收入之间呈现一种倒"U"型关系。Grossman 和 Krueger（1991）在研究 EKC 假说过程中找到证据证明人均收入和环境质量之间存在倒"U"型关系。近年来，随着经济全球化深入发展，贸易活动的环境影响效应引起了广泛关注，较多学者在最基本的 EKC 模型中加入其他影响因素变量，并主要对"污染天堂假说"进行经验研究。大量研究表明迅速增长的贸易量是导致中国环境恶化的主要原因，Shui 和 Harriss（2006）认为中国有 7%~14%

的碳排放是由对美国出口产生的，Wang 和 Watson（2008）表明 2004 年中国净出口含碳量为 1109MT，达中国当年碳排放总量的 23%，Pan 等（2008）、Liu 等（2010）、彭水军和刘安平（2010）、Liu 和 Ma（2011）、Ren 等（2014）均表明对外贸易增加了中国污染排放。也有一些学者利用分解分析方法探讨污染排放增长的影响因素，如郭朝先（2010）采用 SDA 分析法（Structure Decomposetion Analysis，SDA）分析中国 CO_2 排放增长因素，发现 1992~2007 年出口扩张效应对 CO_2 排放增长起主要的驱动作用，贡献率达 116.50%，且投资扩张效应仅次于出口扩张效应，达 115.88%。可知，出口需求对中国环境恶化起着不容忽视的作用。袁鹏等（2012）基于 SDA 与 LMDI 结合的分解法，认为 1992~2005 年，中国 CO_2 排放呈现快速上升的趋势，主要是由国内需求所推动的，而非国际贸易效应。郑义和徐康宁（2013）与 Xu 等（2014）不仅考虑了经济规模效应，也考虑了能源结构和产业结构等效应对中国碳排放增长的影响。目前，针对贸易与环境的研究较多，在统一的分析框架下分析空气污染排放强度、产业结构、中间品投入结构和经济规模对环境污染影响的文献较少。

为此，本章首先基于 WIOD 数据库提供的投入产出表，构建 1995~2009 年中国单区域（进口）非竞争型经济—环境投入产出表，提出能够全面分析污染排放强度、中间品投入结构、最终需求产业结构和经济规模等因素对环境污染排放的影响研究框架，在此基础上，采用 SDA 分析法，针对不同阶段的分解结果进行深入研究。针对经济规模是引起中国环境污染排放量增加的最重要的因素，本章基于最终需求视角进一步分析消费、投资和出口等不同的经济增长拉动方式对环境污染排放的影响。

第二节 理论模型与数据说明

一、理论模型

由于本书采用的投入产出表为 WIOD 数据库提供的中国（进口）非竞争型投入产出表，即区分了国内产品与进口产品的中间投入和最终需求部分，能直接测算最终需求对中国经济增长和环境污染排放的影响。但WIOD 数据库中，最终需求由六个部分组成（居民支出、为居民服务的非营利组织支出、政府支出、固定资本形成总额、库存和贵重物品的变化和出口），为了根据"三驾马车"分析最终需求对中国经济增长和环境污染排放的影响，本书将其原始数据进行加总得到消费（等于居民支出加上为居民服务的非营利组织支出再加上政府支出）、投资（等于固定资本形成总额加上库存和贵重物品的变化）和出口的数据。同时，在此基础上进一步利用 WIOD 数据库提供的环境账户表，构建单区域（进口）非竞争型经济—环境投入产出表，具体如表 3-1 所示。

表 3-1　单区域（进口）非竞争型经济—环境投入产出

	中间需求 部门 1…部门 n	最终需求				总产出或 总进口
		消费	投资	出口	合计	
国内产品中间投入 部门 1…部门 n	$A_d X$	C_d	I_d	EX 或 EX_d	Y_d	X
进口品中间投入 部门 1…部门 n	$A_m X$	C_m	I_m	0	Y_m	M
增加值	V					
总投入	X^T					
空气污染排放	w					

注：右下角的 d 代表国内产品；m 代表进口品。

表 3-1 中 $A_d X$ 和 $A_m X$ 分别表示生产过程中国内产品和进口品的直接消耗列向量，其中 A_d 和 A_m 分别为国内产品和进口品的直接消耗系数矩阵；Y_d 和 Y_m 分别表示国内产品和进口品最终使用列向量，其中 Y_d 由消费 C_d、投资 I_d 和出口 EX（由于一般进口产品不直接用于出口，则 EX 等于 EX_d，为了书写方便，以下均用 EX 表示）三个部分组成，Y_m 则由消费 C_m 和投资 I_m 两个部分组成。X 和 M 分别为总产出和总进口列向量，V 为国内增加值行向量。

根据投入产出表横向上的均衡关系，可知国内产品中间投入和最终需求之和等于总产出：

$$A_d X + Y_d = X \tag{3-1}$$

进一步可将总产出表示为：

$$X = (I - A_d)^{-1} Y_d \tag{3-2}$$

其中，$(I-A_d)^{-1}$ 为列昂惕夫逆矩阵，即完全需要系数矩阵，记为 B。在此基础上，可将环境污染排放总量 W 表示为：

$$W = PX = PBY_d \tag{3-3}$$

其中，P 为污染排放强度行向量，维度为 1×35，其元素 $P_i = w_i/x_i$，w_i 和 x_i 分别为 i 部门的空气污染排放量和总产出量，则 p_i 为 i 部门单位产出空气污染排放量。而最终需求又可细分为消费、投资和出口三部分，即 $Y_d = C_d + I_d + EX$，则其进一步可用最终需求的产业结构 N、需求结构 S 和需求总量 y_d 来表示，具体为：

$$Y_d = NSy_d \tag{3-4}$$

其中，N 为一个 35×3 的矩阵，表示基于最终需求的产业结构，元素 n_{ij} 表示第 j 类需求对 i 部门国内产品最终需求在该类总需求量中的比重，$i = 1, 2, 3$ 分别表示消费、投资和出口三类需求。S 为 3×3 最终需求结构对角矩阵，其对角元素 s_{jj} 表示第 j 类需求在国内产品总需求中的比重；y_d 为最终需求总量，根据投入产出表纵向和横向均衡关系可知，最终需求 y_d 等于国内增加值总量 v 和进口中间品投入总量之和，令 μ 等于最终需求总量与国内增加值之比，即 $\mu = y_d/v$，则 $y_d = \mu v$，若生产最终产品过程中使用进口品越多，则 μ 越大。因此，可将式（3-3）环境污染排放总量进一步表示为：

$$W = PX = PBY_d = PBNS\mu v \tag{3-5}$$

为进一步找到影响中国环境污染排放增长的驱动因素，我们利用 SDA 方法对其进行分解，假定上标 0 与 T 分别表示基期与报告期的取值。而 SDA 存在多种分解方法，若有 n 个变量，则存在 n! 个分解方法，即存在"非唯一性问题"（Dietzenbacher 和 Los，1998），而大多数实际应用中一般采用两级中点权分解法来避免该问题。两级分解法的具体表现形式如下：

$$\begin{aligned} W^T - W^0 &= P^T B^T N^T S^T \mu^T v^T - P^0 B^0 N^0 S^0 \mu^0 v^0 \\ &= \Delta P B^T N^T S^T \mu^T v^T + P^0 \Delta B N^T S^T \mu^T v^T + P^0 B^0 \Delta N S^T \mu^T v^T \\ &+ P^0 B^0 N^0 \Delta S \mu^T v^T + P^0 B^0 N^0 S^0 \Delta \mu v^T + P^0 B^0 N^0 S^0 \mu^0 \Delta v \end{aligned} \tag{3-6}$$

或 $$\begin{aligned} W^T - W^0 &= P^T B^T N^T S^T \mu^T v^T - P^0 B^0 N^0 S^0 \mu^0 v^0 \\ &= \Delta P B^0 N^0 S^0 \mu^0 v^0 + P^T \Delta B N^0 S^0 \mu^0 v^0 + P^T B^T \Delta N S^0 \mu^0 v^0 \\ &+ P^T B^T N^T \Delta S \mu^0 v^0 + P^T B^T N^T S^T \Delta \mu v^0 + P^T B^T N^T S^T \mu^T \Delta v \end{aligned} \tag{3-7}$$

因此，中国的环境污染排放增长可以分解为：

$$
\begin{aligned}
W^T - W^0 = &\underbrace{1/2(\Delta PB^T N^T S^T \mu^T v^T + \Delta PB^0 N^0 S^0 \mu^0 v^0)}_{\text{污染排放强度效应}} \\
&+ \underbrace{1/2(P^0 \Delta B N^T S^T \mu^T v^T + P^T \Delta B N^0 S^0 \mu^0 v^0)}_{\text{中间投入结构效应}} \\
&+ \underbrace{1/2(P^0 B^0 \Delta N S^T \mu^T v^T + P^T B^T \Delta N S^0 \mu^0 v^0)}_{\text{产业结构效应}} \\
&+ \underbrace{1/2(P^0 B^0 N^0 \Delta S \mu^T v^T + P^T B^T N^T \Delta S \mu^0 v^0)}_{\text{最终需求结构效应}} \\
&+ \underbrace{1/2(P^0 B^0 N^0 S^0 \Delta \mu v^T + P^T B^T N^T S^T \Delta \mu v^0)}_{\text{进口中间产品投入效应}} \\
&+ \underbrace{1/2(P^0 B^0 N^0 S^0 \mu^0 \Delta v + P^T B^T N^T S^T \mu^T \Delta v)}_{\text{经济规模效应}}
\end{aligned}
\tag{3-8}
$$

通过以上的分解，可将中国环境污染排放分解为六个影响效应：污染排放强度效应、中间投入产品结构效应、基于最终需求的产业结构效应（产业结构效应）、最终需求结构效应、生产过程中进口中间产品投入比例变化效应（进口中间投入效应）和经济规模效应。

二、数据说明

本书所需的数据主要包含 1995~2011 年中国（进口）非竞争型投入产出表和 1995~2009 年中国 35 个部门温室气体（CO_2）、水污染（NH_3）和空气污染物（NO_x 和 SO_x）排放量的环境数据，构建 1995~2009 年中国单区域（进口）非竞争型经济—环境投入产出表，其数据来源分别为由欧盟 11 个机构联合编制 WIOD 数据库所提供的 40 个国家或地区的单区域（进口）非竞争型投入产出表和环境卫星账户。本书研究过程中涉及的污染物包括中国"十二五"规划中新纳入的两个约束性指标（NO_x 和 NH_3），并对 NO_x 和 SO_x 这两种污染物进行加总来作为本书衡量中国空气污染排放量的指标。由于数据的限制，取 1995~2009 年作为研究期间。

第三节　分解结果与影响因素分析

根据上述提供的分解思路和数据来源，本节首先对 1995~2009 年环境污染排放变迁增长的动因进行整体分析。在此基础上，针对不同阶段的分解结果进一步深入研究，了解此期间中国环境污染排放增长的动力来源有没有发生变化，以分析中国环境污染排放量变迁的因素。

一、温室气体（CO_2）

根据 WIOD 数据库提供的污染排放数据，中国温室气体（CO_2）排放量从 1995 年的 2723MT 攀升至 2009 年的 6213MT，14 年间共增长 3490 万吨，年均增长率达 6.07%。尤其是 2001 年加入 WTO 之后，中国 CO_2 排放量在 2001~2009 年增加了 3362.8TMT，占 1995~2009 年 CO_2 排放增长总量的 96.35%。那么，导致中国 1995~2009 年 CO_2 排放量增长的根源是什么？为此，本部分将整个研究期间（1995~2009 年）和分阶段（1995~2001 年和 2001~2009 年）中国 CO_2 排放增长总量进行 SDA 分析，具体结果如下（见表 3-2、表 3-3）。

表 3-2　1995~2009 年中国 CO_2 排放总量增长结构分解

单位：百万吨，MT

阶段	温室气体排放强度	中间投入结构	产业结构	最终需求结构	进口中间产品投入变化	经济增长规模	总量
1995~2001	-1784.84	103.46	96.41	-52.68	6.86	1758.35	127.55
2001~2009	-5170.78	2133.39	-248.48	266.23	164.49	6218.01	3362.87
1995~2009	-6955.62	2236.85	-152.07	213.55	171.35	7976.36	3490.42

注：1995~2009 年的分解是根据 1995~2001 年和 2001~2009 年加总所得（以下均同）。
数据来源：笔者计算所得。

表 3-3　1995~2009 年中国 CO_2 排放总量增长结构分解

单位：%

阶段	温室气体排放强度	中间投入结构	产业结构	最终需求结构	进口中间产品投入变化	经济增长规模	总量
1995~2001	-51.14	2.96	2.76	-1.51	0.20	50.38	3.65
2001~2009	-148.15	61.12	-7.12	7.63	4.71	178.15	96.35
1995~2009	-199.29	64.09	-4.36	6.12	4.91	228.53	100

数据来源：笔者计算所得。

第一，在整个研究期间和各分阶段，温室气体排放强度效应是抑制中国 CO_2 排放量增长的最主要因素。表 3-2 和表 3-3 显示，由于 CO_2 排放强

度的下降导致中国 CO_2 排放总量在 1995~2009 年 CO_2 排放量下降了 6955.62MT，占此期间内中国 CO_2 排放增长总量的 199.29%。尤其是 2001 年加入 WTO 之后，CO_2 排放强度效应更加明显，使得 CO_2 排放总量在 2001~2009 年减少了 5170.78MT，约占 1995~2009 年整个研究期间内 CO_2 排放强度效应的 74.34%。

第二，在整个研究期间和各分阶段，经济增长规模效应是促使中国 CO_2 排放量增加的最主要因素，其次是中间投入结构效应和进口中间产品投入变化效应。表 3-2 和表 3-3 显示，近年来由于经济增长规模的扩张，导致中国 CO_2 排放量在 1995~2009 年增加了 7976.36MT，占此期间内 CO_2 排放增长总量的 228.52%。特别是，加入 WTO 之后的 2001~2009 年，经济增长规模效应驱动 CO_2 排放量增加了 6218.01MT，占 1995~2009 年该效应的 77.96%。

中间投入结构效应和进口中间产品投入变化效应是导致中国 CO_2 排放量在整个研究期间内和各分阶段均增加的另外两个因素。1995~2009 年，中间投入结构效应和进口中间产品投入变化效应分别导致中国 CO_2 排放量增加了 2236.85MT 和 171.35MT，分别占此期间内 CO_2 排放增长总量的 64.09% 和 4.91%。分阶段来看，这两种效应也主要体现在 2001~2009 年，如 2001~2009 年，中间投入结构效应和进口中间产品投入变化效应分别使得中国 CO_2 排放总量增加了 2133.39MT 和 164.49MT，分别约占 1995~2009 年内各自总效应的 95.37% 和 96.00%。

第三，产业结构效应是导致中国 CO_2 排放量在分阶段 2001~2009 年和整个样本期间 1995~2009 年减少但在分阶段 1995~2001 年增加的一个因素，而最终需求结构效应正好对 CO_2 排放量产生完全与之相反的效果。表 3-2 和表 3-3 显示，基于最终需求的产业结构效应导致 CO_2 排放量在 1995~2001 年增加了 96.41MT，但远小于在 2001~2009 年促使 CO_2 排放量减少的 248.48MT，进而导致 CO_2 排放量在整个样本期间内减少了 152.07MT。这表明，整体上而言，基于最终需求的产业结构在中国加入 WTO 之后的 2001~2009 年呈优化趋势。不过，最终需求结构效应在整体上是促使我国 CO_2 排放量增加的，使得 CO_2 排放量在 1995~2009 年内增加了 213.55MT。分阶段来看，最终需求结构对 1995~2001 年 CO_2 排放量的减少效应要明显小于 2001~2009 年的增加效应，进而使得在 1995~2009 年整个研究期间内对 CO_2 排放量产生正效应。

综上所述，中国 CO_2 排放量主要在 2001~2009 年呈现快速增长趋势，这意味着，2001~2009 年中国 CO_2 排放量增长的动力在此期间发生了变化。对比两个分阶段影响中国 CO_2 排放量增长的六大因素发现，CO_2 排放强度效应一直是导致中国 CO_2 排放量减少的最主要因素，正是由于 1995~2001 年其所带来的负效应大于经济规模扩大带来的正效应，使得中国温室气体 CO_2 排放增加量较小。2001~2009 年，虽然 CO_2 排放强度效应促使 CO_2 排放总量减少了 5170.78MT，但远小于此期间内经济规模效应促使 CO_2 排放量增加的 6218.01MT，经济规模效应是推动中国 CO_2 排放量快速增长的最主要原因。中间投入产品结构效应也是推动中国 CO_2 排放量增加的主要因素，尤其是 2001~2009 年。而进口中间产品投入效应对中国 CO_2 排放量增长的影响在两个期间相差并不大，最终需求的产业结构效应由正转负，最终需求结构效应由负转正，但总体影响效应均较弱。总之，中间投入产品结构效应和经济规模效应是推动中国 CO_2 排放量增长的主要因素。

二、水污染（NH_3）

根据 WIOD 数据库提供的污染排放数据，中国水污染（NH_3）排放量从 1995 年的 542 万吨攀升至 2009 年的 756 万吨，14 年间共增长 214 万吨，年均增长率达 2.41%。尤其是 2001 年加入 WTO 之后，中国 NH_3 排放量在 2001~2009 年增加了 190 万吨，占 1995~2009 年 NH_3 排放增长总量的 88.79%。那么，导致中国 1995~2009 年 NH_3 排放量增长的根源是什么？为此，本部分将整个研究期间（1995~2009 年）和分阶段（1995~2001 年和 2001~2009 年）中国 NH_3 排放增长总量进行 SDA 分析，具体结果如下（见表 3-4、表 3-5）。

表 3-4　1995~2009 年中国 NH_3 排放总量增长结构分解

单位：万吨

阶段	水污染排放强度	中间投入结构	产业结构	最终需求结构	进口中间产品投入变化	经济增长规模	总量
1995~2001	−157.51	−20.01	−180.76	31.43	1.36	349.67	24.18
2001~2009	−537.30	23.39	−248.18	−138.24	31.02	1059.56	190.25
1995~2009	−694.82	3.38	−428.94	−106.81	32.38	1409.23	214.43

数据来源：笔者计算所得。

表 3–5　1995~2009 年中国 NH₃ 排放总量增长结构分解

单位：%

阶段	水污染排放强度	中间投入结构	产业结构	最终需求结构	进口中间产品投入变化	经济增长规模	总量
1995~2001	−73.45	−9.33	−84.30	14.66	0.64	163.07	11.28
2001~2009	−250.57	10.91	−115.74	−64.47	14.47	494.12	88.72
1995~2009	−324.02	1.58	−200.03	−49.81	15.10	657.19	100

数据来源：笔者计算所得。

第一，在整个研究期间内和各分阶段，水污染排放强度效应和产业结构效应是抑制中国水污染 NH₃ 排放量增加的两个主要因素。表 3–4 和表 3–5 显示，由于中国 NH₃ 排放强度的下降，导致中国 NH₃ 排放量在 1995~2009 年减少了 694.82 万吨，占此期间内 NH₃ 排放增长总量的 324.03%。尤其是 2001~2009 年，NH₃ 排放强度效应导致 NH₃ 排放量减少了 537.30 万吨，占 1995~2009 年该效应促使 NH₃ 排放减少总量的 77.33%。基于最终需求的产业结构变化效应导致中国 NH₃ 排放量在 1995~2009 年减少了 428.94 万吨，占此期间内 NH₃ 排放增长总量的 200.03%。

第二，经济增长规模效应是推动中国 NH₃ 排放量增加的最主要因素，其次是进口中间产品投入变化效应。表 3–4 和表 3–5 显示，1995~2009 年，由经济规模的扩张推动中国 NH₃ 排放总量增加了 1409.23 万吨，占此期间内 NH₃ 排放增长总量的 657.19%。尤其是 2001 年中国加入 WTO 之后的 2001~2009 年，经济增长规模效应推动 NH₃ 排放总量增加了 1059.56 万吨，占 1995~2009 年该效应促使 NH₃ 排放增加总量的比重达 75.19%。进口中间产品投入变化效应并没有经济规模效应那么明显，但也使得 NH₃ 排放量在整个研究期间内和各分阶段均增加，尤其是分阶段 2001~2009 年，推动 NH₃ 排放增长量为 31.02 万吨，占 1995~2009 年推动 NH₃ 排放增加额的比重为 95.80%。

第三，中间投入结构效应推动 NH₃ 排放量在整个研究期间 1995~2009 年和分阶段 2001~2009 年增加，但在分阶段 1995~2001 年减少。最终需求结构效应对 NH₃ 排放量的影响与中间投入结构效应正好相反。表 3–4 和表 3–5 显示，由中国中间投入结构的变化推动了 NH₃ 排放量在 2001~2009 年增加了 23.39 万吨，超过其在 1995~2001 年减少额的 20.01 万吨，进而使得该效应对中国 NH₃ 排放量的影响效应为正。不过，最终需求结构效应

导致中国 NH_3 排放量在 2001~2009 年减少了 138.24 万吨，而在 1995~2001 年增加了 31.43 万吨。整体而言，1995~2009 年，最终需求结构的变化对中国 NH_3 排放量产生了负效应，使得 NH_3 排放量减少了 106.81 万吨，占此期间内 NH_3 排放增长总量的 49.81%。

综上所述，中国 NH_3 排放主要在 2001~2009 年呈现快速增长趋势。这意味着，2001~2009 年中国 NH_3 排放增长的动力在此期间发生了变化。对比两个分阶段影响中国 NH_3 排放增长的六大因素发现，NH_3 排放强度效应和最终需求的产业结构效应一直是导致中国 NH_3 排放减少的最主要因素。不过这两个效应一直小于经济规模效应促使 NH_3 排放量的增加额，尤其是 2001~2009 年，NH_3 排放强度效应和产业结构效应一共促使 NH_3 排放总量减少了 785.48 万吨，远小于此期间内经济规模效应促使 NH_3 排放量增加的 1059.56 万吨。因此，经济规模效应是推动中国 NH_3 排放快速增长的最主要原因。进口中间产品投入效应也是推动中国 NH_3 排放增加的主要因素，尤其是 2001~2009 年。而中间投入结构效应对中国 NH_3 排放增长的影响由负转正，最终需求结构效应由正转负，但总体影响效应均较弱。总之，进口中间产品投入效应和经济规模效应是推动中国 NH_3 排放增长的主要因素。

三、空气污染物（NO_X 和 SO_X）

根据 WIOD 数据库提供的污染排放数据，中国空气污染排放量从 1995 年的 30.78MT 攀升至 2009 年的 61.74MT，14 年间共增长 30.96 万吨，年均增长率达 5.10%。进一步分析可知，在六个影响空气污染排放量的因素中，表 3-6 和表 3-7 显示，空气污染排放强度效应和最终需求的产业结构效应均导致中国空气污染排放量下降。其中，由生产技术进步引发的空气污染排放强度下降导致空气污染排放量减少 74.42MT，约占整个样本期间空气污染排放增长总量的 -240.37%，表明各部门生产技术和减排技术的进步是减缓中国空气污染排放过快上涨的最主要路径。但在整个研究期间，基于最终需求的产业结构效应对减缓中国空气污染排放增长的影响并不很明显，仅使得其减少 2.35MT，约占空气污染排放增长总量的 -7.58%。

除以上两种因素以外，其他因素均导致中国空气污染排放量增加。其中，表 3-6 和表 3-7 显示，经济规模效应是促使中国空气污染排放量增

表3-6 1995~2009年中国空气污染排放总量增长结构分解

单位：百万吨，MT

阶段	空气污染排放强度	中间投入结构	产业结构	最终需求结构	进口中间产品投入变化	经济增长规模	总量
1995~2001	−23.60	1.48	1.29	−0.50	0.08	19.06	−2.19
2001~2009	−50.82	22.16	−3.64	1.64	1.65	62.15	33.15
1995~2009	−74.42	23.65	−2.35	1.14	1.72	81.21	30.96

数据来源：笔者计算所得。

表3-7 1995~2009年中国空气污染排放总量增长结构分解

单位：%

阶段	空气污染排放强度	中间投入结构	产业结构	最终需求结构	进口中间产品投入变化	经济增长规模	总量
1995~2001	−76.23	4.78	4.17	−1.61	0.24	61.56	−7.08
2001~2009	−164.14	71.60	−11.75	5.30	5.32	200.76	107.08
1995~2009	−240.37	76.38	−7.58	3.69	5.57	262.32	100

数据来源：笔者计算所得。

长的最重要因素，其超过了空气污染排放强度对空气污染排放量的减少效应，在14年间导致中国空气污染排放增长81.21MT，占此期间中国空气污染排放增长量的262.32%。中间投入产品结构效应是导致中国空气污染排放增长的另一个主要驱动因素，使得整个研究期间内中国空气污染增长23.65MT，约占增长总量的76.38%。最终需求结构效应对中国空气污染排放增长的效果并不明显，仅使得空气污染排放量增长1.14MT，约占其总量的3.69%，而进口中间品投入效应比最终需求结构效应的效果稍大，其促使中国空气污染排放量在样本期间内增加1.72MT。

进一步分阶段深入分析可知，中国空气污染排放增长量呈明显的阶段性特征。1995~2001年，中国空气污染排放量呈下降趋势，减少了2.19MT，占空气污染排放总量增长的−7.08%；加入WTO之后，2001~2009年，中国空气污染排放量增长了33.15MT，约占增长总量的107.08%。这表明，影响中国空气污染排放增长的动力来源在此期间发生了根本的改变。通过对比两个阶段各影响因素的影响效应可以看出，空气污染排放强度效应一直是促使中国空气污染排放下降的主要因素，正因为1995~2001年其所带来的负效应大于经济规模扩大带来的正效应，使得中国空气污染排放量下降。2001~2009年，空气污染排放强度效应促使空气污染排放总量减少了 50.82MT，但远小于在此期间经济规模效应促使空气污染排放的增加额 62.15MT，经济规模效应是推动中国空气污染物快速增长的最主要原因。中间投入结构效应也是推动中国空气污染物增加的主要因素，尤其是 2001~2009 年，使得空气污染排放量增长了 22.16 MT。而进口中间产品投入效应对中国空气污染物增长的影响在两个期间相差并不大，产业结构效应由正转负，最终需求结构效应由负转正，但总体影响效应均较弱。总之，中间投入结构效应和经济规模效应是推动中国空气污染排放增长的主要因素。

四、小结

综合表 3-2、表 3-4 和表 3-6 的数据显示，加入 WTO 以后，中间投入结构效应和进口中间品投入效应成为促进中国环境污染排放的重要因素。图 3-1 显示了三次产业中间投入比例的变化趋势，其中第一产业中间投入比例在此期间呈现不断下降趋势，第三产业中间投入比例却呈现先升后降的发展态势，且整体呈下降趋势，而第二产业中间投入比例在研究期间不断上升，特别是 2001~2009 年，上升幅度较大。进一步从细分行业看，加入 WTO 后，中间投入上升幅度较为显著的行业主要包括金属冶炼、压延加工业及金属制品业，电气与光学设备制造业，电力、燃气及水的生产和供应业以及化学工业。而中间投入比例下降比较明显的则主要包括农业和批发贸易业。可知，污染密集型行业中间投入比例逐渐上升，已成为中国环境污染排放加速增长的重要因素。图 3-2 显示，1995~2009 年，中国最终需求中进口中间品的价值从 1995 年的 11.9% 上升至 2009 年的 14.3%，其中，出口需求中进口中间品的价值从 1995 年的 16.0% 上升到 2009 年的 19.9%，且在 2001 年以来保持较快的上升趋势，出口需求带动进口中间品价值增加，最终导致中国环境污染排放出现增长。

表 3-2、表 3-4 和表 3-6 的数据还显示，经济规模扩大是中国环境污染排放加速增长最主要的原因。在整个样本期间内的 1995~2009 年，经济规模效应导致中国 CO_2、NH_3 和空气污染排放总量分别增长了 7976.36MT、1409.23 万吨和 81.21MT，但主要的增长集中在中国加入 WTO 之后的 2001~2009 年，在此期间内使得中国 CO_2、NH_3 和空气污染排放总量增长了 6218.01MT、1059.56 万吨和 62.15MT，分别约占 1995~2009 年经济规模

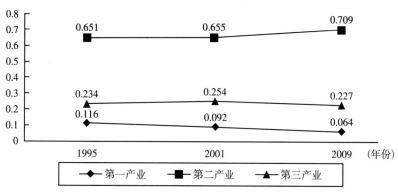

图 3-1 1995~2009 年三次产业国内产品中间投入比例变化趋势

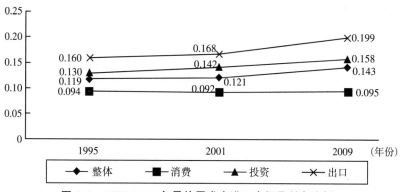

图 3-2 1995~2009 年最终需求中进口中间品所占比例

效应促使 CO_2、NH_3 和空气污染排放增长总量的 77.96%、75.19% 和 76.53%。为此，下文将进一步探讨消费拉动、投资拉动和出口拉动等经济增长模式对中国环境污染排放的影响。我们发现，虽然经济增长模式改变推动了中国经济快速增长，但也是环境污染排放量近年来加速增长的主要原因。

第四节　基于最终需求视角的影响因素分解分析

一、理论模型

基于上文的分析，我们了解到经济规模扩大是中国环境污染排放增长的最主要因素，但我们仍然没有能够回答为什么加入 WTO 之后，中国经济增长方式的转变与环境污染排放出现加速增长的关系如何。为了能给经济增长方式与环境污染排放增长的关系提供合理的解释，并提出治理我国环境污染的针对性政策建议。本部分进一步从最终需求视角把污染排放量与消费、投资和出口等联系起来深入分析污染排放量增加的影响因素。根据投入产出表纵横向关系，经济规模（GDP）等于国内产品最终需求减去进口中间品价值，所以本部分基于最终需求视角，将中国环境污染排放总量表示为以下形式：

$$W = PX = PBY_d = PBC_d + PBI_d + PBEX \tag{3-9}$$

其中，PBC_d、PBI_d 和 $PBEX$ 分别表示满足消费、投资和出口引起的中国环境污染排放量。

同时，为了验证三类需求近年来对中国环境污染排放增长产生的影响效应，我们将环境污染排放总量表示为式（3-9）并对其进行相应的结构分解可知：

$$W^T - W^0 = \underbrace{1/2(P^T - P^0)(X^T + X^0)}_{\text{污染排放强度效应}} + \underbrace{1/2P^T(B^T - B^0)Y_d^0 + 1/2P^0(B^T - B^0)Y_d^T}_{\text{中间投入结构效应}}$$

$$+ \underbrace{1/2(P^T B^T + P^0 B^0)(C_d^T - C_d^0)}_{\text{消费需求效应}} + \underbrace{1/2(P^T B^T + P^0 B^0)(I_d^T - I_d^0)}_{\text{投资需求效应}}$$

$$+ \underbrace{1/2(P^T B^T + P^0 B^0)(EX^T - EX^0)}_{\text{出口需求效应}} \tag{3-10}$$

为了进一步从最终需求角度来分析中国环境污染排放增长的动力来源，将环境污染排放简单地表示为以下的形式：

$$W = EHQ \tag{3-11}$$

其中，E 为基于最终需求的空气污染排放强度行向量，其元素 e_i 代表基于 i 类最终需求的单位产出空气污染排放量，i = 1, 2, 3 分别代表消费、投资和出口；H 为基于最终需求的投入产出效率对角矩阵，其对角元素 h_{ii} 代表基于 i 类最终需求的投入产出效率，利用每单位新增国内增加值所需产出值来表示，在数值上相当于增加值率的倒数；Q 为反映国内增加值的列向量，其元素 q_i 表示由 i 类最终需求诱发产生的国内增加值。同样应用第三节中结构分解方法，可以将能源消费增长分解，具体分解式如下：

$$W^T - W^0 = \underbrace{1/2(\Delta EH^T Q^T + \Delta EH^0 Q^0)}_{\text{污染排放强度效应}} + \underbrace{1/2(E^0 \Delta HQ^T + E^T \Delta HQ^0)}_{\text{投入产出技术效应}}$$

$$+ \underbrace{1/2(E^0 H^0 \Delta Q + E^T H^T \Delta Q)}_{\text{经济规模效应}} \tag{3-12}$$

式（3-12）的结构分解方法与式（3-8）的结构分解方法不同的是，式（3-12）主要是从最终需求视角分析中国环境污染排放增长的影响因素。

二、实证结果分析

1. 温室气体 CO_2

首先，通过式（3-9）的测算，可以得到 1995~2009 年由最终需求消费、投资和出口分别引起的中国温室气体 CO_2 排放总量（见图3-3）。

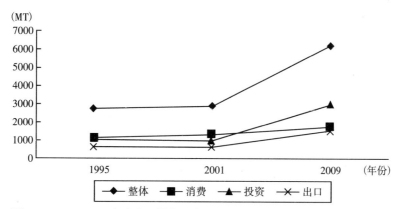

图3-3　1995~2009年隐含于最终需求中的中国温室气体 CO_2 排放增长趋势

图 3-3 显示，如果按照最终需求中各类需求隐含 CO_2 排放数量进行排序，1995~2001 年，隐含于消费需求的 CO_2 排放量始终位于首位，其次是投资需求隐含的 CO_2 排放量，而隐含于出口需求的 CO_2 排放量最低。但在

2002~2009 年，隐含于投资需求的 CO_2 排放量超过消费需求隐含的 CO_2 排放量，进而使得投资需求隐含的 CO_2 排放量位于首位，隐含于出口需求的 CO_2 排放量仍最低。分阶段来看，隐含于消费需求和出口需求的 CO_2 排放总量存在微小的上升，分别从 1995 年的 1078.73MT 和 596.43MT 上升至 2001 年的 1295.32MT 和 599.58MT，而隐含于投资需求的 CO_2 排放量从 1995 年的 1047.91MT 下降至 2001 年的 955.72MT。但加入 WTO 之后消费、投资和出口需求隐含的 CO_2 排放量均呈快速上升趋势，2009 年较 2001 年分别增加了 453.89MT、1996.04MT 和 912.84MT，分别占 2001~2009 年 CO_2 排放增长总量的 13.50%、59.36%和 27.14%，投资需求已成为中国 CO_2 排放总量近年来加速增长的主要原因。同时，在整个研究期间内，由消费需求隐含的 CO_2 排放量占 CO_2 排放总量的比重呈现下降趋势，由 1995 年 39.61%下降至 2009 年的 28.15%，而隐含于投资和出口需求的 CO_2 排放量占 CO_2 排放总量的比重却分别从 1995 年的 38.48%和 21.90%上升至 2009 年的 47.51%和 24.34%。虽然出口需求并不是中国 CO_2 排放总量快速增长的主要原因，但其也是中国 CO_2 排放上升不容忽视的因素之一，其占 CO_2 排放总量的 1/5~1/4。

其次，进一步根据式（3-10）的 SDA 分析，得出最终需求的消费、投资和出口对中国温室气体 CO_2 排放增长的具体拉动效应，分解结果见表 3-8。

表 3-8　1995~2009 年中国温室气体 CO_2 排放总量增长结构分解

单位：MT

阶段	温室气体排放强度	中间投入结构	最终需求				总量
			消费	投资	出口	合计	
1995~2001	-1784.84	103.46	973.18	474.07	361.69	1808.93	127.55
2001~2009	-5170.78	2133.39	1592.50	3178.37	1629.39	6400.26	3362.87
1995~2009	-6955.62	2236.85	2565.67	3652.44	1991.08	8209.19	3490.42

数据来源：笔者计算所得。

表 3-8 显示，整个研究期间内，消费需求、投资需求和出口需求均对中国 CO_2 排放增长具有拉动效应，尤其是 2001~2009 年，三类最终需求量的快速攀升促使其隐含的 CO_2 排放量增加。从比较视角来看，1995~2001 年，消费需求效应是导致中国 CO_2 排放增长的最主要作用，远高于投资需求效应和出口需求效应对中国 CO_2 排放的作用。然而，在 2001~2009 年，

投资需求超过消费需求成为中国气候变暖和臭氧层破坏的最主要因素，是近年来中国 CO_2 排放加速增长的主要原因。深入行业分析可知，主要是由于建筑业、通用和专用设备制造业、电气与光学设备制造业等工业的投资需求加速了中国 CO_2 排放量的增长。出口需求对中国 CO_2 排放增加也起到了较大的促进作用，其上升幅度仅次于投资需求。上述结论表明，加入WTO 以后，中国经济增长方式转变为主要由高投入和高产出投资驱动以及外需拉动的粗放式发展，从而导致中国 CO_2 排放量快速增长。

最后，根据式（3-12），可进一步基于最终需求视角分析中国温室气体 CO_2 排放量增长的影响因素，具体结果见表3-9。

表 3-9　1995~2009 年基于最终需求中国温室气体 CO_2 排放增长结构分解

单位：MT

阶段	温室气体排放强度	投入产出技术	经济增长规模	总量
1995~2001	−1584.97	19.15	1693.37	127.55
2001~2009	−3285.97	123.28	6525.46	3362.87
1995~2009	−4870.94	142.43	8218.83	3490.42

数据来源：笔者计算所得。

表 3-9 显示，在 1995~2009 年整个研究期间，因生产技术进步导致中国 CO_2 排放减少了 4870.94MT，而因生产过程中投入产出效率下降导致 CO_2 排放增长了 142.43MT，约占增长总量的 4.08%，因经济规模的扩张导致 CO_2 排放增长了 8218.83MT，约占增长总量的 235.47%。从整体上来看，中国 CO_2 排放主要与经济规模的扩张以及投入产出技术下降有关，特别是在 2001~2009 年经济规模效应和投入产出技术效应分别为 6525.46MT 和 123.28MT，是近年来驱动中国 CO_2 排放加速增长的主要原因。

从图 3-4 可以看出，中国单位产出 CO_2 排放量整体上呈现下降趋势，从 1995 年的 3.27 千吨/百万美元下降到 2009 年的 1.06 千吨/百万美元，表明中国生产过程中的生产技术不断在提高，污染强度不断下降。在消费、投资和出口三类需求中，与消费相关的单位产出 CO_2 排放量在此期间相对保持在较低的位置，说明由消费推动的经济增长是资源集约型的，通过消费来拉动中国经济的增长，有利于减少 CO_2 排放量。而基于投资相关的单位产出 CO_2 排放量虽然在此期间也出现下降，但仍然是单位产出 CO_2 排放量较高的，说明通过投资来拉动经济是一种粗放型的经济增长方式。基于出口驱动的经济增长单位产出 CO_2 排放量介于消费与投资之间，在此期间也呈下降趋势，说明中国在参与国际垂直专业化分工的生产过程中，由于技术溢出和"干中学"等效应使得中国生产技术水平也得到了提升。

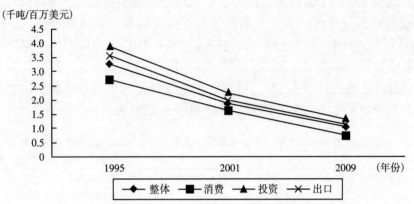

图 3-4　1995~2009 年基于最终需求中国单位产出 CO_2 排放量

2. 水污染 NH_3

首先，通过式（3-9）的测算，可以得到 1995~2009 年由最终需求消费、投资和出口分别引起的中国水污染 NH_3 排放总量（见图 3-5）。

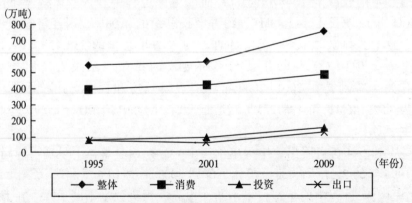

图 3-5　1995~2009 年隐含于最终需求中的中国水污染 NH_3 排放增长趋势

图 3-5 显示，如果按照最终需求中各类需求隐含水污染排放数量进行排序，1995~2009 年，隐含于消费需求的 NH_3 排放量始终位于首位，其次是投资需求隐含的 NH_3 排放量，而隐含于出口需求的 NH_3 排放量最低。分阶段来看，隐含于消费需求和投资需求的 NH_3 排放总量存在微小的上升，

分别从 1995 年的 392.29 万吨和 77.70 万吨上升至 2001 年的 419.69 万吨和 89.62 万吨，而隐含于出口需求的 NH_3 排放量从 1995 年的 71.95 万吨下降至 2001 年的 56.81 万吨。但加入 WTO 之后消费、投资和出口需求隐含的 NH_3 排放量均呈快速上升趋势，2009 年较 2001 年分别增加了 63.29 万吨、62.75 万吨和 64.21 万吨，分别占 2001~2009 年 NH_3 排放增长总量的 33.26%、32.98%和 33.75%，出口需求已成为中国 NH_3 排放总量近年来加速增长的主要原因。同时，在整个研究期间内，由消费需求隐含的 NH_3 排放量占 NH_3 排放总量的比重呈现下降趋势，由 72.39%下降至 2009 年的 63.85%，而隐含于投资和出口需求的 NH_3 排放量占 NH_3 排放总量的比重却分别从 1995 年的 14.34%和 13.28%上升至 2009 年的 20.15%和 16.00%。虽然出口需求并不是中国 NH_3 排放总量快速增长的主要原因，但其也是中国 NH_3 排放上升不容忽视的因素之一，其约占 NH_3 排放总量的 3/20。

其次，进一步根据式（3-10）的 SDA 分析，得出最终需求的消费、投资和出口对中国水污染 NH_3 排放增长的具体拉动效应，分解结果见表 3-10。

表 3-10　1995~2009 年中国水污染 NH_3 排放总量增长结构分解

单位：万吨

阶段	水污染排放强度	中间投入结构	最终需求				总量
			消费	投资	出口	合计	
1995~2001	−157.51	−20.01	171.69	16.52	13.50	201.71	24.18
2001~2009	−537.30	23.39	368.14	223.74	112.27	704.16	190.25
1995~2009	−694.82	3.38	539.83	240.27	125.77	905.87	214.43

数据来源：笔者计算所得。

表 3-10 显示，整个研究期间内，消费需求、投资需求和出口需求均对中国 NH_3 排放增长具有拉动效应，尤其 2001~2009 年，三类最终需求量的快速攀升促使隐含的 NH_3 排放量增加。从比较视角来看，1995~2001 年，消费需求效应是导致中国 NH_3 排放增长的最主要因素，远高于投资需求效应和出口需求效应对中国 NH_3 排放的影响。然而，在 2001~2009 年，由投资需求的扩张导致 NH_3 排放量持续增加，达 223.74 万吨，仅次于消费需求，成为中国气候变暖和臭氧层破坏的主要因素，是近年来中国 NH_3 排放加速增长的主要原因。深入行业分析可知，主要是由于农林牧渔业、食品制造及烟草加工业、住宿和餐饮业三个部门的消费需求以及建筑业、

农林牧渔业、食品制造及烟草加工业三个部门的投资需求加速了中国 NH_3 排放量的迅速增长。出口需求对中国 NH_3 排放增加也起到了较大的促进作用，其上升幅度仅次于投资需求。上述结论表明，加入 WTO 以后，中国经济增长方式转变为主要由持续增加的消费需求、高投入和高产出投资驱动以及外需拉动的粗放式发展，从而导致中国 NH_3 排放快速增长。

最后，根据式（3-12），可进一步基于最终需求视角分析中国水污染 NH_3 排放增长的影响因素，具体结果见表 3-11。

表 3-11　1995~2009 年基于最终需求中国水污染 NH_3 排放增长结构分解

单位：万吨

阶段	水污染排放强度	投入产出技术	经济增长规模	总量
1995~2001	-358.28	0.77	381.70	24.18
2001~2009	-762.09	12.25	940.09	190.25
1995~2009	-1120.38	13.03	1321.78	214.43

数据来源：笔者计算所得。

表 3-11 显示，在 1995~2009 年整个研究期间，因生产技术进步导致中国 NH_3 排放减少了 1120.38 万吨，而因生产过程中投入产出效率下降导致 NH_3 排放量增长了 13.03 万吨，约占增长总量的 6.08%，因经济规模的扩张导致 NH_3 排放增长了 1321.78 万吨，约占增长总量的 616.42%。从整体上来看，中国 NH_3 排放主要与经济规模的扩张以及投入产出技术下降有关，特别是在 2001~2009 年经济规模效应和投入产出技术效应分别为 940.09 万吨和 12.25 万吨，是近年来驱动中国 NH_3 排放加速增长的主要原因。

从图 3-6 可以看出，中国单位产出 NH_3 排放量整体上呈现下降趋势，从 1995 年的 6.50 吨/百万美元下降到 2009 年的 1.29 吨/百万美元，表明中国生产过程中的生产技术不断在提高，水污染排放强度不断下降。在消费、投资和出口三类需求中，与消费、投资和出口相关的单位产出 NH_3 排放量也均呈现下降趋势，下降幅度分别达 78.78%、76.40% 和 78.81%。不过，与消费相关的单位产出 NH_3 排放量在此期间相对保持在较高的位置，说明由消费推动的经济增长对水污染 NH_3 的排放是粗放型的，而基于投资相关的单位产出 NH_3 排放量相对处于较低的位置。基于出口驱动的经济增长单位产出 CO_2 排放量介于消费与投资之间，在此期间呈现较大的下降趋势，说明中国在参与国际垂直专业化分工的生产过程中，由于技术溢出和

"干中学"等效应使得中国生产技术水平也得到了提升。

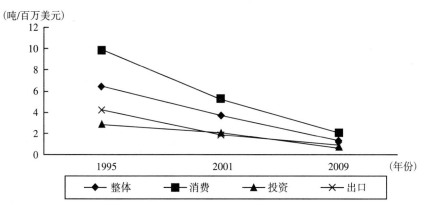

图3-6 1995~2009年基于最终需求中国单位产出 NH₃ 排放量

3. 空气污染物

首先，通过式（3-9）的测算，可以得到1995~2009年由最终需求消费、投资和出口分别引起的中国空气污染排放总量（见图3-7）。

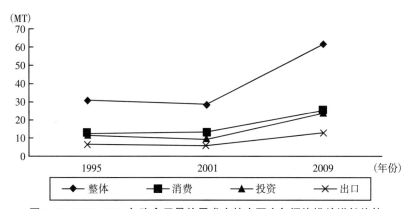

图3-7 1995~2009年隐含于最终需求中的中国空气污染排放增长趋势

图3-7显示，如果按照最终需求中各类需求隐含空气污染数量进行排序，样本期间内，隐含于消费需求的空气污染量始终居于首位，其次是投资需求隐含的空气污染量，而隐含于出口需求的空气污染量最低。分阶段来看，隐含于消费需求的空气污染总量存在微小的上升，从1995年的12.52MT上升至2001年的13.44MT，而隐含于投资和出口需求的空气污染量分别从1995年的11.62MT和6.65MT下降至2001年的9.35MT和

5.80MT。但加入 WTO 之后，消费、投资和出口需求隐含的空气污染排放量均呈快速上升趋势，2009 年较 2001 年分别增加了 11.87MT、14.25MT 和 7.01MT，分别占 2001~2009 年空气污染排放增长总量的 35.81%、42.99% 和 21.20%，投资需求已成为中国空气污染排放总量近年来加速增长的主要原因。虽然，出口需求并不是中国空气污染排放总量快速增长的主要原因，但其也是中国空气污染排放量上升不容忽视的因素之一，其约占隐含空气污染排放总量的 1/5。

其次，进一步根据式（3-10）的 SDA 分析，得出最终需求的消费、投资和出口对中国空气污染排放增长的具体拉动效应，分解结果见表 3-12。

表 3-12　1995~2009 年中国空气污染排放总量增长结构分解

单位：MT

阶段	空气污染排放强度	中间投入结构	最终需求				总量
			消费	投资	出口	合计	
1995~2001	−23.60	1.48	11.10	5.02	3.80	19.93	−2.19
2001~2009	−50.82	22.16	18.12	28.88	14.80	61.80	33.15
1995~2009	−74.42	23.65	29.22	33.90	18.61	81.73	30.96

数据来源：笔者计算所得。

表 3-12 显示，整个研究期间内，消费需求、投资需求和出口需求均对中国空气污染排放增长具有拉动效应，尤其 2001~2009 年，三类最终需求量的快速攀升促使其隐含的空气污染排放量增加。从比较视角来看，1995~2001 年，消费需求效应是导致中国空气污染排放量增长的最主要作用，远高于投资需求效应和出口需求效应对中国空气污染排放的作用。然而，在 2001~2009 年，投资需求超过消费需求成为中国空气质量恶化的最主要因素，是近年来中国空气污染排放加速增长的主要原因。深入行业分析可知，主要是由于通用与专用设备制造业、电气与光学设备制造业以及交通运输设备制造业等制造业的投资需求加速了中国空气污染排放量的增长，出口需求对中国空气污染排放增加也起到了较大的促进作用，其上升幅度仅次于投资需求。上述结论表明，加入 WTO 以后，中国经济增长方式转变为主要由高投入和高产出投资驱动以及外需拉动的粗放式发展，从而导致中国空气污染物快速增长。

最后，根据式（3-12），可进一步基于最终需求视角分析中国空气污染排放增长的影响因素，具体结果见表 3-13。

表 3-13 1995~2009 年基于最终需求中国空气污染排放增长结构分解

单位：MT

阶段	空气污染排放强度	投入产出技术	经济增长规模	总量
1995~2001	-20.83	0.20	18.43	-2.19
2001~2009	-32.29	1.19	64.25	33.15
1995~2009	-53.12	1.39	82.68	30.96

数据来源：笔者计算所得。

表 3-13 显示，在整个研究期间内，因生产技术进步导致中国空气污染排放减少了 53.12MT，而因生产过程中投入产出效率下降导致空气污染排放增长了 1.39MT，约占增长总量的 4.49%，因经济规模的扩张导致空气污染排放增长了 82.68MT，约占增长总量的 267.05%。从整体上来看，中国空气污染排放主要与经济规模的扩张以及投入产出技术下降有关，特别是在 2001~2009 年经济规模效应和投入产出技术效应分别为 64.25MT 和 1.19MT，是近年来驱动中国空气污染加速增长的主要原因。

从图 3-8 可以看出，中国单位产出空气污染排放量整体上呈现下降趋势，从 1995 年的 36.93 吨/百万美元下降到 2009 年的 10.52 吨/百万美元，表明中国生产过程中的生产技术不断提高，污染强度不断下降。在消费、投资和出口三类需求中，与消费相关的单位产出空气污染排放量在此期间相对保持在较低的位置，说明由消费推动的经济增长是资源集约型的，通过消费来拉动中国经济的增长，有利于减少空气污染。而基于投资相关的单位产出空气污染排放量虽然在此期间也出现下降，但仍然是单位产出空气污染排放量较高的，说明通过投资来拉动经济是一种粗放型的经济增长方式。基于出口驱动的经济增长单位产出空气污染排放量介于消费与投资之间，在此期间也呈下降趋势，说明中国在参与国际垂直专业化分工的生产过程中，由于技术溢出和"干中学"等效应使得中国生产技术水平也得到了提升。

三、经济规模效应评述

正如第四节第二部分中所指出的，经济规模的扩大是中国环境污染排放增长的主要原因。而其主要与两个方面有关，一是与中国 GDP 不断增

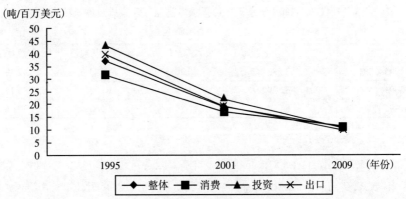

（吨/百万美元）

图 3-8　中国 1995~2009 年基于最终需求的单位产出空气污染排放量

长相关；二是与中国生产过程中中间投入比例不断增加有关，沈利生和王恒（2006）、沈利生（2009）均表明正是由于中间投入比例不断上升使得中国经济投入产出效率下降。为此，本书测算了增加值率（单位产出中所包含的国内增加值量）来表示经济投入产出效率，具体结果见图 3-9。图 3-9 显示，中国基于最终需求的整体经济增加值率在样本期间内呈持续下降趋势，表明中国经济投入产出效率在不断降低。进一步分析三类需求增加值率可知，三类最终需求的增加值率均呈现与整体类似的趋势，且在加入 WTO 之后，下降幅度增大，特别是单位出口增加值率。这与中国从 2001 年加入 WTO 之后，在国际垂直价值链分工的体系中更多地承担低附加值的加工贸易有关。同时，单位消费增加值率最高，一直保持在较高的位置，其次是投资，最低的是出口。

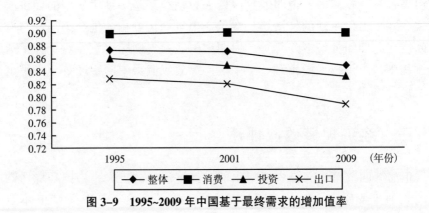

图 3-9　1995~2009 年中国基于最终需求的增加值率

第三节中的表 3-2、表 3-4 和表 3-6 以及第四节第二部分的表 3-9、表 3-11 和表 3-13 的结果均显示，经济规模效应是导致中国环境污染（CO_2、NH_3、NO_X 和 SO_X）排放增长的最主要原因。在基于最终需求视角的分解结果中（见表 3-9、表 3-11 和表 3-13），由经济规模扩大导致温室气体 CO_2、水污染 NH_3 和空气污染排放分别增长了 8218.83MT、1321.78 万吨和 82.68MT，比表 3-2、表 3-4 和表 3-6 中对应的结果稍微高一些，原因是两种分解方式不同，表 3-9、表 3-11 和表 3-13 中的经济规模效应，不仅包括了经济规模的扩大，也包括了中国经济依存结构变化所带来的影响。

　　为此，本书进一步测算了中国经济的依存结构，发现伴随中国经济快速增长，中国经济的依存结构也发生了本质的变化。图 3-10 显示，样本期间内，中国经济从 1995 年趋向于"内需依存型"到 2001 年开始逐渐趋向于"出口导向型"转变。中国国内增加值对消费的依存度从 1995 年的 48.91%，上升至 2001 年的 53.93%，表示每单位 GDP 就有一半左右是由消费诱发产生的，表明对消费的需求明显属于"内需依存型"。同时，在这个时期，投资与出口需求均呈现下降趋势，均下降了 2~3 个百分点。但加入 WTO 之后，2001~2009 年，随着国际贸易的快速发展，中国国内增加值对消费的依存度大幅度下降，而对出口和投资的依存度呈现上升趋势，到 2009 年对投资和出口的依存度合计已达到 59% 左右。图 3-10 的结果表明，对于驱动经济的"三驾马车"来说，它们在 2001 年前后对于中国经济的影响程度发生了变化，2001 年之前，驱动中国经济增长的主要动力来源于国内市场的消费需求，但 2001 年之后，该动力来源已转变为投资和出

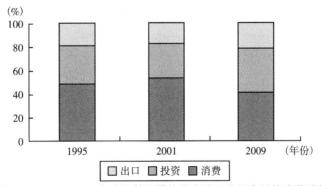

图 3-10　1995~2009 年中国基于最终需求的经济依存结构变化趋势

口需求，这当然与中国加入 WTO 有关。经济增长模式的改变既推动了中国经济高速增长，也成为环境污染排放近年来加速增长的主要原因。

第五节 小 结

本章利用 WIOD 数据库提供的 1995~2009 年中国单区域（进口）非竞争型投入产出表和环境账户表，构建中国单区域（进口）非竞争型经济—环境投入产出表，提出能够全面分析中国环境污染排放量影响因素的研究框架，应用 SDA 方法，对中国环境污染的影响因素展开分析，并且为了深入分析中国经济增长方式的转变与环境污染排放增长的关系，基于最终需求的视角研究消费需求、投资需求和出口需求对环境污染排放的影响，得到如下结论。

第一，通过 1995~2009 年数据的整体分析发现，经济规模效应是推动中国温室气体 CO_2、水污染 NH_3 和空气污染排放增长的最主要原因，而由生产技术进步导致的污染排放强度下降是抑制中国温室气体 CO_2、水污染 NH_3 和空气污染排放增长的最主要原因；中间投入结构效应是推动中国温室气体 CO_2 和空气污染排放增长的主要原因，而对水污染 NH_3 的影响效应较小；进口中间产品投入变化效应是推动中国水污染 NH_3 排放增长的主要原因，而基于最终需求的产业结构效应对中国水污染 NH_3 排放增长也起到较强的抑制作用，但这两个效应对温室气体 CO_2 和空气污染排放增长的影响效应较小；最终需求结构效应对温室气体 CO_2、水污染 NH_3 和空气污染排放增长的影响都不显著。进一步深入分析可发现，导致中国空气污染排放增长的动因在此期间发生了根本的改变。其中，金属冶炼、压延加工业，电力、燃气及水的生产和供应业等污染密集型行业中间投入上升幅度较为显著，已成为中国空气污染排放加速增长的重要原因。

第二，基于消费驱动的经济增长有利于中国温室气体 CO_2 和空气污染物的减排，但不利于水污染 NH_3 的减排，而基于投资驱动的经济增长有利于水污染 NH_3 的减排，但不利于中国温室气体 CO_2 和空气污染物的减排。研究结论还发现，加入 WTO 之前，消费需求效应是导致中国温室气体 CO_2 和空气污染物排放增长的最主要因素，远高于投资需求效应和出口需求效应对中国温室气体 CO_2 和空气污染物排放的作用；加入 WTO 之后，投资需求超过消费需求成为中国气候变暖和空气质量恶化的最主要因素，是近年来中国温室气体 CO_2 和空气污染排放加速增长的主要原因，中国经济增长已经进入粗放式发展阶段。但在 1995~2009 年整个研究期间，消费需求效应一直是导致中国水污染 NH_3 排放增长的最主要因素，不过，加入 WTO 之后的 2001~2009 年由于投资需求效应的快速增加，此期间的投资需求效应占 1995~2009 年总投资需求效应的比重达 93.12%。因此，投资需求也成为了中国水环境恶化的主要因素。

进一步分析中国经济增长的依存结构发现，中国经济从 1995 年趋向于"内需依存型"到 2001 年开始逐渐趋向于"出口导向型"转变，而这种经济增长模式的改变既推动了中国经济高速增长，也成为环境污染排放近年来加速增长的主要原因。同时，单位消费需求增加值率处于较高水平，而单位投资和单位出口需求增加值率处于较低水平且下降幅度较大。

第四章 供给视角下中国环境污染影响因素分析

第一节 引 言

改革开放以来，中国经济实现快速增长，2010 年超过日本成为世界第二大经济体。然而，经济发展过度依赖于劳动力、资本、资源等要素的粗放式投入以及高耗能工业部门的发展，导致中国面临着严重的环境污染和能源匮乏等问题：①人类经济活动所排放的大量温室气体是造成全球变暖的一个重要因素，其中，二氧化碳是引起全球气候变化最主要的温室气体之一，控制二氧化碳排放问题受到世界各国的广泛关注。②我国水生态环境保护面临的一个重要问题，即氨氮排放量已远远超出受纳水体的环境容量，成为地表水水体氨氮超标的主要原因。氨氮已超过 COD 成为影响地表水水环境质量的首要指标。③2013 年以来，京津冀、珠三角、长三角等城市经济带频发的雾霾对气候环境、人体健康以及和谐社会的发展产生越来越大的威胁（贺泓等，2013）。目前，学术界对中国雾霾污染的成因已有初步的研究成果，研究认为雾霾的形成主要受两个因素的影响：一方面是自然环境原因，在静稳天气下，空气不容易发生水平流动，污染物难以扩散。这是外因，不受人类行为控制；另一方面是环境污染原因，燃煤、机动车、工业生产排放的硫氧化物（SO_x）和氮氧化物（NO_x）等空气污染物，在大气中经过化学反应，转化为二次颗粒污染物，加重了雾霾的形成[①]。所以，治理雾霾，最基本的工作是要严格控制氮氧化物和硫氧化物等一次污染物的排放量，从而中断化学反应，阻止二次颗粒污染物的形成。因此，深入探讨中国温室气体（CO_2）、水污染（NH_3）、空气污染物排放量变迁的驱动因素成为抑制全球气候变暖、治理水污染以及防治雾霾等遏制环境质量恶化的核心问题。

目前，针对环境污染物排放影响因素的研究非常丰富（Wang 等，2005；孙小羽和臧新，2009；陈诗一，2010）。为深入分析驱动中国温室气体、水污染和空气污染物增长的主要因素，分解法可以将影响排放量增长的各个因素从总效应中分离出来，已成为能源环境领域中重要的研究方法，主要包括指数分解法（Index Decomposition Analysis，IDA）和结构分解法（Structure Decomposition Analysis，SDA）。IDA 在分析能源使用、污染物排放影响因素时，利用部门的加总数据将总效应分解为各个相互独立的效应，且从供给角度以部门的最初投入份额作为衡量经济结构变动对总量变动的影响指标。SDA 主要运用投入产出模型分析能源使用、污染物排放的驱动因素，且从需求角度以部门的最终需求份额作为衡量经济结构变动对总量变动的影响指标。Hoekstra 和 Van Der Bergh（2003）将指数分解法（IDA）与结构分解法（SDA）进行了综合比较，认为相比 IDA，SDA 对数据的要求更高，SDA 的主要优势在于可利用投入产出模型全面分析各种直接或间接的影响因素，特别是一部门需求变动给其他部门带来的间接影响。IDA 在能源和环境领域存在大量的研究文献，如 Sun（1998）基于一般指数分解法分析了 1980~1994 年中国能源强度的变化，得出了中国改革开放以后，能源效率有了很大的改进。由于一般指数分解法带有残差项，影响结论的准确性，Sun（1998）提出了完全分解法，克服了一般指数分解法的缺点。Zhang 等（2009）在 Sun（1998）基础上提出的完全指数分解法，分析了中国 1991~2006 年能源碳排放的驱动因素，认为经济结构效应促进了能源碳排放的小幅上升。SDA 由于可以考虑到部门之间的直接和间接经济联系，研究文献也逐渐丰富起来。刘伟和蔡志洲（2008）利用直接消耗系数与间接消耗系数分析了技术进步、结构变动对国民经济中间消耗的影响。刘瑞翔和姜彩楼（2011）运用 SDA 分析了中国 1987~2007

[①] 资料来源：《应对雾霾要有减排清单》，《中国青年报》，2014 年 4 月 14 日，http：//leaders.people. com.cn/n/2014/0414/c58278-24891175.html.

年能耗加速的原因。孙文杰（2012）从最终需求和技术效率角度运用SDA分析了中国劳动报酬份额的演变趋势。

随着投入产出表数据的逐渐丰富，SDA分解方法已经成为分析环境影响因素的重要方法，如 Zhang（2009）、刘瑞翔和安同良（2011）、Su 和 Ang（2012）、Meng 等（2013）、Brizga 等（2014）。目前，基于构建的"需求—驱动投入产出模型"，从需求视角来研究环境污染影响因素的文献较多，如 Machado 等（2001）基于巴西1995年投入产出表，分析了巴西在国际贸易中非能源产品隐含能源使用和碳排放问题。张友国（2010）利用中国投入产出表实证分析了1987~2007年中国的经济发展方式对中国碳排放强度的影响。Cazcarro 等（2013）在1980~2007年西班牙的投入产出表的基础上，利用SDA分析了最终需求对耗水量的影响。Xu 和 Dietzenbacher（2014）利用世界投入产出表对40个主要经济体贸易隐含的碳排放（EET）进行了结构分解。而基于供给角度建立"供给—驱动投入产出模型"，进一步分析环境污染的影响因素的研究文献较少，如 Zhang（2010）。

然而，中国正处于经济结构转型的调整时期，需求管理政策在调节经济发展的同时，不可避免地会出现一些局限性，如内需与外需发展的失衡、投资和消费的发展失衡。需求管理效果下降时，供给政策就成为必要的选择（蔡昉等，2008；中国经济增长报告，2010；张友国，2010）。供给政策的效果便于政府直接控制，降低政策的不确定性和风险性。因此，在研究污染排放时，不仅要重视需求层面，也要重视供给层面来分析污染物排放的影响因素，从而制定相应的节能减排政策，这将是中国治理环境污染的一个重要切入点。而 Ghosh 投入产出模型（Ghosh，1958）不仅可以从供给角度用最初投入份额表示经济结构，还可以同时考虑部门之间的直接和间接联系。

因此，本章利用WIOD数据库公布的1995~2009年"金砖国家"和美国、德国、日本、韩国等发达国家投入产出表数据，基于投入产出模型，从供给的视角，运用SDA，对中国环境污染排放总量（温室气体CO_2、水污染NH_3和空气污染物[①]）变迁进行因素分解和国际比较分析。最后，提

[①] 本章将硫氧化物（SO_X）和氮氧化物（NO_X）合并为空气污染物，作为衡量空气质量的一项重要指标。

出改善环境质量的政策建议。剩余章节安排如下：本章的第二部分是理论模型以及数据来源说明；第三部分为环境污染排放总体结果分析与影响因素分析；最后一部分是主要结论与政策建议。

第二节　理论模型与数据说明

一、理论模型

表 4-1　单区域（进口）竞争型投入产出表基本形式

		中间需求		最终需求	总产出
		部门 1···部门 n			
中间投入	部门 1 ⋮ 部门 n	Z		F	X
	增加值 总投入	V X			

表 4-1 中 Z 为中间分配矩阵，其元素 z_{ij} 表示第 i 部门分配到第 j 部门的产品数量；V 为增加值行向量；X 为总产出列向量。

根据表 4-1 的列平衡关系，可得：

$$X = H^T X + V^T \tag{4-1}$$

$$X^T = V(I - H)^{-1} = VG \tag{4-2}$$

其中，H 为直接分配系数矩阵，其元素为 $h_{ij} = z_{ij}/x_i$，h_{ij} 代表第 i 部门一单位产出中，第 j 部门所能分配到的份额。$G = (I - H)^{-1}$ 为 Ghosh 逆矩阵，表示生产部门与使用其产品的生产部门之间的依存关系。

根据 Ghosh 投入产出模型可将污染排放总量分解为：

$$P = X^T E = VGE = \psi SGE \tag{4-3}$$

其中，P 为污染排放总量，X 为总产出列向量，E 为排放强度列向量，其元素为 $e_i = p_i/x_i$，V 为增加值行向量，G 为 Ghosh 逆矩阵，ψ 为行向量，

其每个元素值 （ψ_i）等于利用生产法计算的 GDP，即 $\psi_i = \sum\limits_j V_j$。S 为部门增加值率对角矩阵，即 $i \neq j$ 时，$s_{ij} = 0$；$i = j$ 时，$s_{ij} = V_j / \psi_i$，可以从供给角度反映经济结构。

基于投入产出模型的结构分解法是通过对投入产出模型中关键参数变动的比较静态分析而进行经济变动原因分析的一种方法。下标 0 和 1 分别代表的是变量第 0 期和第 1 期的取值，两个不同时期污染排放量的变化值可以表示为式 （4-4）：

$$P_1 - P_0 = \psi_1 S_1 G_1 E_1 - \psi_0 S_0 G_0 E_0 \tag{4-4}$$

如果等式中分解为 n 个变动因素，则可以写出 n! 个一阶差分等式。但是由于计算量，本书依据 Dietzenbacher 和 Los （1998） 提出的 "两极分解法"，对式 （4-4） 进行因素分解，两种分解方式分别为式 （4-5） 和式 （4-6）。

$$\begin{aligned}P_1 - P_0 = \psi_1 S_1 G_1 E_1 - \psi_0 S_0 G_0 E_0 &= (\psi_1 - \psi_0)S_1 G_1 E_1 + \psi_0(S_1 - S_0)G_1 E_1 \\ &+ \psi_0 S_0(G_1 - G_0)E_1 + \psi_0 S_0 G_0(E_1 - E_0)\end{aligned} \tag{4-5}$$

$$\begin{aligned}P_1 - P_0 = \psi_1 S_1 G_1 E_1 - \psi_0 S_0 G_0 E_0 &= (\psi_1 - \psi_0)S_0 G_0 E_0 + \psi_1(S_1 - S_0)G_0 E_0 \\ &+ \psi_1 S_1(G_1 - G_0)E_0 + \psi_1 S_1 G_1(E_1 - E_0)\end{aligned} \tag{4-6}$$

取式 （4-5） 和式 （4-6） 的算数平均值可得：

$$\begin{aligned}P_1 - P_0 = \psi_1 S_1 G_1 E_1 - \psi_0 S_0 G_0 E_0 &= 1/2\big[(\psi_1 - \psi_0)S_1 G_1 E_1 + (\psi_1 - \psi_0)S_0 G_0 E_0\big] \\ &+ 1/2\big[\psi_0(S_1 - S_0)G_1 E_1 + \psi_1(S_1 - S_0)G_0 E_0\big] + 1/2\big[\psi_0 S_0(G_1 - G_0)E_1 \\ &+ \psi_1 S_1(G_1 - G_0)E_0\big] + 1/2\big[\psi_0 S_0 G_0(E_1 - E_0) + \psi_1 S_1 G_1(E_1 - E_0)\big]\end{aligned} \tag{4-7}$$

又由于：

$$\begin{aligned}G_1 - G_0 &= G_0 G_0^{-1} G_1 - G_0 G_1^{-1} G_1 = G_0(G_0^{-1} - G_1^{-1})G_1 \\ &= G_0\big[(I - H_0) - (I - H_1)\big]G_1 = G_0(H_1 - H_0)G_1\end{aligned} \tag{4-8}$$

同理可得：

$$G_1 - G_0 = G_1(H_1 - H_0)G_0 \tag{4-9}$$

进而根据两级中点权分解法知：

$$G_1 - G_0 = 1/2\big[G_0(H_1 - H_0)G_1 + G_1(H_1 - H_0)G_0\big] \tag{4-10}$$

将式 （4-10） 代入式 （4-7） 可得：

$$P_1 - P_0 = \psi_1 S_1 G_1 E_1 - \psi_0 S_0 G_0 E_0 = \underbrace{1/2 \left[(\psi_1 - \psi_0) S_1 G_1 E_1 + (\psi_1 - \psi_0) S_0 G_0 E_0 \right]}_{\text{经济规模效应}}$$

$$+ \underbrace{1/2 \left[\psi_0 (S_1 - S_0) G_1 E_1 + \psi_1 (S_1 - S_0) G_0 E_0 \right]}_{\text{供给结构效应}}$$

$$+ \underbrace{1/4 \left[\psi_0 S_0 \left[G_0 (H_1 - H_0) G_1 + G_1 (H_1 - H_0) G_0 \right] E_1 + \psi_1 S_1 \left[G_0 (H_1 - H_0) G_1 + G_1 (H_1 - H_0) G_0 \right] E_0 \right]}_{\text{中间分配效应}}$$

$$+ \underbrace{1/2 \left[\psi_0 S_0 G_0 (E_1 - E_0) + \psi_1 S_1 G_1 (E_1 - E_0) \right]}_{\text{排放强度效应}} \qquad (4-11)$$

通过上述式（4-11）的分解，可以看到污染排放可以分解为四种效应：经济规模效应、供给结构效应、中间分配效应和排放强度效应。

二、数据来源与说明

本书采用的数据为 1995~2009 年"金砖国家"以及美国、德国、日本、韩国四个发达国家的单区域竞争型投入产出表，其根据来源于 WIOD 数据库的单区域（进口）非竞争型投入产出表合并为单区域竞争型投入产出表得到，其基本形式如表 4-1 所示。1995~2009 年空气污染物（硫氧化物，SO_X；氮氧化物，NO_X）、水污染（NH_3）和温室气体（CO_2）的排放量均来源于 WIOD 数据库公布的环境账户。由于 SO_X 和 NO_X 等一次污染物是导致雾霾形成的关键前驱体污染物，因此，本书将 SO_X 和 NO_X 这两种空气污染物按部门进行加总，作为衡量空气污染物排放量的指标。

第三节　分解结果

一、总体结果分析

1. 温室气体（CO_2）

第一，1995~2001 年，中国 CO_2 排放量基本保持不变，2001~2009 年呈现迅速上升的态势。从产业层面分析，电力、煤气和水的供应业，其他非金属矿物制品业等产业是导致中国 CO_2 排放量迅速上升的主要部门。图 4-1 和图 4-2 显示，1995 年中国 CO_2 排放总量为 3074.34 MT，2001 年达到 3150.10MT，年均增长率为 0.41%。2001 年加入 WTO 之后，CO_2 排放总量迅速攀升，2009 年达到 6695.93MT，增长幅度显著，年均增长率为 14.07%。进一步深入重点污染行业部门分析，图 4-3 显示，加入 WTO 之前，电力、煤气和水的供应业，其他非金属矿物制品业等重点污染部门的 CO_2 排放量高于其他重点污染部门，且排放量趋势较为稳定；2001 年加入 WTO 之后，电力、煤气和水的供应业，其他非金属矿物制品业的 CO_2 排放量仍然最高，但是其排放趋势急剧增加，是导致中国 CO_2 排放总量增加的重要因素。

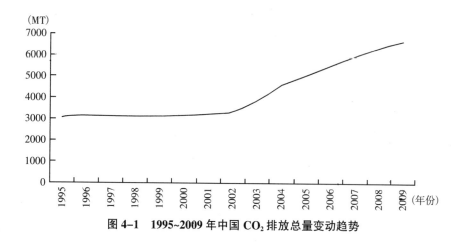

图 4-1　1995~2009 年中国 CO_2 排放总量变动趋势

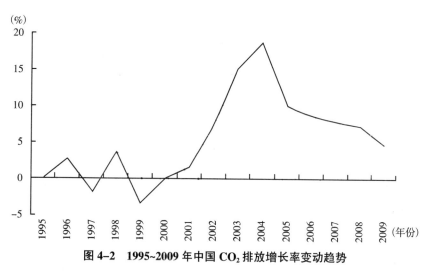

图 4-2　1995~2009 年中国 CO_2 排放增长率变动趋势

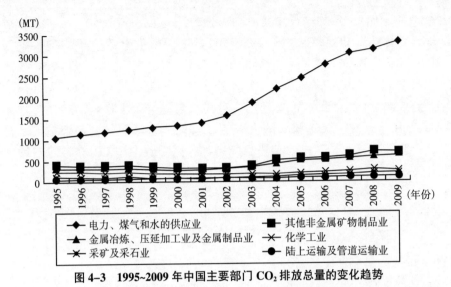

图 4-3　1995~2009 年中国主要部门 CO_2 排放总量的变化趋势

　　第二，2001 年加入 WTO 之后，中国 CO_2 排放量急剧攀升，2005 年之后，超过美国成为 CO_2 排放量第一大国，且其排放量远远高于俄罗斯、巴西、印度等"金砖国家"以及德国、日本、韩国等发达国家；中国 CO_2 排放量强度远低于俄罗斯，略高于印度、巴西等"金砖国家"以及美国、德国等发达国家，且呈现较为显著的下降趋势。从排放总量来看，如图 4-4 所示，1995~2001 年，中国 CO_2 排放量较为稳定，低于美国，为世界第二大排放国。加入 WTO 之后，中国 CO_2 排放量迅速上升，2005 年排放量与美国等量齐观，2009 年已经明显超过美国，居于世界 CO_2 第一大排放国的位置，且排放规模远远高于其他六国。1995~2009 年，美国、德国等发达国家的 CO_2 排放总量呈现缓慢下降的趋势。日本、韩国等发达国家的 CO_2 排放总量处于较低的位置，且变动幅度稳定。印度、巴西等发展中国家的 CO_2 排放总量远远低于中国、美国，但是其排放量呈现缓和的增长趋势。俄罗斯的 CO_2 排放总量低于中美两国，高于印度、巴西等发展中国家以及德国、日本等发达国家，位居世界第三大排放国，其排放量变动趋势较为稳定。从相对量来看，图 4-5 显示了 1995~2009 年各国的 CO_2 排放强度的变化趋势。可以发现，1995~2001 年，中国的 CO_2 排放强度下降幅度显著；2001~2009 年，其下降幅度较为缓和。与其他国家相比，中国 CO_2 排放强度远远低于俄罗斯，与印度的排放趋势较为相近，呈现显著下降的趋势。俄罗斯排放强度水平远高于其他七国，先大幅度上升再大幅度下降。巴西以及美国等发达国家的排放强度持续维持在较低的水平。

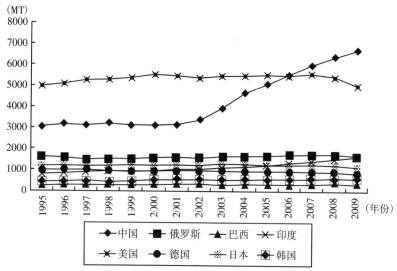

图4-4　1995~2009年主要国家CO_2排放量变化趋势

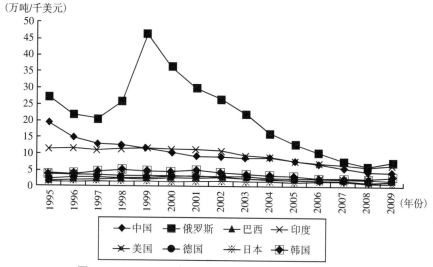

图4-5　1995~2009年主要国家CO_2排放强度变化趋势

2. 水污染（NH_3）

第一，1995~2009年中国NH_3排放总量呈现先平缓上升再显著上升的态势。从重点污染部门层面分析，采矿及采石业、化学工业是导致中国

NH₃ 排放量迅速增加的主要部门。图 4-6 和图 4-7 显示，1995 年中国 NH₃ 排放总量为 5.44 MT，到了 2001 年排放量达到 5.69 MT，增长幅度为 4.60%。2001 年加入 WTO 之后，NH₃ 排放总量呈现明显的增长趋势，2009 年排放总量达到 7.62 MT，较 2001 年增长了 33.92%。进一步分析重点污染行业的 NH₃ 排放量，如图 4-8 所示，采矿及采石业、化学工业以及其他非金属制品等重点污染部门的 NH₃ 排放量高于金属冶炼、压延加工业及金属制品业等部门，是导致中国 NH₃ 排放总量上升的主要部门。

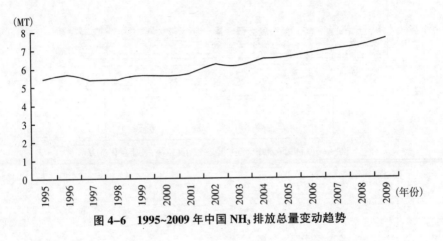

图 4-6　1995~2009 年中国 NH₃ 排放总量变动趋势

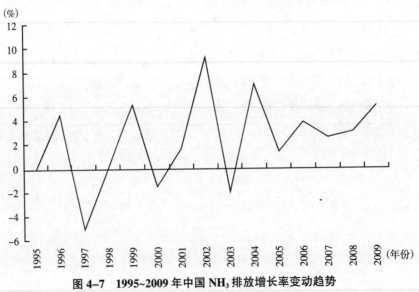

图 4-7　1995~2009 年中国 NH₃ 排放增长率变动趋势

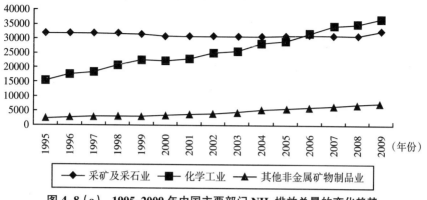

图 4-8（a）　1995~2009 年中国主要部门 NH₃ 排放总量的变化趋势

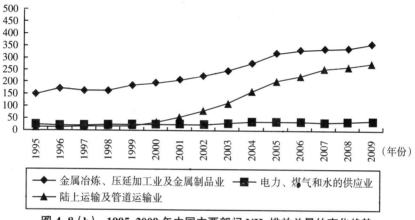

图 4-8（b）　1995~2009 年中国主要部门 NH₃ 排放总量的变化趋势

　　第二，总量层面，1995~2009 年整个期间内，中国 NH_3 排放总量远高于俄罗斯、印度等"金砖国家"以及美国、德国等发达国家；相对量层面，中国 NH_3 排放强度低于印度，同俄罗斯、巴西等国家，整体上都呈下降趋势，高于美国、德国等发达国家的排放强度。图 4-9 显示了 1995~2009 年主要国家的 NH_3 排放总量变动趋势，可以看到，中国 NH_3 排放总量均明显高于俄罗斯、印度等国家以及美国、德国等发达国家，为 NH_3 排放量第一大国。图 4-10 显示了 1995~2009 年主要国家的 NH_3 排放强度波动趋势，1995 年中国的 NH_3 排放强度低于印度，高于俄罗斯、巴西等发展中国家；1995~2001 年，中国 NH_3 排放强度呈现大幅度的下降趋势；1998 年之后，排放强度已经低于俄罗斯、巴西。2001~2009 年，中国 NH_3

排放强度下降幅度减弱，与俄罗斯、印度的排放强度处于相似的位置。美国、德国、日本、韩国等发达国家的排放强度远远低于中国、印度、俄罗斯、巴西等国家，并且变动趋势稳定。

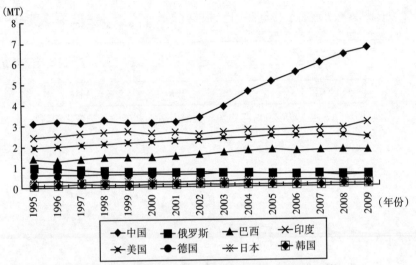

图 4–9　1995~2009 年主要国家 NH_3 排放量变化趋势

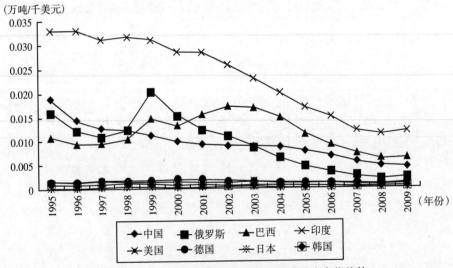

图 4–10　1995~2009 年主要国家 NH_3 排放强度变化趋势

3. 空气污染物

第一，排放总量层面，1995~2009 年，中国空气污染物排放总量呈现先小幅下降后大幅上升的趋势；重点污染行业层面，电力、煤气和水的供应业，其他非金属矿物制品业以及陆上运输及管道运输业等是导致中国空气污染物排放增加的主要部门。根据图 4-11 和图 4-12 显示，1995 年中国空气污染物排放规模为 35.40MT，2001 年下降到 32.87MT，减少了 2.53MT，占排放总量变动的 7.85%。加入 WTO 之后，中国空气污染物排放量迅速攀升，2009 年上升到 65.77MT，占 1995~2009 年排放总量的 107.85%。进一步深入部门分析，如图 4-13 所示，1995~2009 年电力、煤气和水的供应业，其他非金属矿物制品业，金属冶炼、压延加工及金属制品业，化

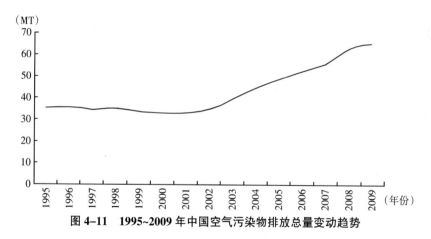

图 4-11　1995~2009 年中国空气污染物排放总量变动趋势

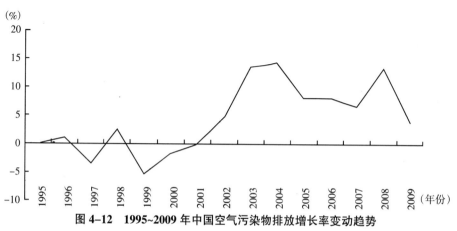

图 4-12　1995~2009 年中国空气污染物排放增长率变动趋势

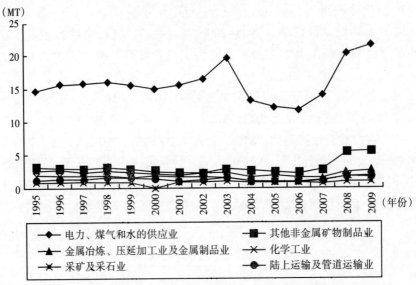

（MT）

图 4–13 1995~2009 年中国主要部门空气污染物排放总量的变化趋势

学工业，采矿及采石业和陆上运输及管道运输业的空气污染排放量一直位居前列。其中，电力、煤气和水的供应业的空气污染物排放量远远高于其他部门。

第二，加入 WTO 以来，中国超过美国成为空气污染物排放第一大国，其排放量远高于德国、日本和韩国等发达国家，也高于印度、俄罗斯和巴西等国家。中国空气污染排放强度一直处于较高水平，中国与其他国家空气污染排放强度总体呈下降趋势，其中中国的下降速度最快。从空气污染物排放总量来看，中国和美国空气污染物排放量远高于其他六国。加入WTO 以前，中国是仅次于美国的空气污染物排放量的第二大国；加入 WTO以后，中国跃居为空气污染物第一排放国，2009 年中国空气污染物排放总量达到 65.77 MT，而美国排放总量仅为 22.01 MT（见图 4–14）。1995~2009年，中国和印度两个发展中大国空气污染物排放呈上升趋势，巴西和俄罗斯空气污染物排放基本保持稳定，美国空气污染物排放大幅度下降，德国、日本和韩国等发达国家呈小幅下降趋势。从空气污染物排放强度来看，1995~1998 年中国空气污染物排放强度一直远远高于其他国家；1998~2009 年中国、俄罗斯、印度的排放强度处于较高位置（见图 4–15）。1995~2009 年，巴西、美国、德国、日本、韩国等国家的排放强度处于

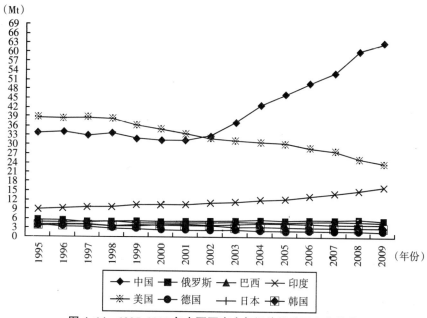

图 4-14　1995~2009 年主要国家空气污染排放量变化趋势

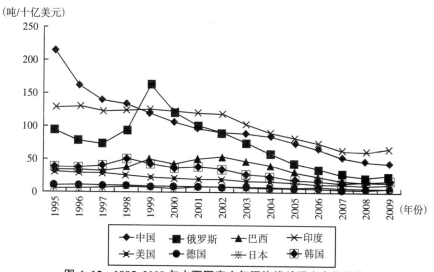

图 4-15　1995~2009 年主要国家空气污染排放强度变化趋势

较低的位置。与其他国家相比，1995~2009 年，中国空气污染排放强度下降幅度高于其他七国。1995 年，中国空气污染物排放强度为 214.21

吨/十亿美元，2009 年中国排放强度下降到 43.41 吨/十亿美元，年均下降率为 5.32%。俄罗斯从 1995 年的 94.77 吨/十亿美元下降到 2009 年的 25.94 吨/十亿美元，年均下降率为 4.84%。印度的年均下降率为 3.26%，美国、德国、韩国的空气污染排放强度年均下降率分别为 4.41%、4.28%、3.74%，而日本排放强度年均上升率为 0.17%。

二、影响因素分析

1. 温室气体（CO_2）

第一，从整体层面分析，1995~2009 年中国 CO_2 排放量呈现急速增长趋势。其中，经济规模效应是导致其增长的主要因素，排放强度效应是抑制其增长的重要因素，供给结构效应和中间分配效应分别促使其小幅度地增加。表 4-2 显示，1995~2009 年，中国 CO_2 排放量增长 3087.67 MT。其中，经济规模效应导致其增加了 7488.23MT，占总量变动的 242.51%。排放强度促使其减少了 6542.36MT，中间分配效应和供给结构效应分别促使其增加了 1830.14MT 和 311.66MT，分别占总量变动的 59.27% 和 10.09%。从动态角度分析，1995~2001 年，经济规模效应促使中国 CO_2 排放增长 1627.21MT，小于排放强度的抑制效应。供给结构效应促使 CO_2 的增加幅度大于中间分配效应。2001 年加入 WTO 之后，经济规模效应显著增强，促使中国 CO_2 增加 5861.03MT。排放强度效应虽然也显著提升，但是其抑制 CO_2 的增长幅度小于经济规模的促进作用。中间分配效应明显增强，促使 CO_2 增加 1795.20MT，供给结构效应没有显著的变化，促使 CO_2 增加 114.11MT。

表 4-2　1995~2009 年中国 CO_2 排放量变化的因素分解

单位：MT

阶段	经济规模效应	供给结构效应	中间分配效应	排放强度效应	总效应
1995~2001	1627.21	197.55	34.94	−1663.54	196.16
2001~2009	5861.03	114.11	1795.20	−4878.82	2891.51
1995~2009	7488.23	311.66	1830.14	−6542.36	3087.67

数据来源：笔者计算所得。

第二，从产业层面分析，电力、煤气和水的供应业和采矿及采石业是导致中国CO_2排放量增长最大的部门；中国重点污染行业中，经济规模效应和排放强度效应是影响其CO_2排放量变动的主要因素，供给结构效应和中间分配效应对CO_2排放量的影响较小。如表4-3所示，1995~2009年，电力、煤气和水的供应业促使CO_2排放量增加891.67MT，采矿及采石业促使CO_2排放量增加565.50MT，是促使CO_2排放量增长最多的部门。1995~2009年，重点污染行业的经济规模效应是导致其CO_2排放量增长的主导因素，且都大于排放强度的抑制效应。中间分配效应促使重点污染行业CO_2排放量小幅增长，供给结构效应抑制了其他非金属矿物制品业、陆上运输及管道运输业的CO_2排放，促进了电力、煤气和水的供应业，采矿及采石业和其他非金属矿物制品等部门的CO_2排放。

表4-3　1995~2009年中国重点污染行业CO_2排放量变化的因素分解

单位：MT

产业部门	经济规模效应	供给结构效应	中间分配效应	排放强度效应	总效应
电力、煤气和水的供应业	2043.51	162.62	518.00	−1832.46	891.67
其他非金属矿物制品业	418.13	−130.61	1.87	−207.51	81.87
金属冶炼、压延加工业及金属制品业	521.80	65.11	32.91	−449.50	170.33
化学工业	354.55	6.92	64.99	−351.14	75.33
采矿及采石业	1025.14	80.70	411.22	−951.56	565.50
陆上运输及管道运输业	349.46	−72.04	30.24	−236.65	71.01

数据来源：笔者计算所得。

　　第三，与其他"金砖国家"相比，1995~2009年中国CO_2排放量增长幅度最大，其次是印度，且经济规模是导致两国CO_2排放量急剧增加的重要因素，其大于排放强度效应的抑制作用，导致总体碳排放呈增长趋势。巴西CO_2排放量呈小幅上升态势，其经济规模效应远远低于中国、印度两国；俄罗斯CO_2排放量呈小幅上升态势。如表4-4所示，分阶段来看，1995~2001年，经济规模效应促进中国与印度的CO_2排放，抑制了俄罗斯、巴西的CO_2排放。排放强度促进了除中国以外的其他三个"金砖国家"CO_2的排放。中间分配效应和供给结构效应促进了中国、巴西CO_2的排放。2001~2009年，经济规模效应对"金砖国家"的影响显著增强，促进了CO_2大量排放。排放强度对各国CO_2的抑制作用也明显增强。中间分配效应促进了中国、俄罗斯 CO_2 的排放，抑制了巴西、印度 CO_2 的排放。供给结构效应促进中国 CO_2 的排放量明显大于其他"金砖国家"。

表4-4 1995~2009 年"金砖四国"CO_2 排放变化结构分解

单位：MT

国家	分析阶段	经济规模效应	供给结构效应	中间分配效应	排放强度效应	总效应
中国	1995~2001	1627.21	197.55	34.94	−1663.54	196.16
	2001~2009	5861.03	114.11	1795.20	−4878.82	2891.51
	1995~2009	7488.23	311.66	1830.14	−6542.36	3087.67
俄罗斯	1995~2001	−185.32	−116.05	−88.94	313.85	−76.46
	2001~2009	2374.28	−91.58	250.83	−2505.63	27.89
	1995~2009	2188.95	−207.63	161.89	−2191.78	−48.58
巴西	1995~2001	−64.03	8.67	14.83	84.76	44.22
	2001~2009	269.69	6.94	−9.26	−243.74	23.63
	1995~2009	205.65	15.61	5.57	−158.98	67.85
印度	1995~2001	212.77	−45.60	−45.43	54.11	175.84
	2001~2009	1167.62	−41.02	−72.88	−487.79	565.93
	1995~2009	1380.39	−86.62	−118.31	−433.68	741.77

数据来源：笔者计算所得。

第四，与发达国家相比，如表4-5所示，1995~2009年，中国 CO_2 排放量急速上升主要是受经济规模效应的影响，排放强度的抑制作用小于经济规模促进效应，且中间分配效应和供给结构效应都促进了 CO_2 的排放；美国的排放强度抑制效应虽然小于经济规模效应，但是其中间分配效应和供给结构效应都抑制了 CO_2 排放；德国、日本的排放强度效应明显大于经济规模效应，导致总效应抑制了 CO_2 排放。分阶段分析，1995~2001年，美国、日本和韩国的总效应促进了 CO_2 排放，德国的总效应抑制了 CO_2 的排放。其中美国经济规模效应和中间分配效应促进了 CO_2 排放，且大于供给结构和排放强度的抑制效应。日本、韩国的排放强度效应和中间分配效应促进了 CO_2 排放，且大于其经济规模和供给结构的抑制效应。德国的经济规模和供给结构抑制了 CO_2 排放，且大于其中间分配和排放强度的抑制效应。2001~2009年，除韩国外，美国、德国、日本的总效应抑制了 CO_2 排放。其中美国的中间分配和排放强度的抑制效应大于经济规模和供给结构的促进效应。德国排放强度的抑制效应大于经济规模、供给结构、中间分配的促进效应。日本的供给结构、排放强度的抑制效应大于经济规模、中间分配的促进效应。韩国的排放强度、中间分配的促进效应大于经济规模、供给结构的抑制效应。

表4-5 1995~2009年发达国家 CO_2 排放变化结构分解

单位：MT

国家	阶段	经济规模效应	供给结构效应	中间分配效应	排放强度效应	总效应
美国	1995~2001	1489.88	−299.67	694.92	−1492.23	392.91
	2001~2009	1443.72	239.45	−1150.43	−1088.77	−556.03
	1995~2009	2933.61	−60.22	−455.51	−2581.00	−163.12
德国	1995~2001	−198.67	−55.64	29.94	202.20	−22.17
	2001~2009	373.55	92.31	88.17	−634.69	−80.66
	1995~2009	174.88	36.67	118.11	−432.49	−102.84
日本	1995~2001	−267.01	−42.35	3.56	359.08	53.28
	2001~2009	195.21	−63.13	124.74	−369.05	−112.23
	1995~2009	−71.80	−105.48	128.31	−9.98	−58.95
韩国	1995~2001	−29.39	−13.94	46.70	73.85	77.22
	2001~2009	243.98	−44.24	131.64	−281.18	50.20
	1995~2009	214.59	−58.18	178.34	−207.34	127.41

数据来源：作者计算所得。

2. 水污染（NH_3）

第一，从整体层面分析，1995~2009年经济规模效应是促进中国 NH_3 排放量增加的主要因素，排放强度效应是抑制 NH_3 排放量增加的重要因素，中间分配效应抑制了 NH_3 排放量的增加，供给结构促进了 NH_3 排放量小幅增加。运用结构分解法，从供给角度进行因素分析见表4-6，可以发现1995~2001年经济规模效应大量促进了中国 NH_3 的排放，排放强度的抑制作用不太明显，中间分配效应和供给结构效应的作用更是微乎其微。2001年加入 WTO 之后，经济规模效应对中国 NH_3 的排放量促进影响显著

表4-6 1995~2009年中国 NH_3 排放量变化的因素分解

单位：MT

阶段	经济规模效应	供给结构效应	中间分配效应	排放强度效应	总效应
1995~2001	0.88	0.06	−0.24	−0.41	0.29
2001~2009	2.91	0.09	−1.00	−1.50	0.51
1995~2009	3.80	0.15	−1.24	−1.91	0.80

数据来源：笔者计算所得。

增强。排放强度效应也有很大的改善，但是其仍小于经济规模效应。中间分配效应对中国 NH_3 排放量的抑制作用也有所提升，供给结构效应变化不大。

第二，从产业层面分析，研究期间采矿及采石业，电力、煤气和水的供应业以及化学工业是导致 NH_3 排放量增加的重要部门，且经济规模效应对重点污染行业的影响显著大于排放强度效应，中间分配效应抑制了重点污染行业 NH_3 的排放，供给结构效应对 NH_3 排放影响较弱。如表 4-7 所示，经济规模效应对化学工业和采矿及采石业的影响较大，明显促进其 NH_3 的排放。排放强度效应也主要抑制了化学工业以及采矿及采石业 NH_3 的排放。但是其经济规模带来的负效应大于排放强度带来的正效应。中间分配效应抑制了重点污染行业 NH_3 的排放，供给结构效应促进了除其他非金属矿物制品业与陆上运输及管道运输业其他重点污染行业 NH_3 的排放。

表 4-7　1995~2009 年中国重点污染行业 NH_3 排放量变化的因素分解

单位：MT

产业部门	经济规模效应	供给结构效应	中间分配效应	排放强度效应	总效应
电力、煤气和水的供应业	0.19	0.02	−0.06	−0.09	0.05
其他非金属矿物制品业	0.08	−0.03	−0.04	−0.03	−0.02
金属冶炼、压延加工业及金属制品业	0.14	0.02	−0.10	−0.07	0.00
化学工业	0.47	0.01	−0.20	−0.23	0.05
采矿及采石业	0.34	0.03	−0.08	−0.20	0.09
陆上运输及管道运输业	0.24	−0.05	−0.07	−0.10	0.01

数据来源：笔者计算所得。

第三，与其他"金砖国家"相比，1995~2009 年，中国 NH_3 排放量最大，其经济规模效应对 NH_3 的促进作用较大，排放强度效应的抑制作用虽然也较大，但仍小于经济规模效应。如表 4-8 所示，1995~2001 年，经济规模效应分别促进中国、印度 NH_3 排放增加 0.88MT、0.70MT，抑制了俄罗斯、巴西 NH_3 排放 0.11MT、0.45MT；排放强度效应促进巴西 NH_3 增加 0.38MT，抑制其他"金砖国家" NH_3 的排放，对其他"金砖国家"的抑制作用小于经济规模效应。中间分配效应抑制除巴西以外的其余三个"金砖国家"的 NH_3 排放，供给结构效应促进了中国、巴西 NH_3 排放，抑制俄罗斯、印度的排放。2001~2009 年，经济规模效应对各国的影响显著增强，排放强度效应小于经济规模效应。中间分配效应抑制了除巴西外其他"金砖国家"NH_3的排放，供给结构效应抑制了除中国外其他"金砖国家"的NH_3排放量。

表4-8　1995~2009年"金砖国家"NH_3排放量变化结构分解

单位：MT

国家	阶段	经济规模效应	供给结构效应	中间分配效应	排放强度效应	总效应
中国	1995~2001	0.88	0.06	−0.24	−0.41	0.29
	2001~2009	2.91	0.09	−1.00	−1.50	0.51
	1995~2009	3.80	0.15	−1.24	−1.91	0.80
俄罗斯	1995~2001	−0.11	−0.02	−0.11	−0.06	−0.30
	2001~2009	1.11	−0.36	−0.08	−0.84	−0.17
	1995~2009	1.00	−0.38	−0.19	−0.89	−0.46
巴西	1995~2001	−0.45	0.06	0.09	0.38	0.07
	2001~2009	1.81	−0.05	0.10	−1.62	0.23
	1995~2009	1.35	0.01	0.19	−1.25	0.30
印度	1995~2001	0.70	−0.28	−0.09	−0.09	0.24
	2001~2009	3.17	−0.89	−0.20	−1.66	0.42
	1995~2009	3.87	−1.17	−0.29	−1.75	0.66

数据来源：笔者计算所得。

　　第四，与发达国家相比，1995~2009年中国NH_3排放量大于美国等四个发达国家，其经济规模效应促进NH_3的排放量远远大于发达国家，且其排放强度抑制效应弱于美国；中间分配效应抑制了除韩国外其他发达国家NH_3的排放，供给结构效应抑制了美国等四个发达国家NH_3的排放。分阶段分析，如表4-9所示，1995~2001年，经济规模效应促进了美国NH_3排放量增加0.64MT，远远小于中国，且其抑制了德国、日本、韩国三国NH_3的排放。排放强度效应促使美国等四个发达国家NH_3排放呈小幅上升趋势，中间分配效应和供给结构效应显著地抑制了美国等发达国家NH_3的排放。2001~2009年，经济规模效应有所增强，除日本外，其他三个发达国家的经济规模效应大于排放强度效应绝对量，与中国呈相同态势。中间分配效应在此阶段出现反转，促进了美国等发达国家NH_3排放，供给结构效应抑制了美国等发达国家NH_3的排放。

　　3. 空气污染物

　　第一，总体而言，研究期间内，经济规模效应是促使中国空气污染物

表 4-9   1995~2009 年发达国家 NH_3 排放变化结构分解

单位：MT

国家	阶段	经济规模效应	供给结构效应	中间分配效应	排放强度效应	总效应
美国	1995~2001	0.64	−0.24	−0.27	0.07	0.20
	2001~2009	0.66	0.00	−0.02	−0.65	−0.01
	1995~2009	1.31	−0.24	−0.29	−0.58	0.19
德国	1995~2001	−0.16	0.02	−0.03	0.19	0.01
	2001~2009	0.31	−0.15	0.04	−0.26	−0.06
	1995~2009	0.15	−0.13	0.00	−0.08	−0.05
日本	1995~2001	−0.06	−0.02	−0.01	0.08	−0.02
	2001~2009	0.04	−0.02	0.01	−0.06	−0.03
	1995~2009	−0.02	−0.04	0.00	0.01	−0.05
韩国	1995~2001	−0.01	−0.02	0.00	0.01	−0.02
	2001~2009	0.04	−0.03	0.01	−0.01	0.01
	1995~2009	0.04	−0.05	0.01	0.00	−0.01

数据来源：笔者计算所得。

排放量大幅度上升的重要因素，排放强度效应是抑制中国空气污染物排放量增长的重要因素。特别是在加入 WTO 之后，经济规模效应远远超过排放强度效应，致使中国空气污染物排放总量大幅度上升。同时，研究期间内，如表 4-10 所示，供给结构效应和中间分配效应导致中国空气污染物排放量小幅上升。运用结构分解法，从供给角度对中国空气污染物排放量变迁进行因素分析，可以看到 1995~2009 年中国空气污染物增加总量为 27.47MT。其中，经济规模效应导致中国空气污染物增加 80.56MT，排放强度效应促进总量减少 73.60MT，中间分配效应导致中国空气污染物增加 19.56MT，所占比重为 71.02%，供给结构效应促进空气污染物增加 0.95MT，所占比重为 3.46%。从动态角度分析，1995~2001 年，排放强度效应对中

表 4-10   1995~2009 年中国空气污染物排放量变化的因素分解

单位：MT

阶段	经济规模效应	供给结构效应	中间分配效应	排放强度效应	总效应
1995~2001	18.90	1.80	0.55	−23.40	−2.16
2001~2009	61.66	−0.84	19.01	−50.20	29.62
1995~2009	80.56	0.95	19.56	−73.60	27.47

数据来源：笔者计算所得。

国空气污染物排放抑制作用大于经济规模效应对空气污染物排放的负面影响，且供给结构效应和中间分配效应导致空气污染物排放量小幅上升，在此期间中国空气污染物排放量减少 2.16MT。加入 WTO 以后，中国空气污染物排放量急剧增加 29.62MT。其中，经济规模效应成为促使中国空气污染物排放量增长的最主要因素，其对空气污染物排放带来的负面影响远高于排放强度效应带来的正面影响，中间分配效应在这一阶段较为明显地促进了中国空气污染物排放量的增长，而供给结构效应在 2001 年之后促进了空气污染物小幅下降。

　　第二，从产业层面来看，研究期间内，其他非金属矿物制品业，采矿及采石业，电力、煤气和水的供应业，金属冶炼、压延加工业及金属制品业，陆上运输及管道运输业以及化学工业中国六大空气污染排放重点产业空气污染物排放量上升幅度较小。经济规模效应是促使重点污染产业空气污染物排放量增加的主要因素，排放强度效应是抑制其增加的重要因素。采矿及采石业，电力、煤气和水的供应业，陆上运输及管道运输业和化学工业四个重点空气污染产业排放强度正效应已经超过经济规模产生的负效应，这些产业在降低排放强度方面已经取得了较大进步。其他非金属矿物制品业，金属冶炼、压延加工业及金属制品业经济规模的负效应仍大于排放强度的负效应。中间分配效应和供给结构效应都导致了六大产业空气污染物排放量增加，其中采矿及采石业，电力、煤气和水的供应业中间分配效应分别促使空气污染物排放上升 4.01MT 和 5.40MT，中间分配效应已成为这两大产业空气污染物排放量上升的重要因素（见表 4-11）。

表 4-11　1995~2009 年中国重点污染行业空气污染物排放量变化的因素分解

单位：MT

产业部门	经济规模效应	排放强度效应	中间分配效应	供给结构效应	总效应
其他非金属矿物制品业	3.31	−1.81	0.02	1.05	2.57
采矿及采石业	9.39	−12.18	4.01	0.74	1.96
电力、煤气和水的供应业	20.50	−26.40	5.40	2.15	1.65
金属冶炼、压延加工业及金属制品业	4.09	−3.70	0.36	0.46	1.20
陆上运输及管道运输业	4.53	−4.79	0.29	0.93	0.96
化学工业	2.96	−2.98	0.56	0.05	0.59

数据来源：笔者计算所得。

第三，与其他"金砖国家"相比，1995~2009 年，中国与印度两个发展中大国空气污染排放量大幅度上升，经济规模带来的负效应明显大于排放强度带来的正效应，而俄罗斯和巴西空气污染总量保持稳定，经济规模负效应和排放强度正效应水平相当。中间分配效应促使中国空气污染物排放的增加量明显大于其他"金砖国家"，供给结构效应促进了中国空气污染的增加，抑制了其他"金砖国家"的空气污染物排放量。分阶段来看，1995~2001 年，中国和俄罗斯空气污染排放总量微弱下降，印度空气污染物排放明显上升，巴西基本保持不变。2001~2009 年，经济规模对"金砖国家"空气污染的影响显著加强，且对中国空气污染物排放量的影响程度显著大于其他"金砖国家"，排放强度效应的抑制作用显著加强，尤其对中国空气污染物的影响最为突出，但是仍不能抵消经济规模效应带来的负面影响。中间分配效应明显地促进了中国空气污染物排放量的增加，对其他"金砖国家"空气污染物排放量的影响不太显著。1995~2009 年，供给结构效应对"金砖国家"空气污染物排放量的影响较为微弱，其促进了中国空气污染物的增加，抑制了其他"金砖国家"空气污染物的增加。这在一定程度上反映出中国与其他"金砖国家"的产业结构存在差别。中国以第二产业为主导产业，第二产业占 GDP 的比重大于其他"金砖国家"，第三产业占 GDP 的比重小于其他"金砖国家"（见表 4–12）。

表 4–12　1995~2009 年"金砖国家"空气污染物排放量变化结构分解

单位：MT

国家	阶段	经济规模效应	供给结构效应	中间分配效应	排放强度效应	总效应
中国	1995~2001	18.90	1.80	0.55	−23.40	−2.16
	2001~2009	61.66	−0.84	19.01	−50.20	29.62
	1995~2009	80.56	0.95	19.56	−73.60	27.47
俄罗斯	1995~2001	−0.66	−0.68	−0.35	1.15	−0.54
	2001~2009	8.37	−0.47	0.65	−8.15	0.40
	1995~2009	7.70	−1.15	0.30	−7.00	−0.14
巴西	1995~2001	−1.25	−0.21	0.34	1.13	0.01
	2001~2009	4.91	−0.01	−0.19	−4.76	−0.02
	1995~2009	3.65	−0.31	0.14	−3.63	0.03
印度	1995~2001	2.18	−0.43	−0.34	0.02	1.43
	2001~2009	11.97	−0.89	−0..2	−3.87	6.59
	1995~2009	14.15	−1.32	−0.97	−3.85	8.02

数据来源：笔者计算所得。

第四，与发达国家相比，表4–13显示，中国空气污染物排放量呈上升趋势，美国、德国、日本和韩国等发达国家空气污染物排放量呈下降趋势，经济规模效应和排放强度效应是影响中国和美国等四个发达国家空气污染物排放变化的主要因素，但发达国家排放强度下降带来的正效应远大于经济规模扩大带来的负效应，但对中国而言，经济规模扩大带来的负效应大于排放强度下降的正效应的拐点还没有来临。中间分配效应导致中国空气污染物排放增加量远远大于美国等发达国家。供给结构效应导致了中国空气污染物排放量的增加，抑制了美国等发达国家空气污染物排放的增加，表明中国以第二产业为增长引擎的发展方式对空气污染产生的负面影响远远大于以第三产业为增长引擎的发展方式。这可能是由于中国正处于工业化阶段，以重化工业为主的第二产业占GDP的比重最大，第一、第三产业比重较小，发展严重滞后，而发达国家已经达到工业化后期阶段，经济增长主要依靠服务业等第三产业的带动，因此发达国家的供给结构效应促进了空气污染的减排。

表4–13　1995~2009年发达国家空气污染物排放量变化的结构分解

单位：MT

国家	阶段	经济规模效应	供给结构效应	中间分配效应	排放强度效应	总效应
美国	1995~2001	11.260	−2.24	5.300	−19.16	−4.83
	2001~2009	8.770	−1.48	−6.490	−13.04	−12.24
	1995~2009	20.030	−0.76	−1.190	−32.20	−17.07
德国	1995~2001	−0.760	−0.07	0.130	−0.48	−1.18
	2001~2009	1.120	−0.13	0.230	−1.93	−0.72
	1995~2009	0.356	0.05	0.356	−2.41	−1.90
日本	1995~2001	−1.230	−0.25	0.070	1.17	−0.24
	2001~2009	0.910	−0.10	0.750	−1.73	−0.18
	1995~2009	−0.320	−0.15	0.820	−0.56	−0.42
韩国	1995~2001	−0.270	−0.06	0.550	−0.28	−0.06
	2001~2009	1.830	−0.47	0.960	−3.02	−0.71
	1995~2009	1.550	−0.53	1.510	−3.30	−0.77

数据来源：笔者计算所得。

第四节 小 结

本章基于 Ghosh 投入产出模型从供给视角对 CO_2、NH_3、空气污染物等排放量变迁的影响因素进行结构分解分析，总体分解为经济规模效应、排放强度效应、中间分配效应和供给结构效应，利用 WIOD 数据库提供的"金砖国家"和美国、德国、日本、韩国四个发达国家 1995~2009 年投入产出表数据以及环境账户数据进行实证研究。结果表明：第一，基于 CO_2 排放量的分析，1995~2001 年，中国 CO_2 排放量基本保持不变，2001~2009 年呈现迅速上升的态势，其中电力、煤气和水的供应业，其他非金属矿物制品业等产业是导致中国 CO_2 排放量迅速上升的主要部门。中国重点污染行业中，经济规模效应和排放强度效应是影响其 CO_2 排放量变动的主要因素，供给结构效应和中间分配效应对 CO_2 排放量的影响较小。与俄罗斯、印度、巴西等其他"金砖国家"及美国、德国等发达国家相比，经济规模效应对中国 CO_2 排放量的促进作用最为显著，且中间分配效应也明显地促进了中国 CO_2 排放量的增加，除中国外，排放强度对其他国家 CO_2 排放量的抑制作用大于经济规模的促进作用。第二，基于 NH_3 排放的分析，加入WTO 之前，中国 NH_3 排放总量基本保持不变；2001 年加入 WTO 之后排放规模迅速增加且远高于俄罗斯、印度等"金砖国家"以及美国、德国等发达国家；采矿及采石业，电力、煤气和水的供应业以及化学工业是导致中国 NH_3 排放量增加的重要部门且经济规模效应对重点污染行业的影响显著大于排放强度效应。与其他国家相比，经济规模效应对中国、印度 NH_3 排放的促进作用最为显著且其排放强度效应小于经济规模效应，导致中国为整个研究期间 NH_3 排放量最大的国家。第三，基于空气污染物排放量分析，加入 WTO 之前，中国空气污染物排放量呈下降趋势，排放强度下降带来的正效应大于经济规模扩大带来的负效应；加入 WTO 以后，中国空气污染物排放呈上升趋势，经济规模效应和排放强度效应大小发生逆转，并超过美国跃居第一空气污染排放大国。中国空气污染排放强度仍然远高于巴西和俄罗斯等"金砖国家"，以及美国和德国等发达国家，通过利用节能减排技术降低排放强度仍有较大空间。电力、煤气和水的供应业等重点空气污染产业排放强度下降带来的正效应大于经济规模扩大带来的负效应，但中间结构效应和供给结构效应负面影响较大。除印度外，其他六国经济规模扩大对空气污染物排放带来的负效应小于排放强度下降带来的正效应；供给结构是促使中国空气污染物排放增加的因素，同时也是除德国外其他六国空气污染排放的抑制因素；中间分配效应对中国空气污染排放具有较强的负面效应，而对俄罗斯、巴西和印度等"金砖国家"以及美国、德国、日本和韩国空气污染物排放量影响不明显。中国粗放式经济增长的特征仍然是导致中国空气污染恶化的重要原因。

第五章 中国环境贸易平衡及其影响因素模型

第一节 环境贸易平衡的测算及结构分解模型

目前，测算贸易隐含污染物转移主要运用投入产出模型，其主要包含基于单区域（进口）竞争型 IO 表数据构建的单区域（进口）竞争型 IO 模型、基于单区域（进口）非竞争型 IO 表数据构建的单区域（进口）非竞争型 IO 模型、基于多区域（进口）竞争型 IO 表数据构建的多区域（进口）竞争型 IO 模型和基于多区域（进口）非竞争型 IO 表数据构建的多区域（进口）非竞争型 IO 模型。这四类模型中，多区域（进口）非竞争型 IO 模型所需的数据要求较高，目前的应用还较少，多区域（进口）非竞争型 IO 表基本形式见表 5-1。

表 5-1 多区域（进口）非竞争型投入产出表基本形式

		中间需求			最终需求			总产出
		区域 1 1, …, m	…	区域 n 1, …, m	区域 1	…	区域 n	
中间投入	区域 1 1, 2, …, m	$Z^{1,1}$	…	$Z^{1,n}$	$Y^{1,1}$	…	$Y^{1,n}$	X^1
	⋮	⋮	⋱	⋮	⋮	⋱	⋮	⋮
	区域 n 1, 2, …, m	$Z^{n,1}$	…	$Z^{n,n}$	$Y^{n,1}$	…	$Y^{n,n}$	X^n
	增加值	V^1	…	V^n				
	总投入	X^1	…	X^n				

表 5-1 中，$Z^{i,i}$ 和 $Y^{i,i}$ 分别表示 i 经济体国内产品的中间需求和最终需求矩阵，则 i 经济体国内产品直接消耗系数矩阵为 $A_i^d = Z^{i,i}/X^i$，X^i 为 i 经济体总产出列向量，进一步可知完全需求系数矩阵为 $B_i = (I - A_i^d)^{-1}$；$Z^{i,j}$ 和 $Y^{i,j}$，$i \neq j$ 分别表示 j 经济体对 i 经济体国内产品的中间需求和最终需求矩阵，即 i 经济体出口到 j 经济体的列向量为 $EX_{ij} = \sum Z^{i,j} + \sum Y^{i,j}$，$i \neq j$ 的列加总，同理可得 i 经济体从 j 经济体进口的列向量为 $IM_{ij} = \sum Z^{j,i} + \sum Y^{j,i}$，$i \neq j$ 的列加总，则 i 经济体总出口和总进口分别为 $EX_i = \sum (\sum_{j=1, j \neq i}^{n} Z^{i,j}) + \sum (\sum_{j=1, j \neq i}^{n} Y^{i,j})$ 和 $IM_i = \sum (\sum_{j=1, j \neq i}^{n} Z^{j,i}) + \sum (\sum_{j=1, j \neq i}^{n} Y^{j,i})$ 的列加总。

一、进出口隐含污染排放量的测算

根据表 5-1，可以得到 i 经济体对 j 经济体的出口隐含污染排放量（Emissions Embodied in Exports，EEE）和进口隐含污染排放量（Emissions Embodied in Imports，EEI）的测算方法如下：

$$EEE_{ij} = P_i (I - A_i^d)^{-1} EX_{ij} = P_i B_i EX_{ij} \tag{5-1}$$

其中，EEE_i 为 i 经济体出口到 j 经济体的产品隐含污染排放量；P_i 为出口经济体 i 直接污染排放系数行向量，其元素 $p_{ik} = w_{ik}/x_{ik}$，其中 w_{ik} 为 i 经济体 k 部门的污染排放量，x_{ik} 为 i 经济体 k 部门总产值，p_{ik} 为 i 经济体 k 部门单位产出污染排放量；$A_i^d = Z^{i,i}/X^i$ 为 i 经济体产品的国内直接消耗系数矩阵；$B_i = (I - A_i^d)^{-1}$ 为列昂惕夫逆矩阵，即完全需求系数矩阵，则 $P_i (I - A_i^d)^{-1}$ 为完全排放系数行向量；$EX_{ij} = (ex_{ij}^1, \cdots, ex_{ij}^m)^T$ 为 i 经济体对 j 经济体的出口列向量。

$$EEI_{ij} = P_j (I - A_j^d)^{-1} IM_{ij} = P_j B_j IM_{ij} \quad j = 1, 2, \cdots 41, j \neq i \tag{5-2}$$

其中，EEI_{ij} 为 i 经济体从 j 经济体进口的产品隐含污染排放量；P_j 为进口来源经济体 j 的直接污染排放系数行向量，其元素 $p_{jk} = w_{jk}/x_{jk}$，其中 w_{jk} 为 j 经济体 k 部门的污染排放量，x_{jk} 为 j 经济体 k 部门总产值，p_{jk} 为 j 经济体 k 部门单位产出污染排放量；A_j^d 为进口来源经济体 j 的国内直接消耗系数；IM_{ij} 为 i 经济体从 j 经济体进口列向量，即 $IM_{ij} = (im_{ij}^1, \cdots, im_{ij}^m)^T$ 为 i 经济体从 j 经济体的进口列向量。

进而可得，i 经济体与 j 经济体双边贸易隐含排放量平衡（Balance of

Emissions Emboided in Bilateral Trade，BEEBT）的计算式为（5-3），即进口隐含污染排放量与出口隐含污染排放量的差额，计算式为：

$$BEEBT_{ij} = EEI_{ij} - EEE_{ij} = P_j(I - A_j^d)^{-1}IM_{ij} - P_i(I - A_i^d)^{-1}EX_{ij} \qquad (5-3)$$

若 $BEEBT_{ij} < 0$，则 i 经济体对 j 经济体贸易隐含污染净排放量为负，说明 i 经济体与 j 经济体双边贸易恶化了 i 经济体的环境；若 $BEEBT_{ij} > 0$，则 i 经济体对 j 经济体贸易隐含污染净排放量为正，说明 i 经济体与 j 经济体双边贸易有利于 i 经济体环境污染治理，贸易隐含污染净排放量可以从总体上刻画经济体之间污染物转移轨迹。

同理可知，一国或地区的环境贸易平衡（Environment Trade Balance，ETB）为该国或地区总进口隐含排放量与总出口隐含排放量之差（Muradian 等，2002）。本书根据 WIOD 数据库提供的全球多区域（进口）非竞争型投入产出表（即全球多区域投入产出模型，GMRIO），利用进口来源地直接消耗系数和排放系数来测算进口隐含排放量（EEI），则基于全球多区域投入产出模型（GMRIO），从上面构建的两经济体双边贸易出口隐含污染排放量和进口隐含污染排放量的测算模型分别为式（5-1）和式（5-2），进而可得基于 GMRIO 构建的 i 经济体总出口隐含污染排放量（ EEE_i ）和总进口隐含污染排放量（ EEI_i ）分别为式（5-4）和式（5-5）：

$$EEE_i = \sum_{j=1,\ j\neq i}^{41} EEE_{ij} = \sum_{j=1,\ j\neq i}^{41} P_i(I - A_i^d)^{-1}EX_{ij} = P_iB_iEX_i \qquad (5-4)$$

$$EEI_i = \sum_{j=1,\ j\neq i}^{41} EEI_{ij} = \sum_{j=1,\ j\neq i}^{41} P_j(I - A_j^d)^{-1}IM_{ij} = \sum_{j=1,\ j\neq i}^{41} P_jB_jIM_{ij} \qquad (5-5)$$

其中，EX_i 为 i 经济体总出口列向量，即 $EX_i = \sum_{j=1,\ j\neq i}^{41} EX_{ij}$。

进而，可以得到 i 经济体的总环境贸易平衡（ ETB_i ）测算式为：

$$ETB_i = EEI_i - EEE_i = \sum_{j=1,\ j\neq i}^{41} P_jB_jIM_{ij} - P_iB_iEX_i \qquad (5-6)$$

其中，ETB_i 为 i 经济体总环境贸易平衡量，若 $ETB_i > 0$，表示 i 经济体总进口隐含污染排放量大于总出口隐含污染排放量，即存在环境贸易盈余，参与国际贸易将有利于 i 经济体减排；若 $ETB_i < 0$，表示 i 经济体总进口隐含污染排放量小于总出口隐含污染排放量，即存在环境贸易赤字，参与国际贸易将不利于其减排。

二、结构分解模型

为了进一步了解双边贸易隐含污染排放量的影响因素，构建基于贸易隐含排放量平衡测算模型的结构分解模型。结构分解模型被广泛用来分析因变量在任意两个时点或同一时点不同地区之间变动的动因。由于结构分解模型的基础为投入产出模型，因此，其可以较全面地分析各种直接或间接的影响因素（Hoekstra 和 Van Der Bergh，2003）。

1. BEEBT 的结构分解模型

首先，假定 S_{ej} 为 i 经济体对 j 经济体各行业出口份额列向量，ex_{ij} 为 i 经济体对 j 经济体出口总量，则 $EX_{ij} = S_{ej} ex_{ij}$；S_{mj} 为 i 经济体从 j 经济体各行业进口结构列向量，im_{ij} 为 i 经济体从 j 经济体进口总量，则 $IM_{ij} = S_{mj} im_{ij}$，进一步可得 $EEE_{ij} = P_i B_i S_{ej} ex_{ij}$，$EEI_{ij} = P_j B_j S_{mj} im_{ij}$，则利用 SDA 方法对双边贸易出口隐含污染排放量进行两级分解：

$$EEE_{ij}^T - EEE_{ij}^0 = P_i^T B_i^T EX_{ij}^T - P_i^0 B_i^0 EX_{ij}^0 = P_i^T B_i^T S_{ej}^T ex_{ij}^T - P_i^0 B_i^0 S_{ej}^0 ex_{ij}^0 = \Delta P_i B_i^T S_{ej}^T ex_{ij}^T$$
$$+ P_i^0 \Delta B_i S_{ej}^T ex^T + P_i^0 B_i^0 \Delta S_{ej} ex_{ij}^T + P_i^0 B_i^0 S_{ej}^0 \Delta ex_{ij} \tag{5-7}$$

$$\text{或 } EEE_{ij}^T - EEE_{ij}^0 = P_i^T B_i^T EX_{ij}^T - P_i^0 B_i^0 EX_{ij}^0 = P_i^T B_i^T S_{ej}^T ex_{ij}^T - P_i^0 B_i^0 S_{ej}^0 ex_{ij}^0$$
$$= \Delta P_i B_i^0 S_{ej}^0 ex_{ij}^0 + P_i^T \Delta B_i S_{ej}^0 ex^0 + P_i^T B_i^T \Delta S_{ej} ex_{ij}^0 + P_i^T B_i^T S_{ej}^T \Delta ex_{ij}$$
$$\tag{5-8}$$

其次，考虑到结构分解法的非唯一性问题（Dietzenbacher 和 Los，1998），且由于两级分解法和中点权分解法比较直观，本章也采用了两级分解法，得到式（5-7）与式（5-8），再取两式的算术平均值（中点权法），得到 i 经济体对 j 经济体出口隐含排放量的分解式为：

$$EEE_{ij}^T - EEE_{ij}^0 = P_i^T B_i^T EX_{ij}^T - P_i^0 B_i^0 EX_{ij}^0 = P_i^T B_i^T S_{ej}^T ex_{ij}^T - P_i^0 B_i^0 S_{ej}^0 ex_{ij}^0$$
$$= \underbrace{1/2(\Delta P_i B_i^T S_{ej}^T ex_{ij}^T + \Delta P_i B_i^0 S_{ej}^0 ex_{ij}^0)}_{\text{出口区域污染排放强度效应}} + \underbrace{1/2(P_i^0 \Delta B_i S_{ej}^T ex_{ij}^T + P_i^T \Delta B_i S_{ej}^0 ex_{ij}^0)}_{\text{出口区域中间投入产品结构效应}}$$
$$+ \underbrace{1/2(P_i^0 B_i^0 \Delta S_{ej} ex_{ij}^T + P_i^T B_i^T \Delta S_{ej} ex_{ij}^0)}_{\text{出口结构效应}} + \underbrace{1/2(P_i^0 B_i^0 S_{ej}^0 \Delta ex_{ij} + P_i^T B_i^T S_{ej}^T \Delta ex_j)}_{\text{出口规模效应}}$$
$$\tag{5-9}$$

由式（5-9）可知，出口隐含排放量的变化主要由与出口区域技术相关的污染排放强度效应和中间投入结构效应，以及与出口产品相关的出口结构效应和出口规模效应引起。

同理可得进口隐含排放量的结构分解模型：

$$EEI_{ij}^T - EEI_{ij}^0 = P_j^T B_j^T IM_{ij}^T - P_j^0 B_j^0 IM_{ij}^0 = P_j^T B_j^T S_{mj}^T im_{ij}^T - P_j^0 B_j^0 S_{mj}^0 im_{ij}^0$$

$$= \underbrace{1/2 \left(\Delta P_j B_j^T S_{mj}^T im_{ij}^T + \Delta P_j B_j^0 S_{mj}^0 im_{ij}^0 \right)}_{\text{进口来源区域污染排放强度效应}}$$

$$+ \underbrace{1/2 \left(P_j^0 \Delta B_j S_{mj}^T im_{ij}^T + P_j^T \Delta B_j S_{mj}^0 im_{ij}^0 \right)}_{\text{进口来源区域中间投入结构效应}}$$

$$+ \underbrace{1/2 \left(P_j^0 B_j^0 \Delta S_{mj} im_{ij}^T + P_j^T B_j^T \Delta S_{mj} im_{ij}^0 \right)}_{\text{进口结构效应}}$$

$$+ \underbrace{1/2 \left(P_j^0 B_j^0 S_{mj}^0 \Delta im_{ij} + P_j^T B_j^T S_{mj}^T \Delta im_{ij} \right)}_{\text{进口规模效应}} \tag{5-10}$$

由式（5–10）可知，进口隐含排放量的变化也可以分为由与进口来源区域节能减排技术变化和投入产出技术变化所引起的进口来源区域污染排放强度效应和进口来源区域中间投入结构效应，以及与进口产品变化相关的进口结构效应和进口规模效应引起。

最后，由式（5–9）与式（5–10）可以得到 BEEBT 变化的影响因素结构分解式：

$$BEEBT_{ij}^T - BEEBT_{ij}^0 = \left(EEI_{ij}^T - EEE_{ij}^T \right) - \left(EEI_{ij}^0 - EEE_{ij}^0 \right) = \left(EEI_{ij}^T - EEI_{ij}^0 \right)$$

$$- \left(EEE_{ij}^T - EEE_{ij}^0 \right) = \underbrace{1/2 \left(\Delta P_j B_j^T S_{mj}^T im_{ij}^T + \Delta P_j B_j^0 S_{mj}^0 im_{ij}^0 \right)}_{\text{进口来源区域污染排放强度效应}}$$

$$+ \underbrace{1/2 \left(P_j^0 \Delta B_j S_{mj}^T im_{ij}^T + P_j^T \Delta B_j S_{mj}^0 im_{ij}^0 \right)}_{\text{进口来源区域中间投入结构效应}}$$

$$+ \underbrace{1/2 \left(P_j^0 B_j^0 \Delta S_{mj} im_{ij}^T + P_j^T B_j^T \Delta S_{mj} im_{ij}^0 \right)}_{\text{进口结构效应}}$$

$$+ \underbrace{1/2 \left(P_j^0 B_j^0 S_{mj}^0 \Delta im_{ij} + P_j^T B_j^T S_{mj}^T \Delta im_{ij} \right)}_{\text{进口规模效应}} \tag{5-11}$$

$$+ \underbrace{\left[-1/2 \left(\Delta P_i B_i^T S_{ej}^T ex_{ij}^T + \Delta P_i B_i^0 S^0 ex_{ij}^0 \right) \right]}_{\text{出口区域污染排放强度效应}}$$

$$+ \underbrace{\left[-1/2 \left(P_i^0 \Delta B_i S_{ej}^T ex_{ij}^T + P_i^T \Delta B_i S_{ej}^0 ex_{ij}^0 \right) \right]}_{\text{出口区域中间投入结构效应}}$$

$$+ \underbrace{\left[-1/2 \left(P_i^0 B_i^0 \Delta S_{ej} ex_{ij}^T + P_i^T B_i^T \Delta S_{ej} ex_{ij}^0 \right) \right]}_{\text{出口结构效应}}$$

$$+ \underbrace{\left[-1/2 \left(P_i^0 B_i^0 S_{ej}^0 \Delta ex_{ij} + P_i^T B_i^T S_{ej}^T \Delta ex_{ij} \right) \right]}_{\text{出口规模效应}}$$

2. ETB 的结构分解模型

为了从总层面上分析中国环境贸易平衡变迁的影响因素，进一步构建基于总量层面的环境贸易平衡结构分解模型。

首先，假定 S_e 与 ex_i 分别表示 i 经济体各部门总出口产品结构列向量和总出口量，即有 $EX_i = S_e ex_i$ 为 i 经济体各部门总出口列向量，进而 i 经济体总出口隐含污染排放量（EEE_i）的测算式（5-4）的结构分解模型为：

$$EEE_i^T - EEE_i^0 = P_i^T B_i^T S_e^T ex_i^T - P_i^0 B_i^0 S_e^0 ex_i^0$$

$$= \Delta P_i B_i^T S_e^T ex_i^T + P_i^0 \Delta B_i S_e^T ex_i^T + P_i^0 B_i^0 \Delta S_e ex_i^T + P_i^0 B_i^0 S_e^0 \Delta ex_i$$

$$(5-12)$$

或 $EEE_i^T - EEE_i^0 = P_i^T B_i^T S_e^T ex_i^T - P_i^0 B_i^0 S_e^0 ex_i^0$

$$= \Delta P_i B_i^0 S_e^0 ex_i^0 + P_i^T \Delta B_i S_e^0 ex_i^0 + P_i^T B_i^T \Delta S_e ex_i^0 + P_i^T B_i^T S_e^T \Delta ex_i$$

$$(5-13)$$

其次，考虑到结构分解法的非唯一性问题，仍采用两级中点权分解法，进而得到 i 经济体总出口隐含污染排放量结构分解模型如下：

$$EEE_i^T - EEE_i^0 = \underbrace{\frac{1}{2}(\Delta P_i B_i^T S_e^T ex_i^T + \Delta P_i B_i^0 S_e^0 ex_i^0)}_{\text{出口区域排放强度效应 (EIE)}} + \underbrace{\frac{1}{2}(P_i^0 \Delta B_i S_e^T ex_i^T + P_i^T \Delta B_i S_e^0 ex_i^0)}_{\text{出口区域中间投入结构效应 (ETI)}}$$

$$+ \underbrace{\frac{1}{2}(P_i^0 B_i^0 \Delta S_e ex_i^T + P_i^T B_i^T \Delta S_e ex_i^0)}_{\text{出口结构效应 (ESE)}} + \underbrace{\frac{1}{2}(P_i^0 B_i^0 S_e^0 \Delta ex_i + P_i^T B_i^T S_e^T \Delta ex_i)}_{\text{出口规模效应 (ECE)}}$$

$$(5-14)$$

式（5-14）显示，出口隐含污染排放量的变化可分解为与出口经济体技术相关的排放强度效应和中间投入结构效应，以及与出口产品相关的出口结构效应和出口规模效应。

同理可得，i 经济体总进口隐含污染排放量的结构分解模型如下：

$$EEI_i^T - EEI_i^0 = \underbrace{\frac{1}{2}\left[\sum_{j=1, j \neq i}^{41} (\Delta P_j B_j^T S_{mj}^T im_{ij}^T + \Delta P_j B_j^0 S_{mj}^0 im_{ij}^0) \right]}_{\text{进口来源区域排放强度效应 (EII)}}$$

$$+ \underbrace{\frac{1}{2}\left[\sum_{j=1, j \neq i}^{41} (P_j^0 \Delta B_j S_{mj}^T im_{ij}^T + P_j^T \Delta B_j S_{mj}^0 im_{ij}^0) \right]}_{\text{进口来源区域中间投入结构效应 (ETI)}}$$

$$+ \underbrace{\frac{1}{2}\left[\sum_{j=1, j \neq i}^{41} (P_j^0 B_j^0 \Delta S_{mj} im_{ij}^T + P_j^T B_j^T \Delta S_{mj} im_{ij}^0) \right]}_{\text{进口结构效应 (ISE)}}$$

$$+ \underbrace{\frac{1}{2}\left[\sum_{j=1, j \neq i}^{41} (P_j^0 B_j^0 S_{mj}^0 \Delta im_{ij} + P_j^T B_j^T S_{mj}^T \Delta im_{ij}) \right]}_{\text{进口规模效应 (ICE)}} \quad (5-15)$$

最后，结合式（5-14）和式（5-15）可以得到 i 经济体总环境贸易平衡变化的结构分解模型：

$$ETB_i^T - ETB_i^0 = (EEI_i^T - EEE_i^T) - (EEI_i^0 - EEE_i^0) = (EEI_i^T - EEI_i^0)$$

$$- (EEE_i^T - EEE_i^0) = \underbrace{\frac{1}{2}\left[\sum_{j=1, j \neq i}^{41} (\Delta P_j B_j^T S_{mj}^T im_{ij}^T + \Delta P_j B_j^0 S_{mj}^0 im_{ij}^0) \right]}_{\text{进口来源区域排放强度效应 (EII)}}$$

$$+ \underbrace{\frac{1}{2}\left[\sum_{j=1, j \neq i}^{41} (P_j^0 \Delta B_j S_{mj}^T im_{ij}^T + P_j^T \Delta B_j S_{mj}^0 im_{ij}^0) \right]}_{\text{进口来源区域中间投入结构效应 (ETI)}}$$

$$+ 1/2 \left[\sum_{j=1, j \neq i}^{41} \left(P_j^0 B_j^0 \Delta S_{mj} im_{ij}^T + P_j^T B_j^T \Delta S_{mj} im_{ij}^0 \right) \right]$$
进口结构效应（ISE）

$$+ 1/2 \left[\sum_{j=1, j \neq i}^{41} \left(P_j^0 B_j^0 S_{mj}^0 \Delta im_{ij} + P_j^T B_j^T S_{mj}^T \Delta im_{ij} \right) \right]$$
进口规模效应（ICE）

$$+ 1/2 \left[-\left(\Delta P_i B_i^T S_e^T ex_i^T + \Delta P_i B_i^0 S_e^T ex_i^0 \right) \right]$$
出口区域排放强度效应（EIE）

$$+ 1/2 \left[-\left(P_i^0 \Delta B_i S_e^T ex_i^T + P_i^T \Delta B_i S_e^0 ex_i^0 \right) \right]$$
出口区域中间投入产品结构效应（ETE）

$$+ 1/2 \left[-\left(P_i^0 B_i^0 \Delta S_e ex_i^T + P_i^T B_i^T \Delta S_e ex_i^0 \right) \right]$$
出口结构效应（ESE）

$$+ 1/2 \left[-\left(P_i^0 B_i^0 S_e^0 \Delta ex_i + P_i^T B_i^T S_e^T \Delta ex_i \right) \right] \tag{5-16}$$
出口规模效应（ECE）

式（5-16）显示，总层面上的环境贸易平衡变化同时受到 i 经济体的污染排放强度、中间投入结构、出口结构和出口规模，以及 j 经济体进口来源国 j 的污染排放强度、中间投入结构、i 经济体从 j 经济体的进口结构和进口规模等因素的影响。

第二节　污染贸易条件的测算及结构分解模型

一、污染贸易条件的测算模型

污染贸易条件（Pollution Terms of Trade，PTT）是指某经济体每单位出口隐含排放量除以每单位进口隐含污染排放量，是反映该经济体环境贸易平衡的相对量指标（Antweiler，1996）。根据上一节测算的 i 经济体与 j 经济体之间出口隐含污染排放量的公式 $EEE_{ij} = P_i B_i S_{ej} ex_{ij}$ 和进口隐含污染排放量的公式 $EEI_{ij} = P_j B_j S_{mj} im_{ij}$，可得，i 经济体与 j 经济体之间污染贸易条件（Pollution Terms of Bilateral Trade，$PTBT_{ij}$）的计算式为：

$$PTBT_{ij} = \frac{EEE_{ij}/ex_{ij}}{EEI_{ij}/im_{ij}} = \frac{P_i B_i S_{ej}}{P_j B_j S_{mj}} \tag{5-17}$$

其中，$PTBT_{ij}$ 为 i 经济体对 j 经济体的污染贸易条件：若 $PTBT_{ij} > 1$，则 i 经济体单位出口隐含污染排放量大于从 j 经济体单位进口隐含污染排放量，表明 i 经济体对 j 经济体出口品比进口品要"肮脏",i 经济体对 j 经济体出口污染系数较高的产品而从 j 经济体进口污染系数较低的产品;若 $PTBT_{ij} < 1$,则 i 经济体单位出口隐含污染排放量小于从 j 经济体单位进口隐含污染排放量,表明 i 经济体对 j 经济体出口品比进口品要"清洁",i 经济体对 j 经济体出口污染系数较低的产品而从 j 经济体进口污染系数较高的产品。

同理,基于全球多区域投入产出模型(GMRIO),采用本章第一节测算 i 经济体总出口隐含污染排放量的式(5-5)和总进口隐含污染排放量的式(5-6),得到总量层面上 i 经济体的污染贸易条件(PTT_i)的测算式:

$$PTT_i = \frac{EEE_i / \sum EX_i}{EEI_i / \sum IM_i} \tag{5-18}$$

其中,PTT_i 表示 i 经济体污染贸易条件,若 $PTT_i > 1$,表示该经济体单位出口隐含污染排放量大于单位进口隐含污染排放量,出口品比进口品"肮脏","污染天堂假说"成立;若 $PTT_i < 1$,表示该经济体单位出口隐含污染排放量小于单位进口隐含污染排放量,出口品比进口品"清洁","污染天堂假说"不成立。

二、结构分解模型

根据本章第一节采用的结构分解法,本部分仍根据 SDA 方法对双边贸易污染条件($PTBT_{ij}$)的影响因素进行分解,即对式(5-17)的变化进行 SDA 分解分析,具体如式(5-19)所示。

$$PTBT_{ij}^T - PTBT_{ij}^0 = \frac{P_i^T B_i^T S_{ej}^T}{P_j^T B_j^T S_{mj}^T} - \frac{P_i^0 B_i^0 S_{ej}^0}{P_j^0 B_j^0 S_{mj}^0}$$

$$= \frac{1}{2}\left[\left(\frac{P_i^T B_i^T S_{ej}^T}{P_j^T B_j^T S_{mj}^T} - \frac{P_i^0 B_i^T S_{ej}^T}{P_j^T B_j^T S_{mj}^T}\right) + \left(\frac{P_i^T B_i^0 S_{ej}^0}{P_j^0 B_j^0 S_{mj}^0} - \frac{P_i^0 B_i^0 S_{ej}^0}{P_j^0 B_j^0 S_{mj}^0}\right)\right]$$
$$\underbrace{}_{\text{出口区域污染排放强度效应(EIE)}}$$

$$+ \frac{1}{2}\left[\left(\frac{P_i^0 B_i^T S_{ej}^T}{P_j^T B_j^T S_{mj}^T} - \frac{P_i^0 B_i^0 S_{ej}^T}{P_j^T B_j^T S_{mj}^T}\right) + \left(\frac{P_i^T B_i^T S_{ej}^0}{P_j^0 B_j^0 S_{mj}^0} - \frac{P_i^T B_i^0 S_{ej}^0}{P_j^0 B_j^0 S_{mj}^0}\right)\right]$$
$$\underbrace{}_{\text{出口区域中间投入结构效应(ETE)}}$$

$$+ \frac{1}{2}\left[\left(\frac{P_i^0 B_i^0 S_{ej}^T}{P_j^T B_j^T S_{mj}^T} - \frac{P_i^0 B_i^0 S_{ej}^0}{P_j^T B_j^T S_{mj}^T}\right) + \left(\frac{P_i^T B_i^T S_{ej}^T}{P_j^0 B_j^0 S_{mj}^0} - \frac{P_i^T B_i^T S_{ej}^0}{P_j^0 B_j^0 S_{mj}^0}\right)\right]$$
$$\underbrace{}_{\text{出口结构效应(ESE)}}$$

$$+ \frac{1}{2}\left[\left(\frac{P_i^0 B_i^0 S_{ej}^0}{P_j^T B_j^T S_{mj}^T} - \frac{P_i^0 B_i^0 S_{ej}^0}{P_j^0 B_j^T S_{mj}^T}\right) + \left(\frac{P_i^T B_i^T S_{ej}^T}{P_j^0 B_j^0 S_{mj}^T} - \frac{P_i^T B_i^T S_{ej}^T}{P_j^0 B_j^0 S_{mj}^0}\right)\right]$$
$$\underbrace{}_{\text{进口来源区域污染排放强度效应(EII)}}$$

$$+ \frac{1}{2}\left[\left(\frac{P_i^0 B_i^0 S_{ej}^0}{P_j^0 B_j^T S_{mj}^T} - \frac{P_i^0 B_i^0 S_{ej}^0}{P_j^0 B_j^0 S_{mj}^T}\right) + \left(\frac{P_i^T B_i^T S_{ej}^T}{P_j^T B_j^T S_{mj}^0} - \frac{P_i^T B_i^T S_{ej}^T}{P_j^T B_j^0 S_{mj}^0}\right)\right]$$
$$\underbrace{\qquad\qquad\qquad\qquad\qquad\qquad\qquad\qquad\qquad\qquad}_{\text{进口来源区域中间投入结构效应（ETI）}}$$

$$+ \frac{1}{2}\left[\left(\frac{P_i^0 B_i^0 S_{ej}^0}{P_j^0 B_j^0 S_{mj}^T} - \frac{P_i^0 B_i^0 S_{ej}^0}{P_j^0 B_j^0 S_{mj}^0}\right) + \left(\frac{P_i^T B_i^T S_{ej}^T}{P_j^T B_j^T S_{mj}^T} - \frac{P_i^T B_i^T S_{ej}^T}{P_j^T B_j^T S_{mj}^0}\right)\right]$$
$$\underbrace{\qquad\qquad\qquad\qquad\qquad\qquad\qquad\qquad\qquad\qquad}_{\text{进口结构效应（ISE）}}$$

$$(5-19)$$

其中，若污染排放强度效应、中间投入结构效应和出口结构效应为负值，分别表明出口区域节能减排技术水平进步、中间投入结构优化和出口结构改善，同时导致污染贸易条件改善；而进口来源区域污染排放强度效应、进口来源区域中间投入结构效应和进口结构效应为正值，分别表明进口来源区域排放强度下降、进口来源区域中间投入结构优化和进口结构改善，但污染贸易条件恶化。

同理，可将总量层面 i 经济体的污染贸易条件（PTT_i）做相应的 SDA 分解分析，具体如式（5-20）所示。

$$PTT_i^T - PTT_i^0 = \frac{P_i^T B_i^T S_e^T}{\sum_{j=1,j\neq i}^{41} P_j^T B_j^T S_{mj}^T (im_{ij}^T / im_i^T)} - \frac{P_i^0 B_i^0 S_e^0}{\sum_{j=1,j\neq i}^{41} P_j^0 B_j^0 S_{mj}^0 (im_{ij}^0 / im_i^0)}$$

$$= \frac{1}{2}\left[\left(\frac{P_i^T B_i^T S_e^T}{\sum_{j=1,j\neq i}^{41} P_j^T B_j^T S_{mj}^T (im_{ij}^T / im_i^T)} - \frac{P_i^0 B_i^T S_e^T}{\sum_{j=1,j\neq i}^{41} P_j^T B_j^T S_{mj}^T (im_{ij}^T / im_i^T)}\right) + \left(\frac{P_i^T B_i^0 S_e^0}{\sum_{j=1,j\neq i}^{41} P_j^0 B_j^0 S_{mj}^0 (im_{ij}^0 / im_i^0)} - \frac{P_i^0 B_i^0 S_e^0}{\sum_{j=1,j\neq i}^{41} P_j^0 B_j^0 S_{mj}^0 (im_{ij}^0 / im_i^0)}\right)\right]$$
$$\underbrace{\qquad\qquad\qquad\qquad\qquad\qquad\qquad\qquad\qquad\qquad\qquad\qquad}_{\text{出口区域排放强度效应（EIE）}}$$

$$+ \frac{1}{2}\left[\left(\frac{P_i^0 B_i^T S_e^T}{\sum_{j=1,j\neq i}^{41} P_j^T B_j^T S_{mj}^T (im_{ij}^T / im_i^T)} - \frac{P_i^0 B_i^0 S_e^T}{\sum_{j=1,j\neq i}^{41} P_j^T B_j^T S_{mj}^T (im_{ij}^T / im_i^T)}\right) + \left(\frac{P_i^T B_i^T S_e^0}{\sum_{j=1,j\neq i}^{41} P_j^0 B_j^0 S_{mj}^0 (im_{ij}^0 / im_i^0)} - \frac{P_i^T B_i^0 S_e^0}{\sum_{j=1,j\neq i}^{41} P_j^0 B_j^0 S_{mj}^0 (im_{ij}^0 / im_i^0)}\right)\right]$$
$$\underbrace{\qquad\qquad\qquad\qquad\qquad\qquad\qquad\qquad\qquad\qquad\qquad\qquad}_{\text{出口区域中间投入结构效应（ETE）}}$$

$$+ \frac{1}{2}\left[\left(\frac{P_i^0 B_i^0 S_e^T}{\sum_{j=1,j\neq i}^{41} P_j^T B_j^T S_{mj}^T (im_{ij}^T / im_i^T)} - \frac{P_i^0 B_i^0 S_e^0}{\sum_{j=1,j\neq i}^{41} P_j^T B_j^T S_{mj}^T (im_{ij}^T / im_i^T)}\right) + \left(\frac{P_i^T B_i^T S_e^T}{\sum_{j=1,j\neq i}^{41} P_j^0 B_j^0 S_{mj}^0 (im_{ij}^0 / im_i^0)} - \frac{P_i^T B_i^T S_e^0}{\sum_{j=1,j\neq i}^{41} P_j^0 B_j^0 S_{mj}^0 (im_{ij}^0 / im_i^0)}\right)\right]$$
$$\underbrace{\qquad\qquad\qquad\qquad\qquad\qquad\qquad\qquad\qquad\qquad\qquad\qquad}_{\text{出口结构效应（ESE）}}$$

$$+ \frac{1}{2}\left[\left(\frac{P_i^0 B_i^0 S_e^0}{\sum_{j=1,j\neq i}^{41} P_j^T B_j^T S_{mj}^T (im_{ij}^T / im_i^T)} - \frac{P_i^0 B_i^0 S_e^0}{\sum_{j=1,j\neq i}^{41} P_j^0 B_j^T S_{mj}^T (im_{ij}^T / im_i^T)}\right) + \left(\frac{P_i^T B_i^T S_e^T}{\sum_{j=1,j\neq i}^{41} P_j^T B_j^0 S_{mj}^0 (im_{ij}^0 / im_i^0)} - \frac{P_i^T B_i^T S_e^T}{\sum_{j=1,j\neq i}^{41} P_j^0 B_j^0 S_{mj}^0 (im_{ij}^0 / im_i^0)}\right)\right]$$
$$\underbrace{\qquad\qquad\qquad\qquad\qquad\qquad\qquad\qquad\qquad\qquad\qquad\qquad}_{\text{进口来源区域排放强度效应（EII）}}$$

$$+ \frac{1}{2}\left[\left(\frac{P_i^0 B_i^0 S_e^0}{\sum_{j=1,j\neq i}^{41} P_j^0 B_j^T S_{mj}^T (im_{ij}^T / im_i^T)} - \frac{P_i^0 B_i^0 S_e^0}{\sum_{j=1,j\neq i}^{41} P_j^0 B_j^0 S_{mj}^T (im_{ij}^T / im_i^T)}\right) + \left(\frac{P_i^T B_i^T S_e^T}{\sum_{j=1,j\neq i}^{41} P_j^T B_j^T S_{mj}^0 (im_{ij}^0 / im_i^0)} - \frac{P_i^T B_i^T S_e^T}{\sum_{j=1,j\neq i}^{41} P_j^T B_j^0 S_{mj}^0 (im_{ij}^0 / im_i^0)}\right)\right]$$
$$\underbrace{\qquad\qquad\qquad\qquad\qquad\qquad\qquad\qquad\qquad\qquad\qquad\qquad}_{\text{进口来源区域中间投入结构效应（ETI）}}$$

$$+ \frac{1}{2}\left[\left(\frac{P_i^0 B_i^0 S_e^0}{\sum_{j=1,j\neq i}^{41} P_j^0 B_j^0 S_{mj}^T (im_{ij}^T / im_i^T)} - \frac{P_i^0 B_i^0 S_e^0}{\sum_{j=1,j\neq i}^{41} P_j^0 B_j^0 S_{mj}^0 (im_{ij}^T / im_i^T)}\right) + \left(\frac{P_i^T B_i^T S_e^T}{\sum_{j=1,j\neq i}^{41} P_j^T B_j^T S_{mj}^0 (im_{ij}^0 / im_i^0)} - \frac{P_i^T B_i^T S_e^T}{\sum_{j=1,j\neq i}^{41} P_j^T B_j^T S_{mj}^0 (im_{ij}^0 / im_i^0)}\right)\right]$$
$$\underbrace{\qquad\qquad\qquad\qquad\qquad\qquad\qquad\qquad\qquad\qquad\qquad\qquad}_{\text{进口结构效应（ISE）}}$$

$$+ \frac{1}{2}\left[\left(\frac{P_i^0 B_i^0 S_e^0}{\sum_{j=1,j\neq i}^{41} P_j^0 B_j^0 S_{mj}^0 (im_{ij}^T / im_i^T)} - \frac{P_i^0 B_i^0 S_e^0}{\sum_{j=1,j\neq i}^{41} P_j^0 B_j^0 S_{mj}^0 (im_{ij}^0 / im_i^0)}\right) + \left(\frac{P_i^T B_i^T S_e^T}{\sum_{j=1,j\neq i}^{41} P_j^T B_j^T S_{mj}^0 (im_{ij}^T / im_i^T)} - \frac{P_i^T B_i^T S_e^T}{\sum_{j=1,j\neq i}^{41} P_j^T B_j^T S_{mj}^0 (im_{ij}^0 / im_i^0)}\right)\right]$$
$$\underbrace{\qquad\qquad\qquad\qquad\qquad\qquad\qquad\qquad\qquad\qquad\qquad\qquad}_{\text{进口品来源国结构效应（ISS）}}$$

$$(5-20)$$

式（5-20）显示污染贸易条件的变化分解为出口经济体 i 的排放强度效应、中间投入结构效应、出口结构效应、进口来源区域排放强度效应、进口来源区域中间投入结构效应、进口结构效应和进口品来源国结构效应七种效应。其中，进口品来源国结构效应是由于本书采用多区域投入产出模型，在测算时会出现 im_{ij}/im_i 变量，该变量为 i 经济体从不同经济体进口总量占总进口量的比值变动引起的。

第三节　数据说明

本章测算模型所用的数据主要包含 1995~2009 年的全球多区域（进口）非竞争型投入产出表（以当期价格测算的 IO 表）和 1995~2009 年的环境账户表，其数据均来源于 WIOD 数据库。在分析中国对外贸易隐含污染物转移的区域特性时，研究过程中涉及的区域主要包括中国、日本、韩国、中国台湾和印度尼西亚等东亚经济体以及美国和欧盟等欧美国家，涉及温室气体 CO_2 和三种污染物 NH_3、NO_X 及 SO_X，由于受数据的限制，取 1995~2009 年作为研究期间。

第六章 基于总量层面的中国环境贸易平衡及其影响因素分析

第一节 ETB变化的动态分析

一、出口

1. 出口隐含温室气体（CO_2）排放量

图6-1显示，整体来看，近年来随着出口贸易额的逐渐增加，中国出口隐含CO_2排放量也呈现上升趋势，从1995年的596.43MT增加至2009年的1512.42MT，增长了约2.5倍，年均增长率达6.87%，这表明中国为生产出口产品，为其他国家承担了越来越多的CO_2排放，进而增加了我国总体CO_2排放量。分阶段来看，1995~2009年我国出口隐含CO_2排放量呈现不同程度的增加。其中，加入WTO之前，1995~2001年整体呈现小幅度上升但中间伴随着波动，从1995年的596.43MT增加至2001年的599.58MT，仅增加了3.15MT。不过，自从加入WTO以后，出口隐含CO_2排放量从2001年的599.58MT持续攀升至2008年的1805.72MT，增长了约3倍，年均增长率达17.06%，其增长率明显高于加入WTO之前的增长率。受金融危机的影响，2009年出现小幅回落，但仍达1512.42MT。

随着出口隐含CO_2排放量的逐年增大，其占中国生产部门CO_2排放总量的比重也持续上升，从1995年的21.90%上升至2009年的24.34%。具体而言，其仍呈现出阶段性的变化，在加入WTO之前，1995~2001年我国出口隐含CO_2排放量占总排放量比重约为1/5，围绕20%窄幅震荡；加入 WTO 之后，出口隐含 CO_2 排放量的比重迅速并持续增加，在 2007 年达到最大值 32.48%；此后受金融危机的影响，出口隐含 CO_2 排放量的比重出现较大幅度的回落，2009 年其值为 24.34%，较 2007 年回落 8.14 个百分点。从出口隐含 CO_2 排放量及其比重呈现出的阶段性变迁比较分析可知，加入 WTO 之前，中国生产部门 CO_2 排放量和出口隐含 CO_2 排放量均呈现小幅度上升，但前者的增长速度快于后者，进而导致在此期间出口隐含 CO_2 排放量的比重出现略微的下降。而加入 WTO 之后，前者的增长速度慢于后者，进而导致在此期间出口隐含 CO_2 排放量的比重出现持续的上升。

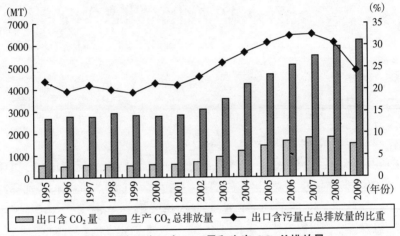

图 6-1　中国出口含 CO_2 量和生产 CO_2 总排放量

数据来源：WIOD 数据库和笔者计算所得。

2. 出口隐含水污染（NH_3）排放量

图 6-2 显示，中国出口隐含 NH_3 排放量总体呈现上升趋势，从 1995 年的 0.72MT 增加至 2009 年的 1.21MT，增长了约 1.7 倍，年均增长率达 3.78%。分阶段来看，1995~2009 年我国出口隐含 NH_3 排放量呈现不同程度的变化趋势。其中，加入 WTO 之前，1995~2001 年总体呈现下降趋势且中间伴随着波动，从 1995 年的 0.72MT 下降至 2001 年的 0.57MT，减少了 0.15MT。不过，自从加入 WTO 以后，出口隐含 NH_3 排放量从 2001 年的 0.57MT 持续攀升至 2007 年的 1.42MT，增长了约 2.5 倍，年均增长率达 16.43%，其增长率明显高于整个样本期间的增长率。受金融危机的影响，

从 2008 年开始出现回落，但至 2009 年仍达 1.21MT。

随着上述出口隐含 NH_3 排放量的阶段性变化，其占全国生产部门 NH_3 排放总量的比重也呈现出相应的变化趋势。具体而言，在加入 WTO 之前，我国出口隐含 NH_3 排放量的比重从 1995 年的 13.28%下降至 2001 年的 10.04%；加入 WTO 之后，出口隐含 NH_3 排放量的比重持续增加，在 2007 年达到最大值 20.32%；此后受金融危机的影响，出口隐含 CO_2 排放量的比重出现较大幅度的回落，2009 年其值为 16.00%，较 2007 年回落 4.32 个百分点。

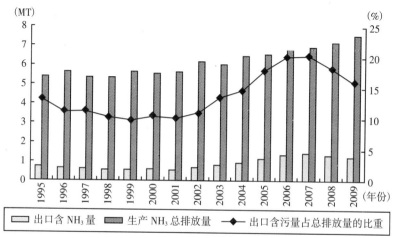

图 6-2 中国出口含 NH_3 量和生产 NH_3 总排放量

数据来源：WIOD 数据库和笔者计算所得。

3. 出口隐含空气污染物（NO_X 和 SO_X）排放量

1995 年以来，出口贸易对中国空气污染物排放量的影响不断加大，如表 6-1 所示，出口隐含空气污染物 NO_X 和 SO_X 排放量分别从 1995 年的 1.87MT 和 4.78MT 增加至 2009 年的 4.30MT 和 8.53MT，分别增长了约 2.3 倍和 1.8 倍，年均增长率达 6.13%和 4.22%。而加入 WTO 以来（2001~2008 年），出口隐含空气污染物 NO_X 和 SO_X 排放量增长尤为迅猛，七年内分别增加了 3.08MT 和 6.12MT，年均增长分别达 14.60%和 14.51%，分别超过了加入 WTO 前 6 年（1995~2001 年）的总变动幅度（0.06MT 和 -0.91MT）和年均增长速度（0.53%和 -3.46%）；受金融危机的影响，2009 年出口隐含空气污染物 NO_X 和 SO_X 排放量均呈现下降趋势，相对 2008 年而言，分别下降了 0.71MT 和 1.46MT。

随着中国出口隐含空气污染物排放量的阶段性变化，SO_X 和 NO_X 等污染物在全国生产部门相应污染物排放总量中的比重也呈现出阶段性的变化。加入 WTO 之前，出口隐含 NO_X 和 SO_X 排放量的比重分别从 1995 年的20.96% 和 21.84% 下降至 2001 年的 19.97% 和 20.45%，整个期间围绕 20%窄幅震荡；加入 WTO 之后，出口隐含 NO_X 和 SO_X 排放量的比重总体呈现上升的趋势，2007 年达最大值，分别为 25.42% 和 25.29%；受金融危机的影响，出现大幅度下降，2009 年均回落至 20% 左右，分别达 20.86% 和20.74%。

表 6-1　中国出口隐含空气污染物 NO_X 和 SO_X 排放量

年份	NO_X			SO_X		
	出口	生产总排放量	比重	出口	生产总排放量	比重
1995	1.87	8.90	20.96	4.78	21.88	21.84
1996	1.74	9.39	18.58	4.34	22.10	19.61
1997	1.86	9.42	19.77	4.37	20.96	20.84
1998	1.92	10.27	18.66	4.20	21.27	19.77
1999	1.82	10.08	18.04	3.75	19.72	19.04
2000	1.95	9.67	20.17	4.01	19.06	21.03
2001	1.93	9.67	19.97	3.87	18.92	20.45
2002	2.30	10.52	21.86	4.42	19.76	22.36
2003	2.99	12.02	24.83	5.80	22.70	25.54
2004	3.28	14.80	22.18	6.13	27.09	22.64
2005	3.83	16.06	23.87	7.16	29.64	24.14
2006	4.42	17.60	25.10	8.12	32.20	25.21
2007	4.72	18.56	25.42	8.73	34.50	25.29
2008	5.01	19.80	25.33	9.99	39.55	25.27
2009	4.30	20.62	20.86	8.53	41.12	20.74

注：出口隐含污染排放量和生产部门污染物总排放量的单位为百万吨（MT）；比重为出口隐含污染排放量占全国生产部门相应污染物总排放量的比重。
数据来源：WIOD 数据库和笔者计算所得。

二、进口

根据前面的分析，在某种程度上可以把进口的环境影响理解为一种正面影响，即减少了相关污染的排放，原因是进口产品在国外生产，进而减少了国内生产环节的污染排放。近年来，在出口对环境的负面影响不断增强的同时，进口对环境的正面影响也在增强。这表明，中国坚持对外开放，把"引进来"和"走出去"更好地结合起来，利用好国内、国外"两个市场，两种资源"，进而为中国环境保护做出了一定的贡献。

1. 进口隐含温室气体（CO_2）排放量

图 6-3 显示，进口隐含 CO_2 排放量并不像出口隐含 CO_2 排放量呈现阶段性的变化趋势，而是呈现持续增长的变化趋势，从 1995 年的 93.96MT 增加至 2009 年的 449.67MT，年均增长率达 11.83%。但总体来看，加入 WTO 之前，1995~2002 年进口隐含 CO_2 排放量从 93.96MT 增加至 203.58MT，年均增长率达 13.75%；加入 WTO 初期，以年均增长率 15.68%增长速度持续攀升，2005 年达 364.52MT；不过，2005~2009 年进口隐含 CO_2 排放量仍以 5.39%的年均增长速度较慢地上升。

图 6-3 显示，1995~2009 年，由于进口所节约的我国温室气体 CO_2 排放量占我国生产部门温室气体 CO_2 排放总量的比重总体呈现上升的变化趋势，从 1995 年的 3.45%增加至 2009 年的 7.24%。不过，其在 1995~2003 年呈现持续的增长趋势，2003 年达最大值 8.28%，此后总体呈现下降的变化趋势。其原因大致是，尽管在加入 WTO 之后，进口隐含 CO_2 排放量呈现较快的增长，但其速度小于我国生产部门总的 CO_2 排放量的增长速度，进而导致其比重在 2003 年开始出现下降，但下降幅度于 2006 年开始趋于平稳，围绕 7.4%呈窄幅波动。

2. 进口隐含水污染（NH_3）排放量

图 6-4 显示，进口隐含 NH_3 排放量像进口隐含 CO_2 排放量一样呈现增长的变化趋势，从 1995 年的 0.13MT 增加至 2008 年的 0.57MT，增长了约 4.4 倍，年均增长率达 12.04%，受金融危机的影响，至 2009 年下降了 0.3MT。但总体来看，加入 WTO 之前，1995~2002 年进口隐含 NH_3 排放量从 0.13MT 增加至 0.21MT，年均增长率达 7.09%；加入 WTO 之后，以年均增长率 18.11%的增长速度持续攀升。不过，2009 年出现小幅度下降，

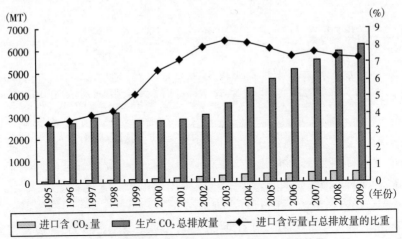

图 6-3　中国进口含 CO_2 量和生产 CO_2 总排放量

数据来源：WIOD 数据库和笔者计算所得。

但仍达 0.54MT。

图 6-4 显示，1995~2009 年，由于进口所节约的我国水污染物 NH_3 排放量占我国生产部门 NH_3 排放总量的比重总体呈现上升的变化趋势，从 1995 年的 2.38% 增长至 2009 年的 7.12%，不过在 2008 年达到峰值，即 7.87%。

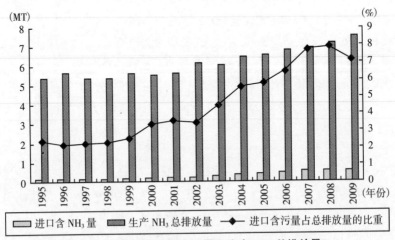

图 6-4　中国进口含 NH_3 量和生产 NH_3 总排放量

数据来源：WIOD 数据库和笔者计算所得。

3. 进口隐含空气污染物（NO_X 和 SO_X）排放量

表 6-2 显示，进口隐含空气污染物 NO_X 和 SO_X 排放量在整个研究阶段呈现增长态势，且总体上不管在加入 WTO 之前还是之后，均呈现持续的增长变化趋势，只是受金融危机的影响，分别在 2008 年和 2009 年开始出现小幅度的下降。其中，进口隐含 NO_X 排放量从 1995 年的 0.40 MT 持续增加至 2007 年的 1.91MT，增长了约 4.8 倍，年均增长率达 13.92%；进口隐含 SO_X 排放量从 1995 年的 0.47MT 持续增加至 2008 年的 1.74MT，增长了约 3.7 倍，年均增长率达 10.59%。不过，进口隐含空气污染物 NO_X 和 SO_X 排放量在不同阶段其增长速度不同，加入 WTO 之前（1995~2001 年）的增长速度分别为 11.53% 和 11.02%，低于加入 WTO 之后（2001~2007 年）的增长速度，加入 WTO 之后分别为 16.35% 和 11.27%。受金融危机的影响，2009 年分别为 1.78MT 和 1.68MT。

进口隐含污染排放量即节约了本国生产部门的污染排放量，表 6-2 显

表 6-2　中国进口隐含空气污染物 NO_X 和 SO_X 排放量

年份	NO_X			SO_X		
	进口	生产总排放量	比重	进口	生产总排放量	比重
1995	0.40	8.90	4.48	0.47	21.88	2.15
1996	0.41	9.39	4.36	0.47	22.10	2.14
1997	0.44	9.42	4.62	0.50	20.96	2.38
1998	0.50	10.27	4.83	0.55	21.27	2.59
1999	0.58	10.08	5.76	0.64	19.72	3.24
2000	0.70	9.67	7.19	0.82	19.06	4.30
2001	0.77	9.67	7.98	0.88	18.92	4.65
2002	0.94	10.52	8.91	1.03	19.76	5.22
2003	1.09	12.02	9.07	1.21	22.70	5.35
2004	1.34	14.80	9.03	1.35	27.09	4.99
2005	1.43	16.06	8.90	1.41	29.64	4.76
2006	1.62	17.60	9.19	1.52	32.20	4.72
2007	1.91	18.56	10.27	1.67	34.50	4.84
2008	1.79	19.80	9.06	1.74	39.55	4.40
2009	1.78	20.62	8.63	1.68	41.12	4.08

注：进口隐含污染排放量和生产部门污染物总排放量的单位为百万吨（MT）；比重为进口隐含污染排放量占全国生产部门相应污染物总排放量的比重。
数据来源：WIOD 数据库和笔者计算所得。

示，1995~2009 年，由于进口所节约的我国空气污染物 NO_x 和 SO_x 排放量分别占我国生产部门相应污染物排放总量的比重总体呈现上升的变化趋势，分别从 1995 年的 4.48% 和 2.15% 增加至 2009 年的 8.63% 和 4.08%。

三、ETB

如果说出口贸易增加了国内污染排放量，对环境产生负面影响；进口贸易节约了国内污染排放量，对环境产生正面影响，那么进口的正面影响和出口的负面影响相抵得到的环境贸易平衡（Enrironment Trade Balance，ETB），就是对外贸易对国内污染排放的总影响。若 ETB 大于零，表示正面影响除抵消了负面影响之外还有剩余，产生环境贸易盈余，进而对外贸易有利于我国污染减排；若 ETB 小于零，表示正面影响不够抵消负面影响，产生环境贸易赤字，进而对外贸易不利于我国污染减排。这一总影响（ETB）反映了中国面临的环境贸易形势，那么，1995~2009 年中国的环境贸易形势如何呢？以下将从三个方面进行分析。

1. CO_2 贸易平衡

表 6-3 显示，1995~2009 年，我国温室气体（CO_2）的环境贸易平衡（ETB）一直为负，且负值呈现不断扩大的趋势，即在整个研究期间内，我国出口隐含 CO_2 排放量一直大于进口隐含 CO_2 排放量，我国为 CO_2 环境贸易赤字国，通过参与国际贸易为其他国家承担了大量的温室气体 CO_2 的排放。分阶段来看，1995~2009 年我国温室气体（CO_2）的环境贸易赤字遵循如下的变化规律：1995~2001 年整体呈下降趋势，但 2001~2007 年迅速且持续攀升；受金融危机的影响，2008 年和 2009 年均出现小的回落，即 CO_2 环境贸易赤字整体呈现先下降后上升再小幅度下降的倒"N"型发展态势。具体而言，加入 WTO 之前的 1995~2001 年，由于我国出口隐含 CO_2 排放量的增长速度低于进口隐含 CO_2 排放量的增长速度，导致 CO_2 环境贸易赤字额从 1995 年的 502.47 MT 下降至 2001 年的 396.00MT，下降幅度高达 21.19%；加入 WTO 之后的 2001~2007 年，由于出口隐含 CO_2 排放量的增长速度明显快于进口隐含 CO_2 排放量的增长速度，导致 CO_2 环境贸易赤字呈迅速扩大趋势，至 2007 年达最大值 1373.75MT，2001~2007 年年均增长率分别达 23.04%；受金融危机的影响，2008 年和 2009 年分别回落至 1371.70MT 和 1062.75MT。

随着上述 CO_2 环境贸易赤字额的逐渐增加，其占我国生产部门 CO_2 排放总量的比重也呈现阶段性的变化趋势。具体而言，加入 WTO 之前的 1995~2001 年，CO_2 环境贸易赤字额占当年全国生产部门 CO_2 排放总量的比重从 1995 年的 18.45% 下降至 2001 年的 13.89%，即在此期间内，对外贸易对全国 CO_2 排放总量的负面影响逐渐降低；加入 WTO 之后的 2001~2007 年，该比重从 2001 年的 13.89% 持续攀升至 2007 年的 24.88%，这意味着在此期间国际贸易对我国 CO_2 排放量的不利影响最为突出，达到峰值，此后其比重呈现下降趋势，2009 年下降至 17.10%，这与 2009 年贸易盈余从 2008 年的 4163.71 亿美元下降至 2009 年的 2843.33 亿美元相似。

2. NH_3 贸易平衡

表 6-3 显示，1995~2009 年，我国水污染物（NH_3）的环境贸易平衡（ETB）一直为负，且负值呈现不断增长趋势，即在整个研究期间，我国出口隐含 NH_3 排放量一直大于进口隐含 NH_3 排放量，我国为 NH_3 环境贸易赤字国。分阶段来看，1995~2009 年我国 NH_3 的环境贸易赤字遵循如下的变化规律：1995~2001 年整体呈下降趋势，但 2001~2006 年迅速且持续攀升，之后又开始持续下降，即 NH_3 环境贸易赤字额在 1995~2009 年内整体呈现先下降后上升再下降的倒"N"型变化趋势。具体而言，加入 WTO 之前的 1995~2001 年，由于我国出口隐含 NH_3 排放量的增长速度低于进口隐含 NH_3 排放量的增长速度，导致 NH_3 环境贸易赤字额从 1995 年的 0.59MT 下降至 2001 年的 0.37MT，下降幅度高达 37.29%；加入 WTO 初期的 2001~2006 年，由于出口隐含 NH_3 排放量的增长速度明显快于进口隐含 NH_3 排放量的增长速度，导致 NH_3 环境贸易赤字额呈迅速增长趋势，至 2006 年达最大值 0.93MT，2001~2006 年年均增长率达 20.24%；从 2006 年开始出现持续下降，2009 年下降至 0.67MT。

随着上述 NH_3 环境贸易赤字额的阶段性变化，其占我国生产部门 NH_3 排放总量的比重也呈现相同的阶段性变化趋势。具体而言，加入 WTO 之前的 1995~2001 年，NH_3 环境贸易赤字额相当于当年全国生产部门 NH_3 排放总量的比重从 1995 年的 10.90% 下降至 2001 年的 6.48%，即在此期间，对外贸易对 NH_3 排放量的负面影响逐渐降低；加入 WTO 初期的 2001~2006 年，其比重从 2001 年的 6.48% 持续攀升至 2006 年的 13.67%，这意味着对外贸易对我国 NH_3 排放总量的不利影响逐渐凸显，达到峰值之后又呈现下降趋势，2009 年下降至 8.87%。

3. NO_x 和 SO_x 贸易平衡

表 6-3 显示，1995 年出口隐含 NO_x 和 SO_x 排放量均大于进口隐含 NO_x 和 SO_x 排放量。净进口贸易隐含 NO_x 和 SO_x 排放量（ETB）分别为 1.47MT 和 4.31MT，分别相当于当年全国生产部门 NO_x 和 SO_x 排放总量的 16.48% 和 19.69%。因而，总体而言，1995 年对外贸易增加了我国空气污染物 NO_x 和 SO_x 的排放量。

1995 年后直至 2009 年，出口隐含 NO_x 和 SO_x 排放量一直都大于进口隐含 NO_x 和 SO_x 放量，净进口贸易隐含 NO_x 和 SO_x 排放量在整个研究期间内均为负值，即产生环境贸易赤字。其中，NO_x 和 SO_x 环境贸易赤字额在 2008 年达到其在 1995~2009 年整个研究期间的最大值 3.22MT 和 8.25MT，分别相当于当年全国生产部门 NO_x 和 SO_x 排放总量的 16.28% 和 20.87%，这表明对外贸易对我国空气污染物 NO_x 和 SO_x 排放的不利影响在这一年最为突出。而在 2001 年，NO_x 和 SO_x 环境贸易赤字额为其 1995~2009 年整个

表 6-3 中国环境贸易平衡和贸易平衡的变化趋势

年份	环境贸易平衡（MT）				环境贸易平衡占相应污染排放总量的比重（%）				贸易平衡（亿美元）
	CO_2	NH_3	NO_x	SO_x	CO_2	NH_3	NO_x	SO_x	
1995	−502.47	−0.59	−1.47	−4.31	−18.45	−10.90	−16.48	−19.69	258.27
1996	−448.58	−0.51	−1.33	−3.86	−16.04	−9.08	−14.22	−17.47	277.25
1997	−472.45	−0.48	−1.43	−3.87	−17.10	−8.98	−15.15	−18.47	547.66
1998	−466.17	−0.43	−1.42	−3.65	−15.92	−8.01	−13.83	−17.18	554.04
1999	−398.62	−0.41	−1.24	−3.12	−14.15	−7.25	−12.28	−15.80	412.45
2000	−418.21	−0.39	−1.26	−3.19	−14.91	−7.06	−12.98	−16.73	448.07
2001	−396.00	−0.37	−1.16	−2.99	−13.89	−6.48	−11.99	−15.80	445.00
2002	−462.02	−0.46	−1.36	−3.39	−15.04	−7.48	−12.95	−17.14	569.41
2003	−631.45	−0.55	−1.90	−4.58	−17.72	−9.05	−15.76	−20.19	629.96
2004	−861.57	−0.59	−1.95	−4.78	−20.25	−9.04	−13.15	−17.65	850.90
2005	−1064.75	−0.79	−2.40	−5.74	−22.72	−12.10	−14.97	−19.38	1666.60
2006	−1266.66	−0.93	−2.80	−6.60	−24.80	−13.67	−15.90	−20.48	2594.50
2007	−1373.75	−0.88	−2.81	−7.06	−24.88	−12.63	−15.16	−20.45	3683.73
2008	−1371.70	−0.74	−3.22	−8.25	−23.16	−10.28	−16.28	−20.87	4163.71
2009	−1062.75	−0.67	−2.52	−6.85	−17.10	−8.87	−12.23	−16.66	2843.33

数据来源：WIOD 数据库和笔者计算所得。

研究期间的最小值，分别为 1.16MT 和 2.99MT，分别相当于当年全国生产部门 NO_x 和 SO_x 排放总量的 11.99% 和 15.80%，这表明对外贸易对我国空气污染物 NO_x 和 SO_x 排放的不利影响在这一年最小，但仍不利于我国空气污染物的减排。

四、与已有研究成果的比较

本书报告的中国对外贸易隐含污染排放量与以往的研究得到的结果有一定的差异，原因如下：①数据来源不同；②数据的处理方法不同，如投入产出表以当期还是可比价格处理；③本书采用的是全球多区域投入产出表，而以往研究大多采用单区域投入产出表，即考虑了各国污染排放系数和中间投入结构系数的差异；④本书采用的是非竞争型投入产出表，而以往的文献 Wang 和 Watson（2007）、Lin 和 Sun（2010）等大多采用竞争型投入产出表，即考虑了中间投入的进口品影响。

具体而言，目前，有关中国对外贸易隐含污染物转移的研究主要集中在贸易隐含碳排放方面的研究。尽管本书与 Wang 和 Watson（2007）、Pan 等（2008）、Lin 和 Sun（2010）和 Ren 等（2014）文献得出的中国为净出口含 CO_2 国的结论相同，但测算的净出口含 CO_2 量不同。Wang 和 Watson（2007）、Lin 和 Sun（2010）采用单区域竞争型投入产出表分别测算中国 2004 年和 2005 年的净出口含 CO_2 量，由于中国处于一个加工贸易大国，采用竞争型投入产出表的中间投入结构测算将高估出口隐含排放量，且相对其他国家而言，中国技术水平和产出效率还比较落后，导致排放系数和中间投入结构系数将远高于发达国家甚至一些发展中国家，那么利用中国排放系数和中间投入结构系数测算将高估进口隐含排放量。因此，采用单区域竞争型投入产出表测算的净出口隐含 CO_2 量可能会高估。结果显示，Wang 和 Watson（2007）、Lin 和 Sun（2010）分别测算 2004 年和 2005 年净出口含 CO_2 量达 1109MT 和 2087MT，大于本书测算的 862MT 和 1065MT 的结果。

Pan 等（2008）和 Ren 等（2014）采用单区域（进口）非竞争型投入产出表且测算进口隐含 CO_2 排放量均用其他排放系数代替，分别测算了 2001~2006 年和 2000~2010 年中国对外贸易净出口隐含 CO_2 量。不过，受投入产出表的限制，他们采用相近已有年份的投入产出表构建其他年份的投入产出表，使得测算进出口隐含排放量时无法考虑中间投入结构变化的影响，导致结果还是会存在偏差。整体上，Pan 等（2008）和 Ren 等（2014）测算的净出口含 CO_2 量大于本书测算的结果。但张友国（2010）年也采用单区域（进口）非竞争型投入产出表测算了 1987~2007 年中国对外贸易隐含 CO_2 排放量，结果显示 1987~2002 年中国为环境贸易盈余国，即净进口隐含 CO_2 排放量国，对外贸易有利于我国减排，而在 2003~2007 年为环境贸易赤字国，不过赤字额远小于本研究测算的结果，即张友国（2010）测算的 2003~2007 年的环境贸易赤字额分别为 0.71MT、45.91MT、82.44MT、164.31MT 和 199.51MT，相应地远低于本书测算的 631.45MT、861.57MT、1064.75MT、1266.66MT 和 1373.75MT。原因是：一方面，张友国（2010）采用的是可比价格的投入产出表，而本书采用的是当期价格投入产出表；另一方面，张友国（2010）采用的是单区域投入产出表，可能会高估了进口隐含 CO_2 排放量，进而低估环境贸易赤字额，而本书采用的是考虑进口来源国污染排放系数和中间投入结构差异的多区域投入产出表。

也有一些学者对 SO_2 等污染物进行了测算，如张友国（2009）采用可比价格的单区域（进口）非竞争型投入产出表测算了中国 1987~2006 年贸易隐含 SO_2 排放量，并以 2002 年投入产出表为基础应用双比例尺度法（Biproportional Scaling Method）得到了 2003~2006 年的投入产出延长表，即假定 2002~2006 年的中间投入结构效率不变，这将无法合理测算连续型年份的贸易隐含排放量。同时，根据上面阐述的单区域投入产出模型存在的缺陷性，所以其测算结果可能会低估，数据显示，张友国（2009）测算的 2002~2006 年中国净出口隐含 SO_2 排放量分别为 0.17MT、0.05MT、0.42MT、1.37MT 和 2.11MT，低于本书采用连续型全球多区域（进口）非竞争型投入产出表测算的相应期间净出口隐含 SO_x 排放量分别为 3.39MT、4.58MT、4.78MT、5.74MT 和 6.60MT。

第二节　ETB 变化的 SDA 分析

本章第一节分析表明，1995~2009 年，随着我国对外贸易盈余不断攀升，环境贸易赤字也呈上升趋势，尤其是 2001 年加入 WTO 之后，对外贸易对我国环境的影响程度不断增强。进出口区域排放强度、中间投入结构、对外贸易结构以及对外贸易规模的变化对环境贸易的变化各自产生了怎样的效应呢？为了回答这一问题，结合我国温室气体（CO_2）、水污染物（NH_3）和空气污染物（NO_x 和 SO_x）环境贸易平衡阶段性的变化趋势，本节利用 SDA 方法对环境贸易平衡的变迁进行两阶段（1995~2001 年，2001~2009 年）及整个研究期内（1995~2009 年）的 SDA 分析，将从三个方面进行分析。

一、CO_2 贸易平衡

第一，在整个研究期间和各分阶段，出口区域排放强度效应（EIE）和进口规模效应（ICE）是抑制我国温室气体 CO_2 环境贸易赤字快速增长的最主要因素。其中，表6-4显示，我国 CO_2 排放强度的变化导致我国对外贸易隐含 CO_2 的环境贸易赤字在整个研究期间减少了 1683.59MT，约占此期间内 CO_2 环境贸易赤字增长总量的 -300.49%。尤其是我国加入 WTO 之后的 2001~2009 年，我国 CO_2 排放强度的变化导致 CO_2 环境贸易赤字减少额约占 1995~2009 年 CO_2 环境贸易赤字增长总量的 -229.91%。进口规模效应使得 CO_2 环境贸易赤字额在 1995~2009 年减少了 614.43MT，占该期间 CO_2 环境贸易赤字增长总量的 -109.66%。进口规模效应也主要发生在我国加入 WTO 之后的 2001~2009 年，该期间使得 CO_2 环境贸易赤字减少额占 1995~2009 年内进口规模总效应的 84.96%。

第二，在整个研究期间和各分阶段，出口规模效应（ECE）是驱动我国 CO_2 环境贸易赤字快速增长的最主要因素，其次是出口区域中间投入结构效应（ETE）和进口结构效应（ISE）。表6-4显示，出口规模的扩张使得我国对外贸易隐含 CO_2 的环境贸易赤字额在 14 年间增加了 1986.43MT，占此期间 CO_2 环境贸易赤字增长总量的 354.54%，远远超过了进口规模效应，甚至超过了我国 CO_2 排放强度下降对我国环境贸易赤字产生的负效应。尤其是我国加入 WTO 之后，出口规模迅速扩张，从 2001 年的 2994 亿美元增加至 2009 年的 13332 亿美元，使得环境贸易平衡的出口规模效应也逐渐增加，导致在此期间内 CO_2 环境贸易赤字增加额占 1995~2009 年整个研究期间内出口规模总效应的 81.63%。

出口区域中间投入结构（ETE）也是导致我国 CO_2 环境贸易赤字增长

的一个重要因素，使得我国 CO_2 环境贸易赤字额增长量占其增长总量的 108.61%，而进口结构效应（ISE）比出口区域中间投入结构效应（ETE）的效果较不明显，但也是导致我国 CO_2 环境贸易赤字增加的一个因素，这表明我国逐渐进口比较清洁的产品，导致进口隐含 CO_2 排放量减少，进而使得我国 CO_2 环境贸易赤字增加。

第三，进口来源区域排放强度效应（EII）、进口中间投入结构效应（ETI）和出口结构效应（ESE）这三种影响因素对 CO_2 环境贸易赤字的影响相对较小，且使得我国 CO_2 环境贸易赤字在分阶段 2001~2009 年和整个研究期间 1995~2009 年增加而导致其在分阶段 1995~2001 年减少。其中，表 6-4 显示，进口来源区域排放强度、进口中间投入结构和出口结构的变化分别使得我国 CO_2 环境贸易赤字在加入 WTO 之前的 1995~2001 年减少了 10.38MT、7.46MT 和 3.28MT；而驱动我国 CO_2 环境贸易赤字在加入 WTO 之后的 2001~2009 年增加了 186.85MT、88.54MT 和 7.93 MT，进而最终导致我国 CO_2 环境贸易赤字在 1995~2009 年整个研究期间的增加额占此期间 CO_2 环境贸易赤字增长总量的 33.35%、15.80% 和 1.42%。这意味着，在加入 WTO 之前的 1995~2001 年，我国出口产品比较清洁，减少了出口隐含 CO_2 排放量，且国外 CO_2 排放强度上升和中间投入结构逐渐呈现恶化趋势，使得进口隐含 CO_2 排放量增加，进而导致我国 CO_2 环境贸易赤字减少。但是，加入 WTO 之后的 2001~2009 年，我国隐含 CO_2 量较多的出口产品所占比重增加，国外 CO_2 排放强度下降和中间投入结构逐渐优化，导致 2001~2009 年我国 CO_2 环境贸易赤字的增加额大于 1995~2001 年的减少额，进而导致我国 CO_2 环境贸易赤字在整个研究期间内增加。

二、NH_3 贸易平衡

第一，在整个研究期间和各分阶段，出口区域排放强度效应（EIE）和进口规模效应（ICE）是抑制我国水污染物 NH_3 环境贸易赤字快速增长的最主要因素，其次是出口结构效应（ESE）。其中，表 6-4 显示，我国出口区域 NH_3 污染排放强度的下降导致对外贸易隐含 NH_3 的环境贸易赤字在整个研究期间减少了 96.46 万吨，约占整个样本期间 NH_3 环境贸易赤字增长总量的 -1194.77%。尤其是我国加入 WTO 之后的 2001~2009 年，我国出口区域 NH_3 污染排放强度效应更加凸显，导致 NH_3 的环境贸易赤字减少额约占整个研究期间内 NH_3 环境贸易赤字增长总量的 -971.69%，即约占整个研究期间内污染排放强度总效应的 81.33%。

表 6-4 显示，进口规模效应使得 NH_3 的环境贸易赤字额在 1995~2009 年减少了 82.89 万吨。在加入 WTO 之后的分阶段 2001~2009 年，进口规模对我国 NH_3 环境贸易赤字的影响效应要明显高于加入 WTO 之前的分阶段 1995~2001 年的影响效应。在分阶段 2001~2009 年内进口规模效应使得 NH_3 环境贸易赤字减少额占 1995~2009 年进口规模总效应的 85.85%。这表明，加入 WTO 之后，我国既注重出口对经济的拉动作用也注重进口对经济的推动作用，使得在 2001 年之后，进口贸易规模迅速扩张，进而使得进口隐含 NH_3 排放量增加，从而减少了我国 NH_3 环境贸易赤字额。

出口结构效应（ESE）也是使得我国 NH_3 环境贸易赤字在整个研究期间与各分阶段均减少的一个较重要的因素。其中，导致 NH_3 环境贸易赤字在 1995~2009 年减少了 59.86 万吨，约占此期间内 NH_3 环境贸易赤字增加额的 -741.45%。这表明，我国隐含水污染物 NH_3 排放量较少的出口产品所占的比重增加，进而减少了我国出口隐含 NH_3 排放量，抑制我国 NH_3 环境贸易赤字的增加。

第二，在整个研究期间和各分阶段，出口规模效应（ECE）是驱动我国 NH_3 环境贸易赤字快速增长的最主要因素，其次是进口结构效应（ISE）。表 6-4 显示，出口规模的扩张使得我国对外贸易隐含 NH_3 的环境贸易赤字额在 14 年间增加了 185.63 万吨，占此期间 NH_3 环境贸易赤字增长总量的 2299.31%，远远超过了进口规模效应，甚至超过了我国 NH_3 排放强度下降对 NH_3 环境贸易赤字产生的负效应。尤其是加入 WTO 之后，随着出口规模的扩张，我国出口规模效应也日益凸显，导致 2001~2009 年 NH_3 环境贸易赤字增加额占 1995~2009 年整个研究期间内出口规模总效应的 78.11%。

进口结构效应（ISE）虽然不如出口规模效应（ECE）对我国 NH_3 环境贸易赤字的增加影响大，但也是导致我国 NH_3 环境贸易赤字增加的一个因素。其中，进口结构的变化导致 NH_3 环境贸易赤字在整个研究期间内增加了 22.01 万吨，这表明我国逐渐进口比较清洁的产品，导致进口隐含 NH_3 排放量减少，进而使得我国 NH_3 环境贸易赤字增加。

第三，进口来源区域排放强度效应（EII）和出口中间投入结构效应

（ETE）促使我国 NH_3 环境贸易赤字在分阶段 2001~2009 年和整个研究期间增加而导致其在分阶段 1995~2001 年减少。其中，表 6-4 显示，在加入 WTO 之前的 1995~2001 年，进口来源区域排放强度和进口中间投入结构的变化分别使得我国 NH_3 环境贸易赤字减少了 1.75 万吨和 10.62 万吨；而在加入 WTO 之后的 2001~2009 年却分别驱动我国 NH_3 环境贸易赤字增加了 22.13 万吨和 30.38 万吨，最终导致我国 NH_3 环境贸易赤字在整个研究期间 1995~2009 年的增加额占 1995~2009 年 NH_3 环境贸易赤字增长总量的 252.44% 和 244.79%。这意味着，加入 WTO 之前，我国中间投入结构逐渐改善，减少了出口隐含 NH_3 排放量，且国外 NH_3 排放强度呈现上升趋势，使得进口隐含 NH_3 排放量增加，进而均驱动我国 NH_3 环境贸易赤字减少。但在加入 WTO 之后，我国中间投入结构逐渐劣化，且国外 NH_3 排放强度呈现下降趋势，导致此期间内我国 NH_3 环境贸易赤字增加额大于 1995~2001 年的减少额，进而驱动我国 NH_3 环境贸易赤字在 1995~2009 年整个研究期间内增加。

第四，进口来源区域中间投入结构效应（ETI）促使我国 NH_3 环境贸易赤字在分阶段 2001~2009 年和整个研究期间内减少而在分阶段 1995~2001 年增加，但影响效应均很小。表 6-4 显示，进口来源区域中间投入结构效应（ETI）导致我国 NH_3 环境贸易赤字在 1995~2001 年最终增加了 0.55 万吨，而在 2001~2009 年减少了 1.05 万吨，最终导致 NH_3 环境贸易赤字在 1995~2009 年整个研究期间内减少了 0.50 万吨。这表明，近年来，国外生产过程的中间投入结构变化较小，形成了一定的生产模式，但在 2001 年前，其呈现稍微的优化趋势，减少了进口隐含 NH_3 排放量，而在 2001 年之后，却呈现一定的劣化趋势，增加了进口隐含 NH_3 排放量。

三、NO_X 和 SO_X 贸易平衡

第一，在整个研究期间和各分阶段，出口区域排放强度效应（EIE）和进口规模效应（ICE）是抑制我国空气污染物（NO_X 和 SO_X）环境贸易赤字快速增长的最主要因素，其次是出口结构效应（ESE）和进口来源区域中间投入结构效应（ETI）。其中，表 6-4 显示，我国空气污染物（NO_X 和 SO_X）污染排放强度的下降导致对外贸易隐含 NO_X 和 SO_X 的环境贸易赤字在整个研究期间分别减少了 479.91 万吨和 1405.20 万吨，分别约占 1995~

2009 年整个研究期间相应环境贸易赤字增长总量的−455.07%和−552.78%。尤其是加入 WTO 之后的 2001~2009 年，我国空气污染物排放强度效应更加凸显，导致 NO_X 和 SO_X 的环境贸易赤字减少额分别约占整个研究期间相应环境贸易赤字增长总量的−347.49%和−396.41%，即分别约占在整个研究期间内污染排放强度总效应的 76.36%和 71.71%。

表 6-4 显示，进口规模效应（ICE）使得 NO_X 和 SO_X 的环境贸易赤字额在 1995~2009 年减少了 252.49 万吨和 270.13 万吨，占该期间 NO_X 和 SO_X 的环境贸易赤字增长总量的−239.42%和−106.26%。在加入 WTO 之后的分阶段 2001~2009 年，进口规模对我国空气污染物环境贸易赤字的影响效应要明显高于加入 WTO 之前的分阶段 1995~2001 年的影响效应。在分阶段 2001~2009 年使得 NO_X 和 SO_X 环境贸易赤字减少额占整个研究期间内进口规模总效应的 84.54%和 82.36%。这表明，加入 WTO 之后，我国既重视出口贸易的拉动也注重进口贸易的推动作用，这也是我国利用好国内与国外两个市场所采用长期发展战略的需要，随着进口规模扩张，进口隐含空气污染物（NO_X 和 SO_X）排放量也增加，从而减少了我国 NO_X 和 SO_X 的环境贸易赤字额。

表 6-4 显示，出口结构效应（ESE）和进口来源区域中间投入结构效应（ETI）也是使我国 NO_X 和 SO_X 环境贸易赤字在整个研究期间与各分阶段均减少的一个因素，但对其影响效应较小。这意味着，我国隐含 NO_X 和 SO_X 排放量较少的出口产品所占的比重逐渐增大，从而减少了我国出口隐含 NO_X 和 SO_X 排放量，抑制了 NO_X 和 SO_X 环境贸易赤字的增加。同时，国外生产过程中中间投入结构呈现一定劣化趋势，增加了进口隐含 NO_X 和 SO_X 排放量，因此减少了 NO_X 和 SO_X 的环境贸易赤字额。

第二，在整个研究期间和各分阶段，出口规模效应（ECE）是驱动我国 NO_X 和 SO_X 环境贸易赤字快速增长的最主要因素，其次是进口来源区域排放强度效应（EII）和出口中间投入结构效应（ETE）。表 6-4 显示，出口规模的扩张使得我国对外贸易隐含 NO_X 和 SO_X 的环境贸易赤字额在 14 年间分别增加了 615.61 万吨和 1270.35 万吨，占此期间 NO_X 和 SO_X 环境贸易赤字增长总量的 583.74%和 499.73%。尤其是我国加入 WTO 之后，随着出口规模的扩张，我国出口规模效应也日益凸显，使得 2001~2009 年 NO_X 和 SO_X 环境贸易赤字增加额占 1995~2009 年整个研究期间出口规模总效应的 81.26%和 78.59%。

进口来源区域空气污染物（NO_X 和 SO_X）排放强度效应（EII）和出口中间投入结构效应（ETE）并没有出口规模效应的效果那么明显，但也是导致我国 NO_X 和 SO_X 环境贸易赤字增加的一个较重要的因素。其中，表 6-4 显示，进口来源区域空气污染物排放强度效应（EII）导致我国 NO_X 和 SO_X 环境贸易赤字额在整个研究期间内分别增加了 125.00 万吨和 196.26 万吨。排放强度效应（FII）对我国空气污染物环境贸易赤字的影响主要出现在 2001~2009 年，导致此期间 NO_X 和 SO_X 的环境贸易赤字增加额占 1995~2009 年整个研究期间排放强度效应（FII）的 97.76% 和 92.72%。这意味着，近年来随着国外空气污染物排放强度的下降，导致我国进口隐含空气污染物排放量减少，进而增加我国空气污染物的环境贸易赤字额。出口中间投入结构效应（ETE）导致我国 NO_X 和 SO_X 的环境贸易赤字在 1995~2009 年的增加额占此期间 NO_X 和 SO_X 环境贸易赤字增长总量的 115.41% 和 204.89%。且由于 2001~2009 年我国中间投入结构的变化导致空气污染物（NO_X 和 SO_X）的环境贸易赤字增加额占 1995~2009 年整个研究期间内的 92.66% 和 92.88%，这意味着国内中间投入结构逐渐劣化，使用空气污染物强度较高的产品，导致出口产品隐含空气污染排放量的增加，进而增加了我国空气污染物的环境贸易赤字额，尤其是加入 WTO 之后，ETE 更加明显。

第三，进口结构效应（ISE）对我国空气污染物环境贸易赤字的影响较小，且在整个研究期间和各分阶段增加了我国 SO_X 的环境贸易赤字额，也轻微地增加了分阶段 1995~2001 年 NO_X 环境贸易赤字额，但减少了整个研究期间和分阶段 2001~2009 年 NO_X 的环境贸易赤字额。这意味着，隐含 SO_X 量比较少而隐含 NO_X 量比较多的进口产品所占比重逐渐增大，且每个国家生产过程中处理不同污染物的技术不同，导致产品中隐含不同污染物的量也不同。

表 6-4　中国 CO_2 和三种污染物环境赤字增长结构分解

污染物	阶段	EII	ETI	ISE	ICE	EIE	ETE	ESE	ECE	TE
CO_2	1995~2001	10.38 (−1.85)	7.46 (−1.33)	−0.63 (0.11)	92.41 (−16.49)	395.45 (−70.58)	−36.92 (6.59)	3.28 (−0.59)	−364.97 (65.14)	106.46 (−19.00)
	2001~2009	−186.85 (33.35)	−88.54 (15.80)	−0.54 (0.10)	522.02 (−93.17)	1288.14 (−229.91)	−571.58 (102.02)	−7.93 (1.42)	−1621.46 (289.40)	−666.75 (119.00)
	1995~2009	−176.47 (31.50)	−81.08 (14.47)	−1.17 (0.21)	614.43 (−109.66)	1683.59 (−300.49)	−608.50 (108.61)	−4.65 (0.83)	−1986.43 (354.54)	−560.29 (100)

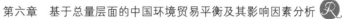

污染物	阶段	EII	ETI	ISE	ICE	EIE	ETE	ESE	ECE	TE
NH₃	1995~2001	1.75 (−21.73)	−0.55 (6.77)	−5.73 (70.93)	11.73 (−145.33)	18.01 (−223.08)	10.62 (−131.58)	27.13 (−336.02)	−40.62 (503.19)	22.35 (−276.86)
	2001~2009	−22.13 (274.17)	1.05 (−12.96)	−16.29 (201.72)	71.16 (−881.45)	78.45 (−971.69)	−30.38 (376.37)	32.73 (−405.43)	−145.00 (1796.12)	−30.42 (376.86)
	1995~2009	−20.38 (252.44)	0.50 (−6.19)	−22.01 (272.65)	82.89 (−1026.78)	96.46 (−1194.77)	−19.76 (244.79)	59.86 (−741.45)	−185.63 (2299.31)	−8.07 (100)
NOₓ	1995~2001	−2.80 (2.66)	2.44 (−2.32)	−1.39 (1.32)	39.03 (−37.01)	113.46 (−107.58)	−8.93 (8.47)	4.20 (−3.99)	−115.38 (109.41)	30.63 (−29.04)
	2001~2009	−122.20 (115.87)	5.88 (−5.57)	3.68 (−3.49)	213.46 (−202.40)	366.46 (−347.49)	−112.78 (106.94)	9.65 (−9.15)	−500.23 (474.33)	−136.09 (129.04)
	1995~2009	−125.00 (118.53)	8.32 (−7.89)	2.28 (−2.17)	252.49 (−239.42)	479.91 (−455.07)	−121.71 (115.41)	13.85 (−13.13)	−615.61 (583.74)	−105.46 (100)
SOₓ	1995~2001	−14.27 (5.61)	8.59 (−3.38)	−1.17 (0.46)	47.64 (−18.74)	397.50 (−156.37)	−37.07 (14.58)	2.65 (−1.04)	−271.94 (106.97)	131.94 (−51.90)
	2001~2009	−181.98 (71.59)	42.82 (−16.84)	−3.63 (1.43)	222.49 (−87.52)	1007.71 (−396.41)	−483.77 (190.31)	8.64 (−3.40)	−998.42 (392.76)	−386.15 (151.90)
	1995~2009	−196.26 (77.20)	51.41 (−20.22)	−4.80 (1.89)	270.13 (−106.26)	1405.20 (−552.78)	−520.84 (204.89)	11.30 (−4.44)	−1270.35 (499.73)	−254.21 (100)

注：CO_2 排放量的单位为百万吨（MT），而 NH_3、NO_x 和 SO_x 三种污染物排放量的单位为万吨。且括号内表示该变量数值占整个研究期内相应污染物环境贸易平衡变化总量的比重，单位为%。EII、ETI、ISE、ICE、EIE、ETE、ESE、ECE 和 TE 分别为进口来源区域排放强度效应、进口来源区域中间投入结构效应、进口结构效应、进口规模效应、出口区域排放强度效应、出口区域中间投入结构效应、出口结构效应、出口规模效应和总效应的简称。

数据来源：笔者计算所得。

第三节　PTT 变化的动态分析

本节分别基于单区域（进口）非竞争型投入产出表（SRIO）和基于多区域（进口）非竞争型投入产出表（MRIO），根据第二章式（2-16）与第五章式（5-17），分别测算得到中国单位进出口隐含排放量和污染贸易条件（PTT），得到的结果如表 6-5、表 6-6 和表 6-7 所示。

一、CO_2 贸易条件

第一，1995~2009 年我国单位出口隐含 CO_2 量一直大于 1 但呈现持续下降趋势。表 6-5 显示，单位出口隐含 CO_2 量从 1995 年的 3.55 持续下降至 2009 年的 1.13，下降幅度达 68.17%。这表明，随着生产技术的进步和能源利用效率的提高，我国 CO_2 排放强度持续下降，导致单位出口隐含 CO_2 量减少。

第二，1995~2009 年基于 SRIO 测算的我国单位进口隐含 CO_2 量一直大于 1，而基于 MRIO 测算的我国单位进口隐含 CO_2 量一直小于 1，但两者均呈下降趋势。表 6-5 显示，基于 SRIO 和 MRIO 测算的我国单位进口隐含 CO_2 量分别从 1995 年的 4.02 和 0.66 下降至 2009 年的 1.32 和 0.43，下降幅度分别达 67.16% 和 34.85%。这表明，随着自由贸易的迅速发展和技术的不断进步，各国 CO_2 排放强度呈下降趋势，进而使得单位产品中隐含 CO_2 量呈下降趋势，对臭氧层造成的影响变小。总体来说，我国国内 CO_2 排放强度明显高于国外，但下降幅度明显要高于国外。

第三，1995~2009 年基于 SRIO 测算的我国 CO_2 的贸易条件一直小于 1 且围绕 0.87 窄幅波动，而基于 MRIO 测算的我国 CO_2 的贸易条件却一直大于 1 但呈下降趋势。表 6-5 显示，基于 SRIO 测算的我国 CO_2 的贸易条件小于 1 而基于 MRIO 测算的我国 CO_2 的贸易条件大于 1，这表明采用我国 CO_2 排放强度和中间投入结构测算将高估我国进口隐含 CO_2 量，进而低估我国 CO_2 的贸易条件，也意味着我国已经成为其他国家的"CO_2 污染避难所"。但由于我国 CO_2 排放强度下降幅度明显高于国外 CO_2 排放强度下降幅度，使得基于 MRIO 测算的我国 CO_2 的贸易条件从 1995 年的 5.37 下降至 2009 年的 2.65，下降幅度达 50.65%。

表 6-5 中国温室气体（CO_2）的贸易条件变化趋势

年份	CO_2				
	单位出口含污量	单位进口含污量（SR）	单位进口含污量（MR）	污染贸易条件（SR）	污染贸易条件（MR）
1995	3.55	4.02	0.66	0.88	5.37
1996	3.20	3.64	0.70	0.88	4.56
1997	2.81	3.27	0.71	0.86	3.93

续表

年份	CO$_2$				
	单位出口含污量	单位进口含污量 (SR)	单位进口含污量 (MR)	污染贸易条件 (SR)	污染贸易条件 (MR)
1998	2.83	3.38	0.80	0.84	3.54
1999	2.49	2.94	0.82	0.85	3.05
2000	2.15	2.52	0.78	0.85	2.76
2001	2.00	2.33	0.80	0.86	2.51
2002	1.93	2.26	0.79	0.85	2.45
2003	1.91	2.22	0.70	0.86	2.73
2004	1.84	2.06	0.61	0.89	3.04
2005	1.71	1.95	0.54	0.88	3.14
2006	1.55	1.76	0.47	0.88	3.30
2007	1.34	1.52	0.43	0.88	3.10
2008	1.14	1.30	0.37	0.88	3.07
2009	1.13	1.32	0.43	0.86	2.65

注：SR 表示基于单区域（进口）非竞争型投入产出表测算中国进口隐含排放量；MR 表示基于多区域（进口）非竞争型投入产出表，即基于全球投入产出表测算中国进口隐含排放量。

数据来源：笔者计算所得。

二、NH$_3$ 贸易条件

第一，1995~2009 年，我国单位出口隐含 NH$_3$ 量呈现持续下降趋势且至 2008 年下降至 1 以下。表 6-6 显示，单位出口隐含 NH$_3$ 量从 1995 年的 4.28 持续下降至 2007 年的 1.06，之后继续呈现下降趋势，至 2008 年达最小值 0.83，但之后却呈现恶化趋势，2009 年上升至 0.91 但仍小于 1。总体来看，样本期间内，单位出口隐含 NH$_3$ 量下降幅度达 78.74%。这表明，随着生产技术的进步和能源利用效率的提高，我国 NH$_3$ 排放强度呈现大幅度下降，导致单位出口隐含 NH$_3$ 量减少。

第二，1995~2009 年基于 SRIO 测算的我国单位进口隐含 NH$_3$ 量呈持续下降趋势，而基于 MRIO 测算的我国单位进口隐含 NH$_3$ 量一直小于 1 且呈下降趋势。表 6-6 显示，基于 SRIO 测算的我国单位进口隐含 NH$_3$ 量与单位出口隐含 NH$_3$ 量的变化趋势相同，均从 1995 年持续下降至 2008 年，且 2008 年下降至 1 以下，2009 年虽呈现上升趋势但仍小于 1，总体下降幅度达 72.83%。而基于 MRIO 测算的我国单位进口隐含 NH_3 量从 1995 年的 0.91 下降至 2009 年的 0.51，下降幅度达 43.96%。这表明，随着自由贸易的迅速发展和人类技术的不断进步，各国 NH_3 排放强度呈下降趋势，进而使得单位产品中隐含 NH_3 量呈下降趋势，对水环境造成的影响变小。总体来说，我国 NH_3 排放强度明显高于国外，但下降幅度明显要高于国外。

第三，1995~2009 年基于 SRIO 测算的我国 NH_3 的贸易条件围绕 1 窄幅波动且在 2007 年下降至 1 以下，而基于 MRIO 测算的我国 NH_3 的贸易条件却一直大于 1 但呈下降趋势。表 6-6 显示，基于 SRIO 测算的我国 NH_3 的贸易条件在 2007 年之前一直大于 1，围绕 1.13 呈窄幅波动，但从 2007 年起，其下降至 1 以下。而基于 MRIO 测算的 NH_3 的贸易条件却一直大于 1，但上述两点显示，我国 NH_3 排放强度下降幅度大于国外 NH_3 排放

表 6-6 中国水污染物（NH_3）的贸易条件变化趋势

年份	NH_3				
	单位出口含污量	单位进口含污量（SR）	单位进口含污量（MR）	污染贸易条件（SR）	污染贸易条件（MR）
1995	4.28	3.46	0.91	1.24	4.72
1996	3.70	3.09	0.84	1.20	4.42
1997	2.91	2.63	0.78	1.10	3.70
1998	2.66	2.39	0.79	1.11	3.34
1999	2.53	2.25	0.80	1.13	3.15
2000	2.07	1.86	0.79	1.11	2.62
2001	1.90	1.68	0.79	1.13	2.40
2002	1.85	1.53	0.69	1.20	2.69
2003	1.69	1.45	0.64	1.16	2.64
2004	1.44	1.36	0.62	1.06	2.30
2005	1.40	1.29	0.56	1.09	2.48
2006	1.29	1.23	0.55	1.05	2.36
2007	1.06	1.06	0.55	0.99	1.92
2008	0.83	0.90	0.49	0.92	1.70
2009	0.91	0.94	0.51	0.97	1.77

注：SR 表示基于单区域（进口）非竞争型投入产出表测算中国进口隐含排放量；MR 表示基于多区域（进口）非竞争型投入产出表，即全球投入产出表测算中国进口隐含排放量。

数据来源：笔者计算所得。

强度，使得 NH_3 的贸易条件整体上从 1995 年的 4.72 下降至 2009 年的 1.77，下降幅度达 62.50%。这表明采用我国 NH_3 排放强度和中间投入结构测算将高估我国进口隐含 NH_3 量，进而低估我国 NH_3 的贸易条件，也意味着我国已经成了其他国家的" NH_3 污染避难所"。

三、NO_X 和 SO_X 贸易条件

第一，1995~2009 年，我国单位出口隐含 NO_X 和 SO_X 量呈现较大幅度的下降趋势但均大于 1。表 6-7 显示，单位出口隐含 NO_X 和 SO_X 量分别从 1995 年的 11.10 和 28.46 下降至 2009 年的 3.23 和 6.40，下降幅度达 70.90% 和 77.51%，这表明生产过程中处理空气污染物的技术水平的提高与能源利用效率的提升，使得单位产品中隐含空气污染物的量呈现快速下降趋势，但仍处于比较高的水平，说明我国减排还存在较大的操作空间。

第二，1995~2009 年基于 SRIO 测算的我国单位进口隐含 NO_X 和 SO_X 量明显高于基于 MRIO 测算的我国单位进口隐含 NO_X 和 SO_X 量，且均大于 1 但均呈下降趋势。表 6-7 显示，1995 年，基于 SRIO 测算的我国单位进口隐含 NO_X 和 SO_X 量分别约是基于 MRIO 测算的我国单位进口隐含 NO_X 和 SO_X 量的 4 倍和 10 倍，此后随着前者的下降幅度（年均下降幅度分别达 8.46% 和 10.28%）明显大于后者的下降幅度（年均下降幅度分别为 3.53% 和 5.06%），使得两者之间的差距逐渐缩小，但前者仍分别是后者的 1 倍和 4 倍左右。这表明，随着自由贸易的迅速发展和人类技术的不断进步，各国 NH_3 排放强度呈下降趋势，进而使得单位产品中隐含空气污染物量呈下降趋势，对空气环境造成的影响变小。我国 NO_X 和 SO_X 排放强度明显高于其他国家，但下降速度也明显快于其他国家。

第三，1995~2009 年基于 SRIO 测算的我国 NO_X 和 SO_X 的贸易条件小于 1，分别围绕 0.93 和 0.88 窄幅波动，而基于 MRIO 测算的我国 NO_X 和 SO_X 的贸易条件却一直大于 1 但呈下降趋势。表 6-7 显示，1995~2009 年基于 SRIO 测算的我国 NO_X 和 SO_X 的贸易条件分别围绕 0.93 和 0.88 窄幅波动。而基于 MRIO 测算的 NO_X 和 SO_X 贸易条件却一直大于 1，但由于我国国内 NO_X 和 SO_X 排放强度下降幅度大于国外 NO_X 和 SO_X 的排放强度，使得 NO_X 和 SO_X 的贸易条件整体上分别从 1995 年的 3.96 和 8.59 下降至 2009 年的 1.90 和 4.00，下降幅度分别达 52.02% 和 53.43%。但是，在整个研究期

间内，我国空气污染物的污染贸易条件一直大于1，意味着我国已经成了其他国家的"NO_x和SO_x污染避难所"。对比两种模型得到的结果可知，采用我国NO_x和SO_x的排放强度和中间投入结构测算将高估进口隐含NO_x和SO_x量，进而低估我国NO_x和SO_x的贸易条件。

表6-7　中国空气污染物（NO_x和SO_x）的贸易条件变化趋势

年份	NO_x					SO_x				
	单位出口含污量	单位进口含污量(SR)	单位进口含污量(MR)	污染贸易条件(SR)	污染贸易条件(MR)	单位出口含污量	单位进口含污量(SR)	单位进口含污量(MR)	污染贸易条件(SR)	污染贸易条件(MR)
1995	11.10	11.96	2.81	0.93	3.96	28.46	33.15	3.31	0.86	8.59
1996	10.16	11.08	2.84	0.92	3.57	25.25	29.44	3.29	0.86	7.67
1997	8.99	10.16	2.85	0.89	3.15	21.08	25.13	3.27	0.84	6.46
1998	9.24	10.55	3.26	0.88	2.83	20.27	24.66	3.62	0.82	5.60
1999	8.32	9.43	3.28	0.88	2.54	17.18	20.91	3.60	0.82	4.77
2000	6.98	7.76	2.96	0.90	2.36	14.34	17.22	3.50	0.83	4.10
2001	6.45	7.09	3.03	0.91	2.13	12.92	15.32	3.45	0.84	3.75
2002	6.29	6.88	3.04	0.92	2.07	12.09	14.44	3.35	0.84	3.61
2003	6.16	6.65	2.58	0.93	2.38	11.95	14.32	2.88	0.83	4.15
2004	5.01	5.15	2.34	0.97	2.14	9.35	10.28	2.37	0.91	3.95
2005	4.58	4.71	2.13	0.97	2.15	8.55	9.19	2.11	0.93	4.06
2006	4.16	4.28	2.02	0.97	2.06	7.65	8.14	1.90	0.94	4.03
2007	3.52	3.69	1.96	0.95	1.80	6.50	7.06	1.72	0.92	3.79
2008	3.17	3.44	1.54	0.92	2.06	6.32	7.15	1.49	0.88	4.23
2009	3.23	3.47	1.70	0.93	1.90	6.40	7.26	1.60	0.88	4.00

注：SR表示基于单区域（进口）非竞争型投入产出表测算中国进口隐含排放量；MR表示基于多区域（进口）非竞争型投入产出表，即全球投入产出表测算中国进口隐含排放量。
数据来源：笔者计算所得。

四、与已有研究成果的比较

张友国（2009）、彭水军和刘安平（2010）采用单区域（进口）非竞争型投入产出表分别测算了1987~2006年和1997~2005年SO_2的污染贸易条件，由于受排放数据的限制，他们采用中国的排放系数与中间投入结构系数测算单位进口隐含排放量，但中国生产技术还比较低，排放系数和中间投入结构系数明显高于发达国家甚至可能高于一些发展中国家，进而高估单位进口隐含排放量，最终将低估污染贸易条件。结果也显示，张友国（2009）、彭水军和刘安平（2010）测算的污染贸易条件小于1，明显低于本书测算的污染贸易条件。不过，张友国（2009）、彭水军和刘安平（2010）测算的污染贸易条件呈现恶化趋势，而本书却呈现下降趋势，原因是随着经济全球化的发展，中国生产技术逐渐提高以及减排力度的加大，导致排放系数与中间投入结构系数逐渐下降，且其下降幅度要明显低于国外下降幅度，使得采用单区域模型测算的中国单位进口隐含排放量下降幅度高于单位出口隐含排放量下降幅度，而采用多区域模型测算的中国单位进口隐含排放量下降幅度低于单位出口隐含排放量下降幅度（具体结果见本章第四节的SDA分析），进而呈现不同的变化趋势。

第四节　PTT 变化的 SDA 分析

1995~2009年，我国虽为环境赤字国，对外贸易加剧了我国环境的恶化，但其污染贸易条件却呈急剧下降趋势。因此，本节同样利用SDA方法对1995~2009年基于MRIO模型测算的污染贸易条件进行分析，具体结果如表6-8所示。

一、CO_2 贸易条件

第一，出口区域 CO_2 排放强度效应（EIE）和进口品来源国结构效应（ISS）是导致我国 CO_2 贸易条件在整个研究期内和各分阶段均下降的主要因素。表6-8显示，我国 CO_2 排放强度效应导致 CO_2 贸易条件在整个研究期间下降了4.98，占此期间 CO_2 贸易条件下降总额的182.85%。进口品来源国结构效应（ISS）导致 CO_2 贸易条件在整个研究期间下降了0.41，占此期间 CO_2 贸易条件下降总额的14.91%，该效应主要发生在1995~2001年，导致此期间内 CO_2 贸易条件的下降额占整个研究期间ISS的68.29%。

第二，出口区域中间投入结构效应（ETE）和进口结构效应（ISE）是驱动我国 CO_2 贸易条件在整个研究期内和各分阶段增加的主要因素。

表 6-8 显示，我国中间投入结构效应导致 CO_2 贸易条件在整个研究期内增加了 1.30，已经成为促使我国 CO_2 贸易条件上升的重要因素。这表明，我国中间投入利用效率不高或者使用了隐含 CO_2 更高的产品，导致单位出口隐含 CO_2 量增加，进而恶化我国 CO_2 贸易条件，尤其是我国加入 WTO 之后的 2001~2009 年，导致 CO_2 贸易条件增加量占 1995~2009 年整个研究期间内 ETE 的 84.62%。进口结构效应（ISE）并没有我国中间投入结构效应那么明显，但也导致 CO_2 贸易条件在整个研究期间内增加了 0.06。这表明，我国逐渐进口隐含 CO_2 较少的产品，使得单位进口隐含 CO_2 量下降，进而恶化我国 CO_2 贸易条件。ISE 主要发生在 2001~2009 年，导致 CO_2 贸易条件增加量占 1995~2009 年整个研究期间内 ISE 的 66.67%。

第三，进口来源区域 CO_2 排放强度效应（EII）和进口来源区域中间投入结构效应（ETI）驱动我国 CO_2 贸易条件在整个研究期间和分阶段 2001~2009 年增加，而在分阶段 1995~2001 年小幅度减少。表 6-8 显示，进口来源区域 CO_2 排放强度和进口来源区域中间投入结构的变化分别导致我国 CO_2 贸易条件在分阶段 2001~2009 年增加了 0.96 和 0.82，明显高于分阶段 1995~2001 年的减少额 0.27 和 0.19。

第四，出口结构效应（ESE）对 CO_2 贸易条件的影响效应较小，导致 CO_2 贸易条件在整个研究期间和分阶段 1995~2001 年下降，而在分阶段 2001~2009 年增加。出口结构的变化导致 CO_2 贸易条件在 1995~2001 年减少了 0.03，高于 2001~2009 年增加额 0.02，其在整个研究期间内降低 0.01。这意味着，我国加入 WTO 之前逐渐出口隐含 CO_2 量较少的产品，优化出口结构，而在加入 WTO 之后却出口隐含 CO_2 量较多的产品，出口结构逐渐劣化。

二、NH_3 贸易条件

第一，出口区域 NH_3 排放强度效应（EIE）、出口结构效应（ESE）和进口品来源国结构效应（ISS）是导致我国 NH_3 贸易条件在整个研究期内和各分阶段均下降的主要因素。表 6-8 显示，由我国 NH_3 排放强度的下降导致 NH_3 贸易条件在整个研究期间下降了 2.52，占此期间 NH_3 贸易条件下降总额的 85.16%。尤其是 2001~2009 年，EIE 对 NH_3 贸易条件产生较大的效应，此期间效应占 1995~2009 年 EIE 的 61.51%。出口结构的变化导致

NH$_3$ 贸易条件在 1995~2009 年下降了 1.91，占此期间 NH$_3$ 贸易条件下降总额的 64.77%。特别是在 1995~2001 年由于逐渐出口隐含 NH$_3$ 量较低的产品，使得此期间导致 NH$_3$ 贸易条件下降额占 1995~2009 年整个研究期间内的 69.63%。进口品来源国结构效应（ISS）导致 NH$_3$ 贸易条件在整个研究期间下降了 1.05，占此期间 NH$_3$ 贸易条件下降总额的 35.72%。ISS 主要发生在 2001~2009 年，此期间内 ISS 导致 NH$_3$ 贸易条件的下降额占整个研究期间内的 60.95%。

第二，进口结构效应（ISE）是驱动我国 NH$_3$ 贸易条件在整个研究期内和各分阶段增加的主要因素。由于进口产品结构的变化导致 NH$_3$ 贸易条件在整个研究期间内增加了 2.07，约占此期间内 NH$_3$ 贸易条件下降总量的 -70.03%。这表明，我国逐渐进口隐含 NH$_3$ 量比较少的清洁产品，使得单位进口含 NH$_3$ 量下降，进而恶化我国 NH$_3$ 贸易条件。

第三，出口区域中间投入结构效应（ETE）和进口来源区域 NH$_3$ 排放强度效应（EII）是导致我国 NH$_3$ 贸易条件在整个研究期间内和分阶段 2001~2009 年上升而在分阶段 1995~2001 年下降的两个因素。表 6-8 显示，在分阶段 2001~2009 年，我国中间投入结构和进口来源区域 NH$_3$ 排放强度的变化导致 NH$_3$ 贸易条件分别增加了 0.54 和 0.73，明显高于其在分阶段 1995~2001 年的减少额 0.53 和 0.39，这两种因素分别导致 NH$_3$ 贸易条件在 1995~2009 年整个研究期间内的增加额占此期间 NH$_3$ 贸易条件下降总量的 -0.39% 和 -11.43%。这表明，整体来看，我国中间投入产品结构在加入 WTO 之后利用较多隐含 NH$_3$ 排放强度较高的产品，使得出口产品隐含 NH$_3$ 量较多，恶化了 NH$_3$ 贸易条件。

第四，进口来源区域中间投入结构效应（ETI）对 NH$_3$ 贸易条件的影响效应相对较小，导致 NH$_3$ 贸易条件在整个研究期间和分阶段 1995~2001 年增加，而在分阶段 2001~2009 年减少。表 6-8 显示，国外中间投入结构的变化导致 NH$_3$ 贸易条件在 1995~2001 年增加了 0.13，高于 2001~2009 年减少额 0.02，使其在整个研究期间内增加了 0.11。

三、NO$_X$ 和 SO$_X$ 贸易条件

第一，出口区域排放强度效应（EIE）是导致我国 NO$_X$ 和 SO$_X$ 贸易条件在整个研究期内和各分阶段均下降的最主要因素，其次是进口品来源国

结构效应（ISS）和出口结构效应（ESE）。表6-8显示，由我国 NO_x 和 SO_x 排放强度的下降分别导致 NO_x 和 SO_x 贸易条件在整个研究期间下降了 3.61 和 10.30，占此期间 NO_x 和 SO_x 贸易条件下降总额的 175.70% 和 224.62%。进口品来源国结构效应（ISS）导致 NO_x 和 SO_x 贸易条件在整个研究期间下降了 0.56 和 1.16，占此期间 NO_x 和 SO_x 贸易条件下降总额的 27.15% 和 25.38%。出口结构效应（ESE）并没有进口品来源国结构效应（ISS）那么明显，但其变化导致 NO_x 和 SO_x 贸易条件也分别在 1995~2009 年下降了 0.14 和 0.12，占此期间 NO_x 和 SO_x 贸易条件下降总额的 6.57% 和 2.63%。

第二，进口来源区域排放强度效应（EII）是驱动我国 NO_x 和 SO_x 贸易条件在整个研究期内和各分阶段增加的最主要因素，其次是出口区域中间投入结构效应（ETE）和进口结构效应（ISE）。表6-8显示，进口来源区域 NO_x 和 SO_x 排放强度的下降分别导致 NO_x 和 SO_x 贸易条件在整个研究期间内增加了 1.44 和 4.94，已经成为促使我国 NO_x 和 SO_x 贸易条件上升的重要因素。这表明国外 NO_x 和 SO_x 的排放强度下降幅度较大，减少了我国进口隐含 NO_x 和 SO_x 排放量，进而恶化了我国 NO_x 和 SO_x 贸易条件。EII 主要发生在 2001~2009 年，此期间内对 NO_x 和 SO_x 贸易条件产生效应分别占 1995~2009 年 EII 的 91.67% 和 77.13%。

我国中间投入结构的变化导致 NO_x 和 SO_x 贸易条件在整个研究期间内分别增加了 0.67 和 2.84，且该效应主要体现在分阶段 2001~2009 年，此期间的效应占 1995~2009 年该效应的 80.60% 和 84.86%。进口结构效应（ISE）比出口区域中间投入结构效应更加不明显，但也是导致我国 NO_x 和 SO_x 贸易条件在整个研究期间和各分阶段均增加的一个因素，使得其在整个研究期间内分别增加了 0.08 和 0.26。这表明，近年来，我国逐渐倾向于进口隐含空气污染物量较少的产品，使得单位进口隐含空气污染物量减少，进而恶化了空气污染物的贸易条件。

第三，进口来源区域中间投入结构效应（ETI）是导致我国 SO_x 贸易条件在整个研究期间内、各分阶段以及 NO_x 贸易条件在分阶段 1995~2001 年下降，进而导致在整个研究期间和分阶段 2001~2009 年增加的一个因素。表6-8显示，国外中间投入结构的变化对不同污染物以及同一污染物不同时期的影响效应不同。这表明，在生产过程中，中间投入利用效率与处理不同空气污染物的技术水平在不同时期或者不同国家均存在差异，进而导致产品中隐含不同空气污染物的量存在差异，使得 ETI 对我国不同空气污染物的贸易条件产生不同的影响效应。

表6-8　中国 CO_2 和三种污染物的贸易条件的结构分解

污染物	阶段	EIE	ETE	ESE	EII	ETI	ISE	ISS	TE
CO_2	1995 ~ 2001	-2.31 (84.77)	0.20 (-7.40)	-0.03 (1.16)	-0.27 (9.99)	-0.19 (6.91)	0.02 (-0.59)	-0.28 (10.24)	-2.86 (105.09)
	2001 ~ 2009	-2.67 (98.08)	1.10 (-40.34)	0.02 (-0.65)	0.96 (-35.04)	0.82 (-30.25)	0.04 (-1.55)	-0.13 (4.66)	0.14 (-5.09)
	1995 ~ 2009	-4.98 (182.85)	1.30 (-47.74)	-0.01 (0.51)	0.68 (-25.05)	0.64 (-23.34)	0.06 (-2.14)	-0.41 (14.91)	-2.73 (100)
NH_3	1995 ~ 2001	-0.97 (32.74)	-0.53 (17.80)	-1.33 (45.16)	-0.39 (13.35)	0.13 (-4.39)	1.19 (-40.46)	-0.42 (14.18)	-2.31 (78.39)
	2001 ~ 2009	-1.55 (52.42)	0.54 (-18.19)	-0.58 (19.61)	0.73 (-24.78)	-0.02 (0.57)	0.87 (-29.57)	-0.64 (21.55)	-0.64 (21.61)
	1995 ~ 2009	-2.52 (85.16)	0.01 (-0.39)	-1.91 (64.77)	0.34 (-11.43)	0.11 (-3.82)	2.07 (-70.03)	-1.05 (35.72)	-2.95 (100)
NO_x	1995 ~ 2001	-1.65 (80.26)	0.12 (-5.96)	-0.07 (3.40)	0.12 (-5.89)	-0.11 (5.18)	0.07 (-3.24)	-0.31 (15.07)	-1.83 (88.81)
	2001 ~ 2009	-1.96 (95.44)	0.54 (-26.47)	-0.07 (3.18)	1.32 (-64.06)	0.17 (-8.29)	0.01 (-0.69)	-0.25 (12.08)	-0.23 (11.19)
	1995 ~ 2009	-3.61 (175.70)	0.67 (-32.44)	-0.14 (6.57)	1.44 (-69.95)	0.06 (-3.11)	0.08 (-3.93)	-0.56 (27.15)	-2.06 (100)
SO_x	1995 ~ 2001	-4.98 (108.67)	0.43 (-9.40)	-0.05 (0.98)	1.12 (-24.50)	-0.64 (13.87)	0.09 (-2.07)	-0.83 (18.02)	-4.84 (105.57)
	2001 ~ 2009	-5.32 (115.95)	2.41 (-52.45)	-0.08 (1.65)	3.81 (-83.15)	-0.40 (8.68)	0.17 (-3.61)	-0.34 (7.36)	0.26 (-5.57)
	1995 ~ 2009	-10.30 (224.62)	2.84 (-61.86)	-0.12 (2.63)	4.94 (-107.65)	-1.03 (22.56)	0.26 (-5.68)	-1.16 (25.38)	-4.59 (100)

注：污染贸易条件为相对量，没有单位，而括号里面的是该变量的数值占1995~2009年相应污染物的污染贸易条件变化总量的比重，单位为%。EIE、ETE、ESE、EII、ETI、ISE、ISS 和 TE 分别为出口区域排放强度效应、出口区域中间投入结构效应、出口结构效应、进口来源区域排放强度效应、进口来源区域中间投入结构效应、进口结构效应、进口品来源国结构效应和总效应的简称。
数据来源：笔者计算所得。

第五节 小 结

    首先，本章从进口与出口两个方面讨论了对外贸易对中国温室气体（CO_2）、水污染物（NH_3）和空气污染物（NO_X 和 SO_X）排放量的影响。结果发现，从绝对量上来看，在整个研究期间内，进出口隐含 CO_2、NH_3、NO_X 和 SO_X 排放量均呈现增加的态势，尤其是中国加入 WTO 之后，其增长速度明显高于中国加入 WTO 之前（1995~2001 年）。不过，受金融危机的影响，至 2009 年均出现不同幅度的下降趋势。这表明，中国应坚持走对外开放的道路，把"引进来"和"走出去"更好地结合起来，利用好国外、国内"两个市场，两种资源"。

    从相对量来看，出口隐含温室气体（CO_2）和空气污染物（NO_X 和 SO_X）排放量的比重在整个期间内达 20%（约为 1/5）以上，尤其是在中国加入 WTO 之后，呈现迅速的攀升，如出口隐含 CO_2 排放量的比重在 2007 年达到最大值 32.48%，已接近 1/3。但出口隐含水污染物（NH_3）排放量的比重却没有出口隐含温室气体和空气污染物排放量的比重那么高，整个研究期间，其比重达 10%以上，且在中国加入 WTO 以后迅速的攀升，在 2007 年达最大值 20.32%，约为 1/5；受金融危机的影响，2008~2009 年仍保持在 16%以上。这表明，出口对中国环境的影响力不断地加强，中国生产部门 CO_2、NO_X 和 SO_X 排放总量的 1/5 以上和 NH_3 排放总量的 1/10 以上均是为制造出口产品而排放的，且呈现不断恶化的趋势。而进口虽然对我国环境起到正面的影响，但进口隐含 CO_2、NH_3、NO_X 和 SO_X 排放量的比重远低于出口隐含 CO_2、NH_3、NO_X 和 SO_X 排放量的比重。

    其次，本章在进出口隐含污染物排放量的基础上，测算了中国环境贸易平衡（ETB），从绝对量上反映国际贸易对中国环境产生的影响，并对其进行相应的 SDA 分析。结果显示，1995~2009 年，我国对外贸易隐含 CO_2、NH_3、NO_X 和 SO_X 排放量的环境贸易平衡均表现为赤字状态，且赤字额在 1995~2009 年总体呈现上升趋势，表明对外贸易对我国环境存在不利影响且呈现不断增长的趋势，尤其是加入 WTO 之后，对外贸易已成为我国环境污染压力不断增加的一个重要因素。但总体而言，我国环境贸易赤字占相应污染物总排放量的比重呈现下降趋势。进一步对绝对量变化的影响因素分析发现，我国污染排放强度的下降一直是抑制 CO_2、NH_3、NO_x 和 SO_x 环境贸易赤字增加的最主要因素。同时，近年来进口规模的扩张对缓解我国环境贸易赤字的增加也起到了不容忽视的作用。而出口规模效应和进口来源区域排放强度效应是推动我国环境贸易赤字增加及近年来污染物排放快速增长的最主要原因。但进口规模效应要远小于出口规模效应。

最后，基于已有研究，本章进一步测算了中国污染贸易条件（PTT），从相对量上反映中国是否已经成为其他国家的"污染避难所"，并对其进行相应的 SDA 分析。结果发现，采用全球多区域投入产出表测算的我国 CO_2 和三种污染物的污染贸易条件明显高于采用单区域投入产出表测算的结果，尤其是两种方法反映的现象截然不同，前者在 1995~2009 年都大于 1，即意味着我国成为了其他国家的"污染避难所"，这与我国的贸易现状，处于低端加工贸易环节相对应。但后者却小于 1，意味着我国并没有成为其他国家的"污染避难所"，这不符合我国的贸易现状。通过对其污染贸易条件变化的影响因素分析发现，我国污染排放强度的下降是驱动 CO_2 和三种污染物贸易条件在整个研究期间和各分阶段均呈现下降趋势的最主要因素，进口品来源国结构变化是促使污染贸易条件下降的另外一个主要因素。但进口结构的变化和进口来源区域排放强度的下降却均是导致 CO_2 和三种污染物贸易条件在整个研究期内和各分阶段上升的主要因素。

第七章 基于部门层面的中国环境贸易平衡及其影响因素

第一节 各部门环境贸易平衡分析

一、出口隐含污染排放量

1. 出口隐含CO_2排放量

首先，整个研究期内，第二产业（SI）出口隐含CO_2排放量始终远远超过第一产业（FI）和第三产业（TI）出口隐含CO_2排放量。深入产业层面分析，如表7-1所示，第二产业出口隐含CO_2排放量从1995的530.07MT上升至2009年的1335.89MT，年均增长率达6.83%，其占所有产业出口隐含CO_2排放量的比重（PST）在1995~2009年达83%以上，1996年甚至达90%左右，可知，中国出口贸易隐含CO_2排放量主要由第二产业构成。分阶段来看，第二产业出口贸易隐含CO_2排放量整体呈现先下降后上升再下降的倒"N"型发展态势，即在1995~2001年下降了21.99MT；而加入WTO之后，在2001~2008年增加了1105.75MT；受金融危机的影响，2009年出现小幅度下降，下降了277.94MT。

1995~2009年，第三产业出口贸易隐含CO_2排放量也呈现增加趋势但相对较小，从1995年的55.02MT上升至2007年的190.92MT，再下降至2009年的170.30MT，其在整个研究期内年均增长率达8.41%。而第一产业出口贸易隐含CO_2排放量比第三产业出口隐含CO_2排放量更小，且在整个研究期间内呈现下降趋势，下降量达5.1MT。

其次，在整个研究期内，第二产业出口隐含 CO_2 排放量主要由制造业（MI）出口隐含 CO_2 排放量构成。表 7-1 显示，1995~2009 年制造业出口隐含 CO_2 排放量从 492.44MT 增加至 2009 年的 1304.68MT，其占第二产业出口隐含 CO_2 排放量的份额相应地从 92.90%上升至 97.66%。分阶段来看，制造业出口隐含 CO_2 排放量在整个研究期内整体呈现先降后升再降的倒 "N" 型发展态势，具体表现在加入 WTO 之前，制造业出口隐含 CO_2 排放量在 1995~2001 年下降了 13.99MT；而在加入 WTO 之后，其在 2001~2008 年持续上升，增加了 1087.88MT；之后受金融危机的影响，2009 年下降了 261.65MT。

不过，表 7-1 显示，采矿及采石（QI）、电力、煤气和水的供应业（GI）以及建筑业（CI）的出口隐含 CO_2 排放量分别从 1995 年的 19.62MT、14.68MT 和 3.33MT 变化至 2009 年的 11.08MT、11.47MT 和 8.66MT，相应

表 7-1　中国各产业出口隐含 CO_2 排放量

单位：MT

年份	FI	SI					TI	TO	PST (%)	PMS (%)
		QI	MI	GI	CI	SU				
1995	11.33	19.62	492.44	14.68	3.33	530.07	55.02	596.43	88.87	92.90
1996	8.63	16.78	462.17	13.92	1.79	494.66	46.30	549.58	90.01	93.43
1997	7.18	14.77	482.42	11.51	1.02	509.73	64.39	581.31	87.69	94.64
1998	5.95	11.62	486.00	10.14	1.19	508.95	73.14	588.04	86.55	95.49
1999	5.87	9.23	448.67	9.11	1.26	468.28	69.04	543.19	86.21	95.81
2000	5.83	15.94	488.25	10.45	1.65	516.29	79.14	601.27	85.87	94.57
2001	5.12	17.54	478.45	10.14	1.95	508.08	86.38	599.58	84.74	94.17
2002	6.27	20.46	553.23	12.20	2.75	588.64	109.62	704.53	83.55	93.98
2003	8.10	21.46	741.54	15.03	4.11	782.14	136.15	926.39	84.43	94.81
2004	6.38	22.09	994.07	17.15	6.15	1039.47	161.36	1207.21	86.11	95.63
2005	7.65	25.66	1198.20	17.28	7.83	1248.97	172.65	1429.27	87.39	95.94
2006	7.28	21.37	1405.84	16.44	9.43	1453.08	181.96	1642.31	88.48	96.75
2007	7.50	17.56	1551.41	15.33	10.65	1594.95	190.92	1793.37	88.94	97.27
2008	5.80	21.49	1566.33	15.37	10.64	1613.83	186.09	1805.72	89.37	97.06
2009	6.23	11.08	1304.68	11.47	8.66	1335.89	170.30	1512.42	88.33	97.66

注：FI、SI（QI、MI、GI、CI、SU）、TI、TO、PST 和 PMS 分别为第一产业、第二产业（采矿及采石，制造业，电力、煤气和水的供应业，建筑业，第二产业合计）、第三产业合计、所有行业总量、第二产业占总量的比重和制造业占第二产业的比重的简称。

数据来源：笔者计算所得。

地其占中国所有行业出口隐含 CO_2 排放量的比重也从 1995 年的 3.29%、2.46% 和 0.56% 变化至 2009 年的 0.73%、0.76% 和 0.57%。

最后,在整个研究期内,电气与光学设备制造业,纺织及服装制造业,金属冶炼、压延加工业及金属制品业三个部门出口隐含 CO_2 排放量一直居所有细分部门中的前三位。图 7-1 显示,电气与光学设备制造业,纺织及服装制造业,金属冶炼、压延加工业及金属制品业出口贸易隐含 CO_2 排放量整体上分别从 1995 年的 108.24MT、100.70MT 和 89.40MT 上升至 2009 年的 481.29MT、147.60MT 和 157.96MT。分阶段来看,其均呈现先降后升再降的倒 "N" 型发展态势,且电气与光学设备制造业,纺织及服装制造业,金属冶炼、压延加工业及金属制品业这三个部门的出口贸易隐含 CO_2 排放总量占制造业出口隐含 CO_2 排放量的比重整体上从 1995 年的 60.58% 上升至 2009 年的 73.88%。

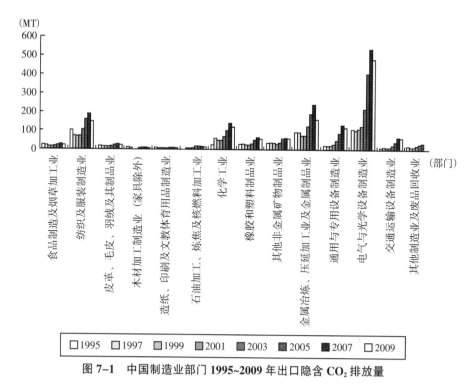

图 7-1 中国制造业部门 1995~2009 年出口隐含 CO_2 排放量

2. 出口隐含 NH_3 排放量

首先,1995~2009 年,中国第二产业出口隐含 NH_3 排放量是构成中国

出口隐含 NH_3 排放量的主要成分。从三次产业出口隐含 NH_3 排放量的分析来看，表 7-2 显示，加入 WTO 之前，第二产业出口隐含 NH_3 排放量整体上从 1995 年的 48.36 万吨下降至 2001 年的 41.15 万吨，不过加入 WTO 之后，持续增加至 2007 年的 116.37 万吨，之后又受金融危机的影响，持续下降至 2009 年的 99.09 万吨。这表明，第二产业出口隐含 NH_3 排放量在 1995~2009 年整体呈现先降后升再降的倒 "N" 型变化趋势。同时，第二产业出口隐含 NH_3 排放量占所有产业总出口隐含 NH_3 排放量的比重也从 1995 年的 67.21% 上升至 2009 年的 81.87%。这表明，中国出口隐含 NH_3 排放量主要由第二产业导致。

第一产业与第三产业出口隐含 NH_3 排放量均远小于第二产业出口隐含 NH_3 排放量。其中，第一产业出口隐含 NH_3 排放量从 1995 年的 18.84 万吨下降至 2009 年的 12.50 万吨，相应地占中国所有产业出口隐含 NH_3 排放量也从 1995 年的 26.18% 下降至 2009 年的 10.33%。而第三产业出口隐含 NH_3 排放量比第一产业更小，整体上从 1995 年的 4.76 万吨上升至 2009 年的 9.44 万吨，相应地所占比重也从 1995 年的 6.62% 增加至 2009 年的 7.80%。

其次，在整个研究期内，第二产业出口隐含 NH_3 排放量主要由制造业 (MI) 出口隐含 NH_3 排放量构成。表 7-2 显示，1995~2009 年制造业出口隐含 NH_3 排放量从 47.59 万吨增加至 2009 年的 98.60 万吨，其占第二产业出口隐含 NH_3 排放量的份额相应地从 98.41% 上升至 99.51%。分阶段来看，制造业出口隐含 NH_3 排放量在加入 WTO 之前的 1995~2001 年整体减少了 7.08 万吨；但在加入 WTO 之后的 2001~2007 年持续增加，增加量达 75.23 万吨，在此期间年均增长率达 19.12%；受金融危机的影响，之后持续下降，至 2009 年下降量达 17.14 万吨，且其所占比重也呈现波动趋势，但均位于 98% 以上，整体围绕 99% 窄幅波动。

除制造业外，第二产业中的采矿及采石 (QI)，电力、煤气和水的供应业 (GI) 以及建筑业 (CI) 这三个部门出口隐含 NH_3 排放总量占第二产业出口隐含 NH_3 排放量的比重整体呈现下降趋势，且在整个样本期间内均不足 2%。这表明，中国采矿及采石，电力、煤气和水的供应业以及建筑业出口产品中隐含 NH_3 排放量非常少。

表 7-2 中国各产业出口隐含 NH₃ 排放量

单位：万吨

年份	FI	SI					TI	TO	PST (%)	PMS (%)
		QI	MI	GI	CI	SU				
1995	18.84	0.65	47.59	0.03	0.09	48.36	4.76	71.95	67.21	98.41
1996	14.31	0.58	44.44	0.03	0.05	45.10	4.07	63.48	71.05	98.54
1997	11.63	0.52	42.94	0.02	0.03	43.52	5.07	60.22	72.27	98.68
1998	9.23	0.37	40.04	0.02	0.05	40.48	5.40	55.12	73.45	98.91
1999	10.07	0.30	39.58	0.02	0.07	39.97	5.26	55.30	72.28	99.04
2000	10.89	0.46	40.67	0.02	0.10	41.25	5.73	57.87	71.28	98.60
2001	9.70	0.48	40.51	0.02	0.14	41.15	5.96	56.81	72.44	98.44
2002	12.49	0.53	46.58	0.02	0.24	47.37	7.61	67.46	70.21	98.33
2003	15.32	0.48	57.34	0.02	0.25	58.09	8.36	81.78	71.04	98.71
2004	11.74	0.42	72.19	0.03	0.28	72.91	9.56	94.21	77.39	99.01
2005	14.08	0.48	91.58	0.03	0.29	92.39	10.72	117.20	78.83	99.13
2006	13.73	0.42	110.84	0.03	0.30	111.59	11.75	137.08	81.41	99.33
2007	14.19	0.33	115.74	0.03	0.30	116.37	11.30	141.87	82.03	99.45
2008	11.47	0.38	107.54	0.03	0.27	108.23	10.81	130.50	82.93	99.36
2009	12.50	0.21	98.60	0.03	0.25	99.09	9.44	121.03	81.87	99.51

注：FI、SI（QI、MI、GI、CI、SU）、TI、TO、PST 和 PMS 分别为第一产业、第二产业（采矿及采石、制造业，电力、煤气和水的供应业，建筑业，第二产业合计）、第三产业合计、所有行业总量、第二产业占总量的比重和制造业占第二产业的比重的简称。

数据来源：笔者计算所得。

最后，1995~2009 年，纺织及服装制造业和食品制造及烟草加工业这两个部门出口隐含 NH₃ 排放量一直居所有细分部门中的前两位。图 7-2 显示，中国纺织及服装制造业和食品制造及烟草加工业出口隐含 NH₃ 排放量分别从 1995 年的 18.61 万吨和 12.05 万吨增加至 2009 年的 34.67 万吨和 15.54 万吨，但其占制造业出口隐含 NH₃ 排放量的比重却分别从 1995 年的 39.11% 和 25.33% 下降至 2009 年的 35.10% 和 15.74%，不过这两个部门出口隐含 NH₃ 排放量之和所占比重仍达 50% 以上。分阶段来看，纺织及服装制造业和食品制造及烟草加工业这两个部门出口隐含 NH₃ 排放量呈现先降后升再降的倒 "N" 型变化趋势。

3. 出口隐含 NOₓ 和 SOₓ 排放量

首先，在整个研究期间内，第二产业出口隐含空气污染物（NOₓ 和 SOₓ）排放量是中国出口隐含空气污染物总排放量的主要来源。表 7-3 和

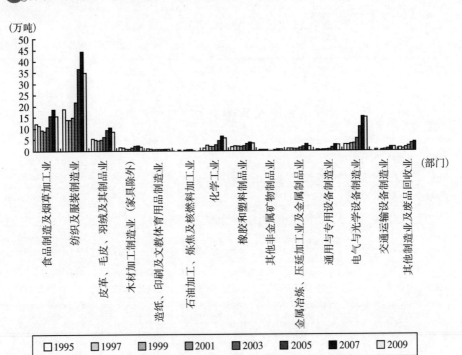

图 7-2　中国制造业部门 1995~2009 年出口隐含 NH₃ 排放量

表 7-4 显示，第二产业出口隐含 NO_x 和 SO_x 排放量分别先从 1995 年的 159.62 万吨和 432.15 万吨下降至 2001 年的 155.98 万吨和 334.07 万吨，之后分别持续攀升至 2008 年的 419.05 万吨和 894.04 万吨；受金融危机的影响，持续下降至 2009 年的 353.54 万吨和 757.26 万吨；第二产业出口隐含空气污染物（NO_x 和 SO_x）排放量整体上呈现先降后升再降的倒 "N" 型发展态势。同时，第二产业出口隐含 NO_x 和 SO_x 排放量占中国总出口隐含 NO_x 和 SO_x 排放量的比重也分别达 78% 和 85% 以上，不过，在整个研究期间内分别下降了 3.38 个百分点和 1.60 个百分点。

除第二产业外，第三产业出口隐含 NO_x 和 SO_x 排放量分别从 1995 年的 22.30 万吨和 37.86 万吨增加至 2009 年的 64.48 万吨和 66.38 万吨，年均增长率分别达 7.88% 和 4.09%，占中国总出口隐含 NO_x 和 SO_x 排放量的比重却远远小于第二产业所占比重。第一产业出口隐含 NO_x 和 SO_x 排放量比第三产业出口隐含 NO_x 和 SO_x 排放量更小，但在 1995~2009 年内也分别增加了 7.46 万吨和 21.06 万吨。

其次，1995~2009 年，第二产业出口隐含 NOₓ 和 SOₓ 排放量主要是由制造业出口隐含 NOₓ 和 SOₓ 排放量构成。表 7–3 和表 7–4 显示，制造业出口隐含 NOₓ 和 SOₓ 排放量分别从 1995 年的 148.87 万吨和 395.90 万吨增加至 2009 年的 347.01 万吨和 742.74 万吨，年均增长率分别达 6.23% 和 4.60%。分阶段来看，在加入 WTO 之前的 1995~2001 年，制造业出口隐含 NOₓ 和 SOₓ 排放量分别减少了 1.68 万吨和 84.66 万吨；加入 WTO 之后的 2001~2008 年却呈现持续攀升，增加量分别达 261.88 万吨和 561.16 万吨；受金融危机的影响，2009 年出现下降趋势，至 2009 年下降了 62.06 万吨和 129.66 万吨。同时，制造业出口隐含 NOₓ 和 SOₓ 排放量占第二产业出口隐含 NOₓ 和 SOₓ 排放量的比重也从 1995 年的 93.27% 和 91.61% 增加至 2009 年的 98.15% 和 98.08%，且占中国总出口隐含 NOₓ 和 SOₓ 排放量的比重也从 1995 年的 79.81% 和 82.83% 增加至 2009 年的 80.68% 和 87.11%，即中国总出口隐含 NOₓ 和 SOₓ 排放量以及制造业出口隐含 NOₓ 和 SOₓ 排放量均主要由制造业构成。

除制造业外，第二产业中的采矿及采石（QI），电力、煤气和水的供应业（GI）以及建筑业（CI）三个部门出口隐含 NOₓ 和 SOₓ 排放总量分别从 1995 年的 10.75 万吨和 36.25 万吨下降至 2009 年的 6.54 万吨和 14.52 万吨。

表 7–3　中国各产业出口隐含 NOₓ 排放量

单位：万吨

年份	FI	SI					TI	TO	PST（%）	PMS（%）
		QI	MI	GI	CI	SU				
1995	4.60	6.08	148.87	3.56	1.11	159.62	22.30	186.52	85.58	93.27
1996	4.04	5.23	142.94	3.34	0.61	152.11	18.27	174.42	87.21	93.97
1997	3.67	4.78	150.84	2.81	0.35	158.78	23.84	186.29	85.23	95.00
1998	3.16	3.75	154.84	2.38	0.42	161.39	27.15	191.71	84.19	95.94
1999	3.07	3.05	147.04	2.14	0.46	152.69	26.06	181.83	83.98	96.30
2000	2.83	5.32	151.89	2.23	0.58	160.02	32.19	195.04	82.04	94.92
2001	2.41	5.93	147.19	2.18	0.68	155.98	34.78	193.17	80.74	94.37
2002	3.45	7.14	169.98	2.54	0.93	180.60	45.94	229.99	78.52	94.12
2003	4.22	7.03	223.74	3.16	1.42	235.35	58.98	298.55	78.83	95.06
2004	11.98	4.96	254.72	2.40	1.67	263.74	52.54	328.27	80.35	96.58
2005	17.55	5.20	304.43	2.16	1.88	313.67	52.11	383.33	81.83	97.05

续表

| 年份 | FI | SI | | | | | TI | TO | PST（%） | PMS（%） |
		QI	MI	GI	CI	SU				
2006	19.99	3.87	360.35	1.80	2.07	368.10	53.63	441.71	83.34	97.90
2007	20.42	3.06	386.16	1.78	2.33	393.33	58.03	471.78	83.37	98.18
2008	11.42	4.67	409.07	2.33	2.98	419.05	70.99	501.46	83.57	97.62
2009	12.06	2.38	347.01	1.74	2.42	353.54	64.48	430.08	82.20	98.15

注：FI、SI（QI，MI，GI，CI，SU）、TI、TO、PST 和 PMS 分别为第一产业、第二产业（采矿及采
石，制造业，电力、煤气和水的供应业，建筑业，第二产业合计）、第三产业合计、所有行业总
量、第二产业占总量的比重和制造业占第二产业的比重的简称。

数据来源：笔者计算所得。

表 7-4   中国各产业出口隐含 SO_X 排放量

单位：万吨

| 年份 | FI | SI | | | | | TI | TO | PST（%） | PMS（%） |
		QI	MI	GI	CI	SU				
1995	7.98	16.93	395.90	16.77	2.55	432.15	37.86	477.99	90.41	91.61
1996	6.09	13.74	364.81	15.62	1.35	395.52	31.94	433.55	91.23	92.23
1997	4.85	11.87	362.22	12.46	0.74	387.29	44.71	436.85	88.65	93.53
1998	3.86	8.80	348.40	10.51	0.82	368.52	48.07	420.45	87.65	94.54
1999	3.66	6.76	312.23	8.77	0.83	328.59	43.18	375.43	87.52	95.02
2000	3.67	11.66	326.66	9.40	1.06	348.78	48.50	400.95	86.99	93.66
2001	3.08	12.54	311.24	9.06	1.23	334.07	49.70	386.84	86.36	93.17
2002	3.65	14.11	351.35	10.34	1.67	377.47	60.63	441.74	85.45	93.08
2003	4.52	14.43	475.64	12.61	2.47	505.14	69.96	579.63	87.15	94.16
2004	22.25	10.32	503.64	8.04	2.58	524.58	66.45	613.27	85.54	96.01
2005	34.34	9.99	593.67	6.53	2.93	613.12	68.14	715.60	85.68	96.83
2006	39.41	7.34	685.69	5.25	3.15	701.43	70.83	811.67	86.42	97.76
2007	42.23	5.50	746.80	5.33	3.54	761.17	69.25	872.66	87.22	98.11
2008	27.49	9.06	872.40	7.69	4.88	894.04	77.71	999.24	89.47	97.58
2009	29.04	4.72	742.74	5.74	4.06	757.26	66.38	852.69	88.81	98.08

注：FI、SI（QI，MI，GI，CI，SU）、TI、TO、PST 和 PMS 分别为第一产业、第二产业（采矿及采
石，制造业，电力、煤气和水的供应业，建筑业，第二产业合计）、第三产业合计、所有行业总
量、第二产业占总量的比重和制造业占第二产业的比重的简称。

数据来源：笔者计算所得。

最后，1995~2009 年，电气与光学设备制造业，纺织及服装制造业，
金属冶炼、压延加工业及金属制品业这三个部门出口隐含 NO_X 和 SO_X 排放

量是制造业出口隐含 NO_x 和 SO_x 排放量的主要构成部分。图 7-3 和图 7-4 显示，电气与光学设备制造业，纺织及服装制造业，金属冶炼、压延加工业及金属制品业这三个部门出口隐含 NO_x 排放量分别从 1995 年的 32.12 万吨、32.20 万吨和 23.92 万吨增加至 2009 年的 109.42 万吨、61.50 万吨和 28.90 万吨，出口隐含 SO_x 排放量从 1995 年的 89.24 万吨、79.34 万吨和 73.97 万吨变化至 2009 年的 229.48 万吨、134.08 万吨和 66.21 万吨。同时，电气与光学设备制造业，纺织及服装制造业，金属冶炼、压延加工业及金属制品业这三个部门出口隐含 NO_x 和 SO_x 排放总量占制造业出口隐含 NO_x 和 SO_x 排放总量的比重均达 60% 左右，这意味着，制造业出口隐含 NO_x 和 SO_x 排放总量主要由电气与光学设备制造业，纺织及服装制造业，金属冶炼、压延加工业及金属制品业这三个部门出口导致。

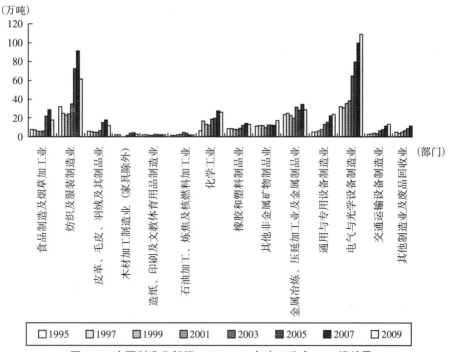

图 7-3 中国制造业部门 1995~2009 年出口隐含 NO_x 排放量

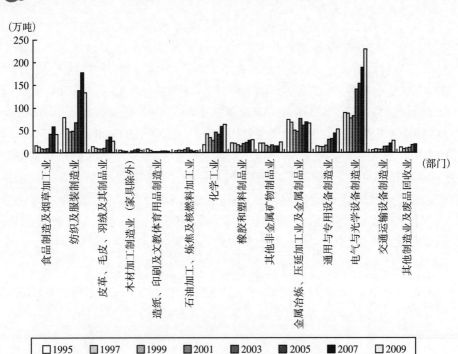

图7-4　中国制造业部门1995~2009年出口隐含SO$_X$排放量

二、进口隐含污染排放量

1. 进口隐含CO_2排放量

首先，整个研究期内，第二产业（SI）进口隐含CO_2排放量始终远远超过第一产业（FI）和第三产业（TI）进口隐含CO_2排放量。表7-5显示，中国第二产业进口隐含CO_2排放量从1995年的84.00MT持续增加至2009年的397.63MT，年均增长率达11.75%。第二产业进口隐含CO_2排放量占中国所有行业进口隐含CO_2排放量的比重却在1995~2009年整体下降了0.97个百分点，但仍处于87%以上，1998年达最高点93.04%。第一产业和第三产业进口隐含CO_2排放量较少，但在整个研究期间呈现上升趋势，分别从1995年的3.81MT和6.16MT增加至2009年的13.13MT和38.90MT，年均增加幅度达9.27%和14.07%。第一产业和第三产业进口隐含CO_2排放总量占所有行业进口隐含CO_2排放量的比重呈现窄幅波动。以上表明中

国各产业进口隐含 CO_2 排放量也呈现较快的增长速度。

其次，在整个研究期内，第二产业进口隐含 CO_2 排放量主要由制造业（MI）进口隐含 CO_2 排放量构成。表 7-5 显示，中国制造业进口隐含 CO_2 排放量从 1995 年的 75.83MT 上升至 2009 年的 308.14MT，年均增长率达 10.53%。但制造业进口隐含 CO_2 排放量占第二产业进口隐含 CO_2 排放量的比重却从 1995 年的 90.28% 下降至 2009 年的 77.49%，相应地其占中国各行业进口隐含 CO_2 排放量的比重也从 1995 年的 80.70% 下降至 2009 年的 68.53%，这表明制造业产品进口变得越来越 "清洁"。

而采矿及采石（QI），电力、煤气和水的供应业（GI）以及建筑业（CI）的进口隐含 CO_2 排放量分别从 1995 年的 6.49MT、1.10MT 和 0.58MT 增加至 2009 年的 83.03MT、5.09MT 和 1.37MT，相应地分别占中国第二行业进口隐含 CO_2 排放量的比重也从 1995 年的 7.73%、1.31% 和 0.69% 变化至

表 7-5　中国各产业进口隐含 CO_2 排放量

单位：MT

年份	FI	SI					TI	TO	PST (%)	PMS (%)
		QI	MI	GI	CI	SU				
1995	3.81	6.49	75.83	1.10	0.58	84.00	6.16	93.96	89.40	90.28
1996	3.22	7.61	83.79	0.70	0.35	92.45	5.33	101.00	91.53	90.63
1997	3.16	8.96	90.58	0.61	0.20	100.34	5.36	108.86	92.17	90.27
1998	3.05	7.68	104.72	0.76	0.21	113.38	5.44	121.87	93.04	92.36
1999	3.89	9.91	123.10	0.92	0.34	134.27	6.42	144.57	92.87	91.69
2000	4.81	20.59	145.91	1.46	0.53	168.49	9.76	183.06	92.04	86.60
2001	5.15	19.85	165.00	2.00	0.37	187.22	11.21	203.58	91.97	88.13
2002	5.53	21.66	197.72	3.01	0.50	222.89	14.08	242.51	91.91	88.71
2003	7.05	30.29	236.76	3.18	0.62	270.85	17.04	294.94	91.83	87.42
2004	9.35	49.11	257.92	3.87	0.55	311.44	24.85	345.64	90.11	82.81
2005	9.83	57.18	263.93	3.75	0.97	325.83	28.86	364.52	89.39	81.00
2006	11.04	59.92	270.55	3.74	1.22	335.43	29.18	375.66	89.29	80.66
2007	11.69	72.14	294.69	4.09	1.19	372.10	35.82	419.61	88.68	79.20
2008	13.65	90.38	284.95	4.47	1.44	381.23	39.13	434.02	87.84	74.74
2009	13.13	83.03	308.14	5.09	1.37	397.63	38.90	449.67	88.43	77.49

注：FI、SI（QI，MI，GI，CI，SU）、TI、TO、PST 和 PMS 分别为第一产业、第二产业（采矿及采石，制造业，电力、煤气和水的供应业，建筑业，第二产业合计）、第三产业合计、所有行业总量、第二产业占总量的比重和制造业占第二产业的比重的简称。

数据来源：笔者计算所得。

2009 年的 20.88%、1.28% 和 0.34%，这表明采矿及采石业隐含进口 CO_2 排放量对中国第二产业进口隐含 CO_2 排放量上升的贡献不断增加。

最后，在整个研究期内，化学工业，金属冶炼、压延加工业及金属制品业，电气与光学设备制造业三个部门进口隐含 CO_2 排放量一直位居所有细分部门中的前三位。图 7-5 显示，化学工业，金属冶炼、压延加工业及金属制品业，电气与光学设备制造业进口贸易隐含 CO_2 排放量整体上分别从 1995 年的 19.31MT、17.92MT 和 11.07MT 上升至 2009 年的 78.30MT、64.10MT 和 74.66MT。且化学工业，金属冶炼、压延加工业及金属制品业，电气与光学设备制造业这三个部门进口产品中隐含 CO_2 排放总量占制造业进口隐含 CO_2 排放量的比重整体上也从 1995 年的 63.70% 上升至 2009 年的 80.23%。这表明，制造业进口隐含 CO_2 排放量主要由化学工业，金属冶炼、压延加工业及金属制品业，电气与光学设备制造业这三个部门进口导致。

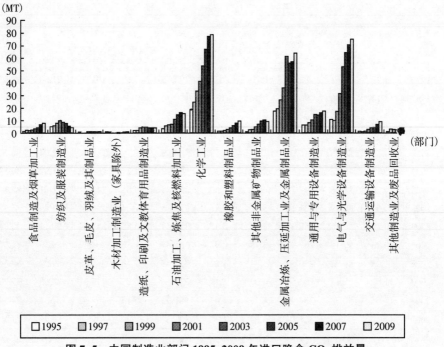

图 7-5　中国制造业部门 1995~2009 年进口隐含 CO_2 排放量

2. 进口隐含 NH_3 排放量

首先，在整个研究期间内，第一产业进口隐含 NH_3 排放量远高于第二产业和第三产业。表 7-6 显示，第一产业进口隐含 NH_3 排放量整体上从 1995 年的 8.34 万吨增加至 2009 年的 35.21 万吨，年均增长率达 10.84%。分阶段来看，先在 1995~1998 年持续下降，下降幅度达 1.20 万吨，之后呈现持续上升趋势，从 1998 年的 7.14 万吨持续增加至 2008 年的 38.71 万吨，此期间年均增长率达 12.83%，之后又呈现下降趋势，至 2009 年下降量达 3.50 万吨。同时，第一产业出口隐含 NH_3 排放量占中国各行业出口隐含 NH_3 排放总量的比重整体上也呈现上升趋势，不过上升幅度较小，仅从 1995 年的 64.65% 上升至 2009 年的 65.32%。这表明，第一产业进口隐含 NH_3 排放量是构成我国进口产品隐含 NH_3 排放的主要来源。

在整个研究期内，第二产业进口隐含 NH_3 排放量大约是第一产业进口隐含 NH_3 排放量的 1/2。表 7-6 显示，第二产业进口隐含 NH_3 排放量从 1995 年的 4.04 万吨持续增加至 2009 年的 17.98 万吨，年均增长率达 11.25%，其占中国各产业进口隐含 NH_3 排放总量的比重在此期间为 29%~40%，并且整体上在整个研究期内仅增加了 2.04 个百分点。第三产业进口隐含 NH_3 排放量比第二产业更小，在样本期内，先从 1995 年的 0.52 万吨持续下降至 1999 年的 0.13 万吨，后又持续上升至 2007 年的 0.82 万吨后下降至 2009 年的 0.71 万吨。即呈现出倒 "N" 型变化趋势。

其次，1995~2009 年，制造业进口隐含 NH_3 排放量是构成第二产业进口隐含 NH_3 排放量的主要来源，但所占比重呈下降趋势。表 7-6 显示，制造业进口隐含 NH_3 排放量从 1995 年的 3.33 万吨增加至 2009 年的 11.06 万吨，年均增长率达 8.95%。不过，制造业进口隐含 NH_3 排放量占第二产业进口隐含 NH_3 排放量的比重却从 1995 年的 82.48% 下降至 2009 年的 61.53%，下降了 20.91 个百分点。

除制造业外，第二产业包含的采矿及采石（QI）、电力、煤气和水的供应业（GI）以及建筑业（CI）进口隐含 NH3 排放量分别从 1995 年的 0.69 万吨、0.001 万吨和 0.02 万吨增加至 2009 年的 6.85 万吨、0.02 万吨和 0.05 万吨，年均增长率分别达 17.82%、23.86% 和 6.76%，且这三个部门进口隐含 NH_3 排放总量占第二产业进口隐含 NH_3 排放量的比重整体上呈现上升趋势，整个期间上升了 20.89 个百分点，2009 年约达 40%。

表 7-6　中国各产业进口隐含 NH_3 排放量

单位：万吨

| 年份 | FI | SI | | | | | TI | TO | PST (%) | PMS (%) |
		QI	MI	GI	CI	SU				
1995	8.34	0.69	3.33	0.001	0.02	4.04	0.52	12.90	31.28	82.48
1996	7.74	0.63	3.39	0.001	0.01	4.03	0.27	12.05	33.47	84.10
1997	7.44	0.61	3.66	0.001	0.004	4.27	0.24	11.96	35.75	85.57
1998	7.14	0.57	4.17	0.001	0.004	4.75	0.19	12.08	39.34	87.83
1999	9.17	0.73	4.20	0.001	0.01	4.94	0.13	14.23	34.69	84.97
2000	12.05	1.59	4.72	0.002	0.03	6.33	0.17	18.55	34.11	74.51
2001	13.08	1.63	5.19	0.003	0.02	6.84	0.20	20.11	33.99	75.90
2002	13.33	1.75	5.82	0.004	0.03	7.60	0.22	21.16	35.93	76.57
2003	17.52	2.50	6.67	0.01	0.03	9.21	0.22	26.95	34.17	72.45
2004	23.63	3.91	7.80	0.01	0.02	11.74	0.28	35.65	32.93	66.41
2005	25.55	3.94	7.78	0.01	0.04	11.76	0.46	37.77	31.14	66.13
2006	30.30	4.49	8.61	0.01	0.05	13.15	0.50	43.96	29.92	65.43
2007	36.50	5.56	10.80	0.01	0.04	16.41	0.82	53.73	30.54	65.79
2008	38.71	6.68	10.41	0.01	0.05	17.15	0.72	56.58	30.32	60.70
2009	35.21	6.85	11.06	0.02	0.05	17.98	0.71	53.90	33.36	61.53

注：FI、SI（QI、MI、GI、CI、SU）、TI、TO、PST 和 PMS 分别为第一产业、第二产业（采矿及采石，制造业，电力、煤气和水的供应业，建筑业，第二产业合计）、第三产业合计、所有行业总量、第二产业占总量的比重和制造业占第二产业的比重的简称。

数据来源：笔者计算所得。

最后，1995~2009 年，食品制造及烟草加工业和化学工业进口隐含 NH_3 排放量是构成制造业进口隐含 NH_3 排放量的主要来源。图 7-6 显示，食品制造及烟草加工业和化学工业进口隐含 NH_3 排放量分别从 1995 年的 1.47 万吨和 0.38 万吨增加至 2009 年的 6.48 万吨和 1.41 万吨，年均增长率达 11.18% 和 9.82%，并且占制造业进口隐含 NH_3 排放量的比重分别从 1995 年的 44.14% 和 11.41% 上升至 2009 年的 58.59% 和 12.75%，即制造业进口隐含 NH_3 排放量有 55% 以上来源于食品制造及烟草加工业和化学工业这两个部门。

3. 进口隐含 NO_X 和 SO_X 排放量

首先，1995~2009 年，中国总进口隐含空气污染物（NO_X 和 SO_X）排放量主要来源于第二产业的进口。表 7-7 和表 7-8 显示，中国第二产业进口隐含 NO_X 和 SO_X 排放量分别从 1995 年的 32.71 万吨和 42.53 万吨增

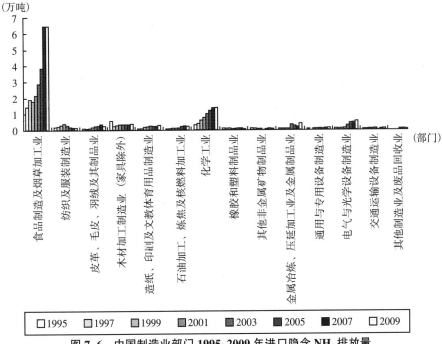

图 7-6　中国制造业部门 1995~2009 年进口隐含 NH₃ 排放量

加至 2009 年的 124.39 万吨和 124.47 万吨，年均增长率分别达 10.01% 和
7.97%。1995 年，第二产业进口隐含 NO_x 和 SO_x 排放量占中国进口隐
含 NO_x 和 SO_x 排放量的比重分别为 82.01% 和 90.32%，这表明，中国进口隐
含 NO_x 和 SO_x 排放量主要由第二产业进口隐含 NO_x 和 SO_x 排放量构成。不
过，第二产业隐含 NO_x 和 SO_x 排放量所占比重却呈现下降趋势，在 1995~
2009 年下降了 12.11 个百分点和 16.04 个百分点，但仍均占 60% 以上。

　　除第二产业外，第一产业进口隐含 NO_x 和 SO_x 排放量在样本期内呈现
快速的攀升，分别从 1995 年的 3.24 万吨和 1.59 万吨增加至 2009 年 33.58
万吨和 37.06 万吨，年均增长率分别达 18.18% 和 25.22%，相应地分别占
中国总进口隐含 NO_x 和 SO_x 排放量的比重从 1995 年的 8.12% 和 3.38% 增加
至 2009 年的 18.87% 和 22.12%，这表明第一产业对中国进口隐含 NO_x 和
SO_x 排放量在样本期内攀升的贡献越来越大，约为 20%。第三产业进口隐
含 NO_x 和 SO_x 排放量分别从 1995 年的 3.93 万吨和 2.96 万吨增加至 2009
年的 20.01 万吨和 6.04 万吨，年均增长率分别达 12.33% 和 5.23%，并且占
中国进口隐含 NO_x 和 SO_x 排放量的比重从 1995 年的 9.86% 和 6.29% 变化至

2009 年的 11.24% 和 3.60%。

其次，第二产业进口隐含 NO_X 和 SO_X 排放量主要是由进口制造业产品引起的。表 7-7 和表 7-8 显示，中国制造业进口隐含 NO_X 和 SO_X 排放量分别从 1995 年的 28.61 万吨和 36.66 万吨上升至 2009 年的 92.66 万吨和 98.01 万吨，年均增长率分别达 8.76% 和 7.28%。制造业进口隐含 NO_X 和 SO_X 排放量占第二产业进口隐含 NO_X 和 SO_X 排放量的比重在整个研究期内均达 70% 以上，这表明，制造业是第二产业进口隐含 NO_X 和 SO_X 排放量的主要构成成分，不过，占比分别从 1995 年的 87.45% 和 86.20% 下降至 2009 年的 74.49% 和 78.74%。

除制造业外，第二产业包含的采矿及采石（QI），电力、煤气和水的供应业（GI）以及建筑业（CI）三个部门进口隐含 NO_X 排放量分别从 1995 年的 3.40 万吨、0.42 万吨和 0.29 万吨增加至 2009 年的 30.14 万吨、1.04 万吨和 0.56 万吨，且进口隐含 SO_X 排放量分别从 1995 年的 4.33 万吨、1.25 万吨和 0.29 万吨增加至 2009 年的 24.18 万吨、1.89 万吨和 0.39 万吨。其中，采矿及采石进口隐含 NO_X 和 SO_X 排放量呈现快速的攀升，年均增长率分别达 16.87% 和 13.07%，且占第二产业进口隐含 NO_X 和 SO_X 排放量的比重分别从 1995 年的 10.39% 和 10.18% 增加至 2009 年的 24.23% 和 19.43%。可知，采矿及采石业对中国第二产业进口隐含 NO_X 和 SO_X 排放量增加的贡献越来越大。

表 7-7　中国各产业进口隐含 NO_X 排放量

单位：万吨

| 年份 | FI | SI | | | | | TI | TO | PST (%) | PMS (%) |
		QI	MI	GI	CI	SU				
1995	3.24	3.40	28.61	0.42	0.29	32.71	3.93	39.89	82.01	87.45
1996	2.87	3.63	30.64	0.26	0.16	34.69	3.37	40.93	84.75	88.33
1997	2.89	4.24	32.78	0.22	0.08	37.32	3.31	43.52	85.76	87.84
1998	2.75	3.79	39.49	0.29	0.09	43.65	3.20	49.60	88.01	90.47
1999	3.21	4.48	45.85	0.32	0.14	50.79	4.06	58.06	87.49	90.28
2000	3.98	9.08	49.42	0.43	0.24	59.16	6.36	69.50	85.12	83.53
2001	4.12	8.92	56.37	0.52	0.16	65.96	7.10	77.17	85.47	85.45
2002	4.90	9.40	69.63	0.65	0.22	79.90	8.91	93.70	85.27	87.14
2003	5.81	12.98	78.94	0.70	0.28	92.90	10.30	109.01	85.22	84.97
2004	23.93	17.12	78.84	0.72	0.22	96.90	12.81	133.64	72.51	81.36

续表

年份	FI	SI					TI	TO	PST (%)	PMS (%)
		QI	MI	GI	CI	SU				
2005	31.02	18.65	78.35	0.70	0.36	98.05	13.85	142.93	68.60	79.91
2006	42.54	20.52	83.62	0.69	0.45	105.27	13.97	161.78	65.07	79.43
2007	52.87	25.34	92.77	0.87	0.50	119.48	18.17	190.53	62.71	77.64
2008	39.59	33.00	83.59	0.88	0.58	118.05	21.63	179.27	65.85	70.81
2009	33.58	30.14	92.66	1.04	0.56	124.39	20.01	177.99	69.89	74.49

注：FI、SI（QI、MI、GI、CI、SU）、TI、TO、PST 和 PMS 分别为第一产业、第二产业（采矿及采石，制造业，电力、煤气和水的供应业，建筑业，第二产业合计）、第三产业合计、所有行业总量、第二产业占总量的比重和制造业占第二产业的比重的简称。
数据来源：笔者计算所得。

表7-8 中国各产业进口隐含 SO_x 排放量

单位：万吨

年份	FI	SI					TI	TO	PST (%)	PMS (%)
		QI	MI	GI	CI	SU				
1995	1.59	4.33	36.66	1.25	0.29	42.53	2.96	47.09	90.32	86.20
1996	1.41	4.36	38.64	0.77	0.14	43.91	2.10	47.41	92.60	88.00
1997	1.33	4.68	41.16	0.64	0.05	46.53	1.92	49.78	93.47	88.45
1998	1.17	3.99	46.82	0.82	0.06	51.69	2.21	55.07	93.87	90.57
1999	1.40	4.66	54.27	0.90	0.10	59.94	2.45	63.79	93.95	90.55
2000	1.98	11.46	63.62	1.34	0.24	76.66	3.42	82.07	93.41	82.99
2001	2.07	10.87	69.20	1.54	0.13	81.74	4.06	87.88	93.01	84.66
2002	2.15	10.94	83.61	1.81	0.20	96.56	4.48	103.18	93.58	86.59
2003	2.60	15.34	97.20	1.90	0.26	114.70	4.13	121.43	94.46	84.74
2004	23.13	16.70	88.91	1.64	0.16	107.41	4.64	135.18	79.46	82.78
2005	32.33	16.49	85.74	1.33	0.27	103.82	5.05	141.20	73.53	82.58
2006	42.66	17.19	86.30	1.18	0.30	104.97	4.47	152.10	69.01	82.21
2007	53.19	17.25	89.82	1.44	0.28	108.79	5.07	167.04	65.13	82.57
2008	47.48	26.84	91.72	1.61	0.39	120.56	5.97	174.01	69.29	76.08
2009	37.06	24.18	98.01	1.89	0.39	124.47	6.04	167.57	74.28	78.74

注：FI、SI（QI、MI、GI、CI、SU）、TI、TO、PST 和 PMS 分别为第一产业、第二产业（采矿及采石，制造业，电力、煤气和水的供应业，建筑业，第二产业合计）、第三产业合计、所有行业总量、第二产业占总量的比重和制造业占第二产业的比重的简称。
数据来源：笔者计算所得。

最后，1995~2009 年，电气与光学设备制造业，化学工业，金属冶炼、压延加工业及金属制品业这三个部门进口隐含 NO_X 和 SO_X 排放量是制造业进口隐含 NO_X 和 SO_X 排放量的主要构成部分。图 7-7 和图 7-8 显示，电气与光学设备制造业，化学工业，金属冶炼、压延加工业及金属制品业这三个部门进口隐含 NO_X 排放量分别从 1995 年的 5.08 万吨、6.50 万吨和 4.61 万吨增加至 2009 年的 25.04 万吨、19.78 万吨和 13.06 万吨，并且进口隐含 SO_X 排放量也分别从 1995 年的 6.26 万吨、8.35 万吨和 6.20 万吨增加至 2009 年的 23.36 万吨、26.15 万吨和 15.12 万吨。

同时，电气与光学设备制造业，化学工业，金属冶炼、压延加工业及金属制品业这三个部门进口隐含 NO_X 和 SO_X 排放量之和占制造业进口隐含 NO_X 和 SO_X 排放量的比重分别从 1995 年的 56.59% 和 56.77% 增加至 2009 年的 62.41% 和 65.94%。这表明，制造业进口隐含 NO_X 和 SO_X 排放量主要由电气与光学设备制造业，化学工业，金属冶炼、压延加工业及金属制品业这三个部门进口导致。

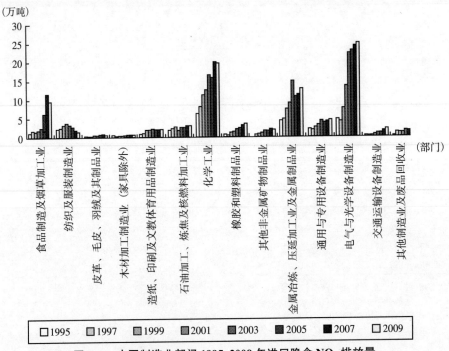

图 7-7　中国制造业部门 1995~2009 年进口隐含 NO_X 排放量

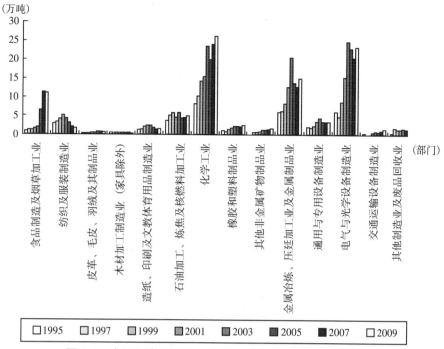

图 7-8　中国制造业部门 1995~2009 年进口隐含 SO_X 排放量

三、环境贸易平衡的动态分析

1. CO_2 贸易平衡

首先，中国 CO_2 贸易平衡呈现赤字状态主要是由第二产业 CO_2 贸易赤字所引起。表 7-9 显示，第二产业 CO_2 贸易平衡在整个研究期内均为赤字状态，且赤字额先从 1995 年的 446.08MT 下降至 2001 年的 320.86MT，之后攀升至 2008 年的 1232.60MT，即加入 WTO 之后的 2001~2008 年其 CO_2 贸易赤字额以 10.09% 的年均增长率持续攀升，受金融危机的影响，至 2009 年下降了 294.34MT。可知，第二产业 CO_2 贸易赤字整体呈现先降后升再降的倒 "N" 型发展态势。这表明，第二产业贸易不仅不利于我国 CO_2 减排，且增加了我国 CO_2 排放量。同时，第二产业进行贸易产生的 CO_2 贸易赤字额占中国 CO_2 贸易赤字额的比重也整体上呈现先降后升再降的倒 "N" 型变化趋势，且所占比重在样本期内保持在 80% 左右，最高点 2008

年达 89.86%。这表明，第二产业 CO_2 贸易赤字是导致中国 CO_2 贸易赤字的主要原因。

第三产业 CO_2 贸易平衡在整个研究期内也呈现赤字状态，并且赤字额从 1995 年的 48.87MT 增加至 2009 年的 131.40MT，年均增长率达 7.32%。同时，第三产业 CO_2 贸易赤字额占中国 CO_2 贸易赤字额的比重也从 1995 年的 9.73% 增加至 2009 年的 12.36%，这表明，第三产业相关部门产品进行对外贸易不利于中国 CO_2 减排。第一产业的 CO_2 贸易平衡从 2004 年起转为盈余，表 7-9 显示，中国第一产业 CO_2 贸易平衡在 1995~2000 年为赤字状态，并且赤字额呈现下降趋势，从 1995 年的 7.52MT 下降至 2000 年的 1.02MT，而在 2001 年呈现较小的 CO_2 贸易盈余额。不过，2002 年和 2003 年，第一产业 CO_2 贸易平衡却又呈现赤字状态，赤字额分别为 0.74MT 和 1.05MT。但从 2004 年起，中国第一产业 CO_2 贸易平衡逐渐转为盈余，并且盈余额呈上升态势，从 2004 年的 2.97MT 增加至 2009 年的 6.91MT。可知，中国第一产业进行国际贸易对中国 CO_2 排放逐渐产生正效应，即有利于中国 CO_2 减排。

其次，1995~2009 年，制造业贸易是第二产业 CO_2 贸易平衡呈现赤字状态且赤字额增加的主要原因。表 7-9 显示，制造业的 CO_2 贸易平衡在整个研究期内均为赤字状态，且赤字额从 1995 年的 416.61MT 增加至 2009 年的 996.54MT。这表明，中国制造业相关部门进行对外贸易不利于我国 CO_2 减排。分阶段来看，制造业的 CO_2 贸易赤字额在加入 WTO 之前的 1995~2001 年下降了 103.16MT，不过在加入 WTO 之后的 2001~2008 年呈现快速持续的攀升，在此期间制造业的 CO_2 贸易赤字额增加了 967.93MT；受金融危机的影响，至 2009 年下降了 284.84MT。可知，制造业的 CO_2 贸易赤字额整体呈现先降后升再降的倒 "N" 型发展态势。同时，1995~2009 年，制造业的 CO_2 贸易赤字额占中国第二产业 CO_2 贸易赤字额的比重逐渐上升，从 1995 年的 93.39% 增加至 2009 年的 106.21%，且占中国各产业 CO_2 贸易赤字额之和的比重也从 1995 年的 82.91% 增加至 2009 年的 93.77%。这表明，制造业贸易是导致第二产业甚至是中国总 CO_2 贸易赤字的主要因素。

除制造业外，1995~1998 年采矿及采石业 CO_2 贸易平衡为赤字状态，不过赤字额呈下降趋势，从 1995 年的 13.13MT 下降至 1998 年的 3.94MT。从 1999 年起，采矿及采石业 CO_2 贸易平衡转为盈余状态，盈余额也从

1999 年的 0.67MT 增加至 2009 年的 71.94MT，此期间年均增长率达 39.66%。这表明，中国采矿及采石业部门进行对外贸易逐渐对我国 CO_2 排放产生正效应，有利于 CO_2 减排。不过，第二产业包含的电力、煤气和水的供应业以及建筑业的 CO_2 贸易平衡在 1995~2009 年一直为赤字状态，电力、煤气和水的供应业的 CO_2 贸易赤字额在此期间下降了 7.21MT，而建筑业 CO_2 贸易赤字增加了 4.54MT。

表 7-9　中国各产业的 CO_2 贸易平衡

单位：MT

年份	FI	SI					TI	TO	PST (%)	PMS (%)
		QI	MI	GI	CI	SU				
1995	−7.52	−13.13	−416.61	−13.58	−2.75	−446.08	−48.87	−502.47	88.78	93.39
1996	−5.41	−9.16	−378.38	−13.22	−1.45	−402.21	−40.96	−448.58	89.66	94.08
1997	−4.02	−5.82	−391.84	−10.90	−0.83	−409.39	−59.03	−472.45	86.65	95.71
1998	−2.90	−3.94	−381.28	−9.37	−0.98	−395.57	−67.71	−466.17	84.85	96.39
1999	−1.98	0.67	−325.57	−8.19	−0.93	−334.01	−62.63	−398.62	83.79	97.47
2000	−1.02	4.65	−342.33	−8.99	−1.12	−347.80	−69.39	−418.21	83.16	98.43
2001	0.03	2.31	−313.45	−8.14	−1.58	−320.86	−75.18	−396.00	81.02	97.69
2002	−0.74	1.20	−355.51	−9.19	−2.25	−365.75	−95.53	−462.02	79.16	97.20
2003	−1.05	8.83	−504.78	−11.85	−3.49	−511.30	−119.10	−631.45	80.97	98.73
2004	2.97	27.01	−736.16	−13.29	−5.60	−728.03	−136.51	−861.57	84.50	101.12
2005	2.18	31.52	−934.27	−13.53	−6.86	−923.14	−143.79	−1064.75	86.70	101.21
2006	3.77	38.55	−1135.29	−12.70	−8.21	−1117.65	−152.77	−1266.66	88.24	101.58
2007	4.19	54.58	−1256.73	−11.24	−9.46	−1222.85	−155.09	−1373.75	89.02	102.77
2008	7.85	68.88	−1281.38	−10.90	−9.20	−1232.60	−146.96	−1371.70	89.86	103.96
2009	6.91	71.94	−996.54	−6.37	−7.29	−938.26	−131.40	−1062.75	88.29	106.21

注：FI、SI（QI、MI、GI、CI、SU）、TI、TO、PST 和 PMS 分别为第一产业、第二产业（采矿及采石，制造业，电力、煤气和水的供应业，建筑业，第二产业合计）、第三产业合计、所有行业总量、第二产业占总量的比重和制造业占第二产业的比重的简称。
数据来源：笔者计算所得。

最后，1995~2009 年，制造业各部门中，电气与光学设备制造业，纺织及服装制造业，金属冶炼、压延加工业及金属制品业这三个部门的 CO_2 贸易赤字额一直居于所细分部门的前三位。图 7-9 显示，中国电气与光学设备制造业，纺织及服装制造业，金属冶炼、压延加工业及金属制品业这三个部门的 CO_2 贸易平衡在整个研究期内一直为赤字状态，并且赤字额分别从 1995 年的 97.17MT、95.05MT 和 71.47MT 降低至 2001 年的 92.24MT、62.66MT 和 38.58MT，不过加入 WTO 之后，2001~2007 年呈现持续攀升，增加至 2007 年的 464.02MT、183.52MT 和 182.50MT，但受金融危机的影响，又分别下降至 2009 年的 406.63MT、142.38MT 和 93.85MT。可知，这三个制造业部门的 CO_2 贸易赤字额整体呈现先降后升再降的倒"N"型变化态势。同时，电气与光学设备制造业，纺织及服装制造业，金属冶炼、压延加工业及金属制品业这三个部门的 CO_2 贸易赤字总额占制造业各部门 CO_2 贸易赤字总额的比重在整个样本期间内均达 60% 左右，从 1995 年的 63.29% 增加至 2009 年的 64.51%。可知，制造业 CO_2 贸易平衡呈现赤字状态主要是由电气与光学设备制造业，纺织及服装制造业，金属冶炼、压延加工业及金属制品业这三个部门引起的。

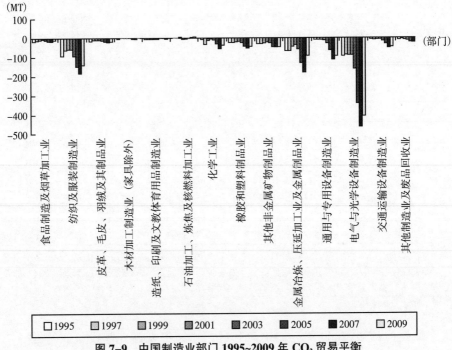

图7-9　中国制造业部门 1995~2009 年 CO_2 贸易平衡

2. NH_3 贸易平衡

首先，在研究期内，中国 NH_3 贸易平衡呈现赤字状态主要由第二产业各部门对外贸易所造成。表 7-10 显示，1995~2009 年，第二产业的 NH_3

贸易平衡一直呈现赤字状态，赤字额从 1995 年的 44.32 万吨持续下降至 2001 年的 34.32 万吨；加入 WTO 之后，迅速增加至 2007 年的 99.96 万吨；不过，受金融危机的影响，之后持续下降，至 2009 年下降量达 18.86 万吨。可知，第二产业 NH_3 贸易赤字额呈现先降后升再降的倒"N"型发展态势。这表明，第二产业各部门进行对外贸易不利于我国进行 NH_3 减排。同时，第二产业 NH_3 贸易赤字额占中国各产业 NH_3 贸易赤字总额的比重从 1995 年的 75.05% 增加至 2009 年的 120.83%。这表明，第二产业贸易是造成中国 NH_3 贸易平衡呈现赤字状态且赤字额增加的主要原因。

除第二产业外，第三产业 NH_3 贸易平衡在整个研究期内也一直为赤字状态，且赤字额从 1995 年的 4.24 万吨增加至 2009 年的 8.73 万吨。这表明，第三产业对我国 NH_3 排放产生负效应且负效应逐渐增强。第一产业 NH_3 贸易平衡在 1995~1999 年为赤字状态，不过赤字额呈现下降趋势，从 1995 年的 10.50 万吨持续下降至 1999 年的 0.90 万吨，但从 2000 年起，第一产业 NH_3 贸易平衡转为盈余状态且盈余额呈现上升趋势，从 2000 年的 1.16 万吨增加至 2009 年的 22.71 万吨。这表示，第一产业参与国际贸易逐渐有利于我国 NH_3 减排。

其次，1995~2009 年，制造业 NH_3 贸易赤字额增加是导致中国第二产业 NH_3 贸易平衡呈现赤字状态且赤字额增加的主要原因。表 7-10 显示，在整个研究期内，制造业 NH_3 贸易平衡一直为赤字状态，且赤字额在加入 WTO 之前的 1995~2001 年整体呈现下降趋势，下降额为 8.94 万吨；而在加入 WTO 之后的 2001~2007 年却呈现快速攀升，从 2001 年的 35.32 万吨持续攀升至 2007 年的 104.94 万吨，此期间年均增长率达 8.09%，受金融危机的影响，2007 年之后又持续下降，至 2009 年下降额达 17.41 万吨。这表明，制造业参与国际贸易将不利于我国 NH_3 减排。同时，制造业 NH_3 贸易赤字额占中国第二产业 NH_3 贸易赤字额的比重从 1995 年的 99.86% 增加至 2009 年的 107.93%，占中国总 NH_3 贸易赤字额的比重也从 1995 年的 74.95% 增加至 2009 年的 130.41%，这意味着制造业是第二产业 NH_3 贸易平衡甚至中国总 NH_3 贸易平衡呈现贸易赤字的主要贡献行业。

采矿及采石业的 NH_3 贸易平衡在整个研究期内均为盈余状态，盈余额从 1995 年的 0.04 万吨上升至 2009 年的 6.63 万吨，年均增长率达 44.06%。这表明，采矿及采石参与国际贸易整体上对我国 NH_3 排放起到减排作用。不过，第二产业中的电力、煤气和水的生产供应业以及建筑业的 NH_3 贸易平

开放经济视角下中国环境污染的影响因素分析研究

衡在 1995~2009 年一直为赤字状态，电力、煤气和水的供应业的 NH_3 贸易赤字额在整个研究期内围绕 0.02 万吨呈窄幅波动，建筑业的 NH_3 贸易赤字额在整个研究期内增加了 0.12 万吨。这表明电力、煤气和水的供应业以及建筑业参与国际贸易对我国 NH_3 排放产生微小的负影响。

表 7-10　中国各产业的 NH_3 贸易平衡

单位：万吨

年份	FI	SI					TI	TO	PST (%)	PMS (%)
		QI	MI	GI	CI	SU				
1995	−10.50	0.04	−44.26	−0.03	−0.07	−44.32	−4.24	−59.05	75.05	99.86
1996	−6.57	0.05	−41.05	−0.03	−0.04	−41.06	−3.79	−51.43	79.85	99.96
1997	−4.18	0.09	−39.28	−0.02	−0.03	−39.24	−4.83	−48.26	81.32	100.10
1998	−2.10	0.20	−35.87	−0.02	−0.04	−35.73	−5.21	−43.04	83.02	100.39
1999	−0.90	0.43	−35.39	−0.02	−0.06	−35.03	−5.13	−41.07	85.30	101.02
2000	1.16	1.13	−35.95	−0.02	−0.08	−34.92	−5.55	−39.31	88.82	102.96
2001	3.37	1.15	−35.32	−0.01	−0.13	−34.32	−5.76	−36.70	93.51	102.93
2002	0.84	1.22	−40.75	−0.02	−0.21	−39.76	−7.38	−46.31	85.87	102.49
2003	2.20	2.02	−50.67	−0.02	−0.22	−48.89	−8.14	−54.83	89.16	103.65
2004	11.89	3.50	−64.39	−0.02	−0.26	−61.17	−9.28	−58.56	104.46	105.26
2005	11.46	3.45	−83.81	−0.02	−0.25	−80.63	−10.26	−79.43	101.51	103.94
2006	16.57	4.08	−102.24	−0.02	−0.26	−98.44	−11.25	−93.11	105.72	103.86
2007	22.31	5.23	−104.94	−0.02	−0.24	−99.96	−10.48	−88.14	113.42	104.98
2008	27.24	6.30	−97.13	−0.02	−0.23	−91.07	−10.09	−73.92	123.20	106.65
2009	22.71	6.63	−87.53	−0.01	−0.19	−81.10	−8.73	−67.12	120.83	107.93

注：FI、SI（QI，MI，GI，CI，SU）、TI、TO、PST 和 PMS 分别为第一产业、第二产业（采矿及采石，制造业，电力、煤气和水的供应业，建筑业，第二产业合计）、第三产业合计、所有行业总量、第二产业占总量的比重和制造业占第二产业的比重的简称。

数据来源：笔者计算所得。

最后，1995~2009 年，制造业各部门中，纺织及服装制造业 NH_3 贸易赤字额一直是所细分部门 NH_3 贸易赤字最高的部门。图 7-10 显示，纺织及服装制造业的 NH_3 贸易平衡在整个研究期内呈现赤字状态，赤字额从 1995 年的 18.38 万吨持续下降至 1999 年的 13.32 万吨，之后持续攀升至 2007 年的 44.00 万吨，接着持续下降至 2009 年的 34.46 万吨。同时，纺织及服装制造业的 NH_3 贸易赤字额占制造业的 NH_3 贸易赤字额的比重从

1995 年的 30.09%增加至 2009 年 39.37%，即至 2009 年，制造业 NH₃ 贸易赤字额约有 2/5 是由于纺织及服装制造业贸易导致。

除纺织及服装制造业外，1995~2003 年，食品制造及烟草加工业和皮革、毛皮、羽绒及其制品业成为制造业 NH₃ 贸易赤字额第二和第三多的部门。但 2003 年之后，电气与光学设备制造业 NH₃ 贸易赤字额超过皮革、毛皮、羽绒及其制品业 NH₃ 贸易赤字额，成为制造业细分部门 NH₃ 贸易赤字额较多的部门，与纺织及服装制造业、食品制造及烟草加工业一起成为中国制造业部门 NH₃ 贸易赤字额最多的三个部门。

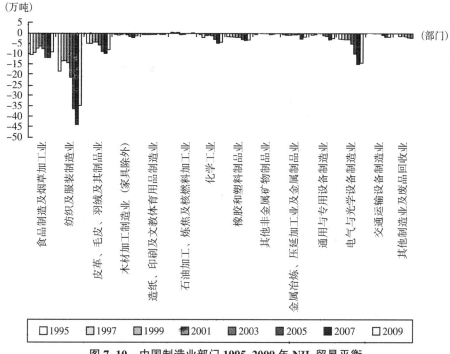

图 7-10　中国制造业部门 1995~2009 年 NH₃ 贸易平衡

3. NO$_X$ 和 SO$_X$ 的贸易平衡

首先，在研究期间内，中国空气污染物（NO$_X$ 和 SO$_X$）贸易平衡呈现赤字状态主要是由第二产业所引起。表 7-11 和表 7-12 显示，第二产业 NO$_X$ 和 SO$_X$ 贸易平衡在整个研究期内一直为赤字状态，赤字额分别先整体上从 1995 年的 126.90 万吨和 389.62 万吨下降至 2001 年的 90.02 万吨和

252.33 万吨；在加入 WTO 之后呈现持续的攀升趋势，分别增加至 2008 年的 301.00 万吨和 773.48 万吨，此期间年均增长率分别达 9.00% 和 8.33%；受金融危机的影响，再次呈现下降趋势，至 2009 年下降量分别为 71.85 万吨和 140.69 万吨。同时，第二产业 NO_X 和 SO_X 贸易赤字额相应地占中国各产业 NO_X 和 SO_X 贸易赤字总额的比重分别从 1995 年的 86.55% 和 90.42% 上升至 2009 年的 90.90% 和 92.36%。这表明，第二产业各部门进行对外贸易将增加我国空气污染排放量，即不利于空气污染减排，同时，第二产业进行对外贸易产生的空气污染贸易赤字额是我国总空气污染贸易平衡呈现赤字状态的主要原因。

除第二产业外，第三产业 NO_X 和 SO_X 贸易平衡在整个研究期内也呈现赤字状态，且赤字额分别从 1995 年 18.37 万吨和 34.89 万吨增加至 2009 年的 44.46 万吨和 60.35 万吨。这表明，第三产业相关部门进行国际贸易不利于我国空气污染减排，且对我国空气环境的负面影响逐渐增强。第一产业 NO_X 贸易平衡在 1995~1998 年呈现赤字状态但赤字额呈下降趋势，在此期间下降了 0.94 万吨。不过，从 1999 年起第一产业 NO_X 贸易平衡转为盈余状态且盈余额呈现攀升趋势，增加至 2009 年的 21.52 万吨。同时，第一产业 SO_X 贸易平衡在 1995~2005 年基本呈现赤字状态但赤字额呈下降趋势，在此期间赤字额下降量达 4.38 万吨。不过，从 2006 年起，第一产业 SO_X 贸易平衡转为盈余且盈余额呈上升趋势，增加至 2009 年的 8.03 万吨。

其次，1995~2009 年，第二产业空气污染（NO_X 和 SO_X）贸易平衡呈现赤字状态主要是由制造业引起。表 7-11 和表 7-12 显示，制造业空气污染（NO_X 和 SO_X）贸易平衡在整个研究期内一直为赤字状态且赤字额整体呈现上升趋势，分别从 1995 年的 120.27 万吨和 359.24 万吨增加至 2009 年的 254.35 万吨和 644.73 万吨。分阶段来看，制造业 NO_X 和 SO_X 贸易赤字额在加入 WTO 之前的 1995~2001 年呈现下降趋势，此期间下降量分别达 29.44 万吨和 117.20 万吨；不过，加入 WTO 之后的 2001~2008 年呈现持续的攀升趋势，此期间增加量分别达 234.65 万吨和 538.64 万吨；受金融危机的影响，再次呈现下降趋势，至 2009 年下降量分别达 71.13 万吨和 135.95 万吨。同时，制造业 NO_X 和 SO_X 贸易赤字额占中国第二产业各部门 NO_X 和 SO_X 贸易赤字总额的比重也分别从 1995 年的 94.77% 和 92.20% 增加至 2009 年的 111.00% 和 101.89%，且占中国各部门 NO_X 和 SO_X 贸易赤字总额的比重分别从 1995 年的 82.02% 和 83.37% 增加至 2009 年的 100.90% 和 94.11%。这表明，制造业各部门进行国际贸易将不利于我国空气污染减排，导致第二产业空气污染贸易平衡甚至中国总空气污染贸易平衡呈现赤字状态。

除制造业外，第二产业包含的电力、煤气和水的供应业以及建筑业的 NO_X 和 SO_X 贸易平衡在 1995~2009 年也一直为赤字状态，且电力、煤气和水的供应业的 NO_X 和 SO_X 贸易赤字额分别从 1995 年的 3.13 万吨和 15.52 万吨下降至 2009 年的 0.70 万吨和 3.85 万吨，而建筑业的 NO_X 和 SO_X 贸易赤字额分别从 1995 年的 0.82 万吨和 2.26 万吨增加至 2009 年的 1.86 万吨和 3.67 万吨。这表明，电力、煤气和水的供应业以及建筑业参与国际贸易均对我国空气环境产生不利影响，但前一个部门的负面影响逐渐减少而后一个部门的负面影响却逐渐增强。不过，第二产业中的采矿及采石业的 NO_X 和 SO_X 贸易平衡分别从 1998 年和 2003 年起转为盈余且盈余额上升，至 2009 年盈余额分别增加了 27.73 万吨和 18.54 万吨。这意味着，近年来，采

表 7-11　中国各产业的 NO_X 贸易平衡

单位：万吨

年份	FI	SI					TI	TO	PST (%)	PMS (%)
		QI	MI	GI	CI	SU				
1995	-1.36	-2.68	-120.27	-3.13	-0.82	-126.90	-18.37	-146.63	86.55	94.77
1996	-1.17	-1.60	-112.29	-3.08	-0.45	-117.42	-14.90	-133.49	87.96	95.63
1997	-0.79	-0.54	-118.06	-2.59	-0.27	-121.46	-20.53	-142.77	85.07	97.20
1998	-0.42	0.03	-115.35	-2.10	-0.34	-117.74	-23.95	-142.11	82.85	97.96
1999	0.14	1.43	-101.19	-1.82	-0.33	-101.90	-22.01	-123.77	82.33	99.30
2000	1.16	3.76	-102.47	-1.81	-0.34	-100.86	-25.84	-125.54	80.34	101.60
2001	1.71	2.99	-90.83	-1.66	-0.52	-90.02	-27.69	-116.00	77.60	100.90
2002	1.44	2.27	-100.36	-1.89	-0.71	-100.69	-37.03	-136.28	73.89	99.66
2003	1.59	5.95	-144.79	-2.46	-1.14	-142.45	-48.67	-189.54	75.16	101.64
2004	11.95	12.16	-175.88	-1.68	-1.45	-166.85	-39.73	-194.63	85.73	105.41
2005	13.47	13.45	-226.08	-1.47	-1.52	-215.62	-38.25	-240.40	89.69	104.85
2006	22.56	16.64	-276.73	-1.11	-1.62	-262.83	-39.66	-279.93	93.89	105.29
2007	32.45	22.28	-293.39	-0.91	-1.83	-273.85	-39.86	-281.26	97.37	107.14
2008	28.17	28.33	-325.48	-1.45	-2.40	-301.00	-49.36	-322.19	93.42	108.13
2009	21.52	27.76	-254.35	-0.70	-1.86	-229.15	-44.46	-252.09	90.90	111.00

注：FI、SI（QI、MI、GI、CI、SU）、TI、TO、PST 和 PMS 分别为第一产业、第二产业（采矿及采石，制造业，电力、煤气和水的供应业，建筑业，第二产业合计）、第三产业合计、所有行业总量、第二产业占总量的比重和制造业占第二产业的比重的简称。

数据来源：笔者计算所得。

开放经济视角下中国环境污染的影响因素分析研究

矿及采石业参与国际贸易将有利于我国空气污染（NO$_X$和SO$_X$）的减排，即对空气环境产生正面效应，且正面效应不断增强。

表7-12 中国各产业的SO$_X$贸易平衡

单位：万吨

年份	FI	SI					TI	TO	PST（%）	PMS（%）
		QI	MI	GI	CI	SU				
1995	−6.39	−12.60	−359.24	−15.52	−2.26	−389.62	−34.89	−430.91	90.42	92.20
1996	−4.68	−9.38	−326.17	−14.86	−1.21	−351.62	−29.84	−386.14	91.06	92.76
1997	−3.52	−7.19	−321.06	−11.82	−0.68	−340.75	−42.79	−387.06	88.04	94.22
1998	−2.69	−4.80	−301.58	−9.68	−0.76	−316.83	−45.86	−365.38	86.71	95.19
1999	−2.26	−2.09	−257.96	−7.87	−0.73	−268.65	−40.73	−311.64	86.21	96.02
2000	−1.68	−0.21	−263.04	−8.06	−0.82	−272.13	−45.08	−318.88	85.34	96.66
2001	−1.00	−1.67	−242.04	−7.51	−1.11	−252.33	−45.63	−298.96	84.40	95.92
2002	−1.50	−3.17	−267.74	−8.53	−1.47	−280.91	−56.15	−338.56	82.97	95.31
2003	−1.92	0.92	−378.44	−10.71	−2.21	−390.44	−65.83	−458.19	85.21	96.93
2004	0.88	6.38	−414.72	−6.40	−2.43	−417.17	−61.81	−478.10	87.26	99.41
2005	−2.01	6.50	−507.93	−5.20	−2.66	−509.30	−63.09	−574.40	88.67	99.73
2006	3.25	9.85	−599.39	−4.06	−2.85	−596.45	−66.36	−659.57	90.43	100.49
2007	10.95	11.75	−656.97	−3.90	−3.26	−652.39	−64.19	−705.62	92.46	100.70
2008	19.99	17.78	−780.68	−6.09	−4.49	−773.48	−71.74	−825.23	93.73	100.93
2009	8.03	19.46	−644.73	−3.85	−3.67	−632.79	−60.35	−685.11	92.36	101.89

注：FI、SI（QI，MI，GI，CI，SU）、TI、TO、PST和PMS分别为第一产业、第二产业（采矿及采石，制造业，电力、煤气和水的供应业，建筑业，第二产业合计）、第三产业合计、所有行业总量、第二产业占总量的比重和制造业占第二产业的比重的简称。

数据来源：笔者计算所得。

最后，1995~2009年，制造业各部门中，电气与光学设备制造业、纺织及服装制造业这两个部门的空气污染（NO$_X$和SO$_X$）贸易赤字额一直是制造业细分部门空气污染（NO$_X$和SO$_X$）贸易赤字额较高的部门。图7-11与图7-12显示，电气与光学设备制造业、纺织及服装制造业这两个部门的空气污染（NO$_X$和SO$_X$）贸易平衡在整个研究期内一直呈现赤字状态，且整体上赤字额均呈现上升趋势，这表明，电气与光学设备制造业、纺织及服装制造业这两个部门产品参与国际贸易不利于中国空气污染物的减排。同时，电气与光学设备制造业、纺织及服装制造业这两个部门的NO$_X$

和 SO$_X$ 贸易赤字总额分别占制造业各部门 NO$_X$ 和 SO$_X$ 贸易赤字总额的比重从 1995 年的 47.27% 和 44.30% 增加至 2009 年的 56.65% 和 52.45%，这意味着电气与光学设备制造业和纺织及服装制造业这两个部门贸易是造成制造业空气污染物贸易平衡呈现赤字状态的主要原因。

其中，纺织及服装制造业的 NO$_X$ 和 SO$_X$ 贸易赤字额整体上从 1995 年的 29.81 万吨和 76.14 万吨下降至 1999 年的 19.73 万吨和 42.71 万吨；之后在 1999~2007 年呈现快速上升趋势，至 2007 年分别增加至 88.84 万吨和 175.99 万吨；受金融危机的影响，再次呈下降趋势，至 2009 年下降量分别达 29.14 万吨和 43.93 万吨。可知，纺织及服装制造业的 NO$_X$ 和 SO$_X$ 贸易赤字额整体呈现先下降后上升再下降的倒 "N" 型变化趋势。整体上来看，电气与光学设备制造业的 NO$_X$ 和 SO$_X$ 贸易赤字额先分别从 1995 年的 27.04 万吨和 82.99 万吨下降至 2001 年的 24.38 万吨和 66.72 万吨，之后持续攀升至 2009 年的 84.38 万吨和 206.12 万吨，在 2001~2009 年年均增长率分别达 16.79% 和 15.14%。可知，电气与光学设备制造业的 NO$_X$ 和 SO$_X$ 贸易赤字额整体上呈现先下降后上升的 "V" 型发展态势。

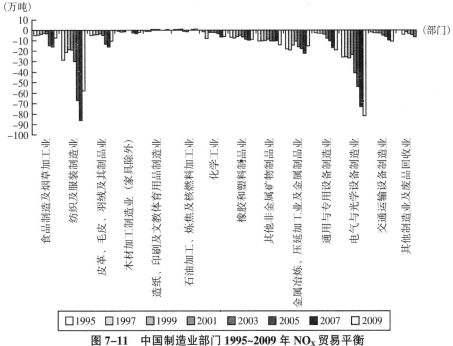

图 7-11　中国制造业部门 1995~2009 年 NO$_X$ 贸易平衡

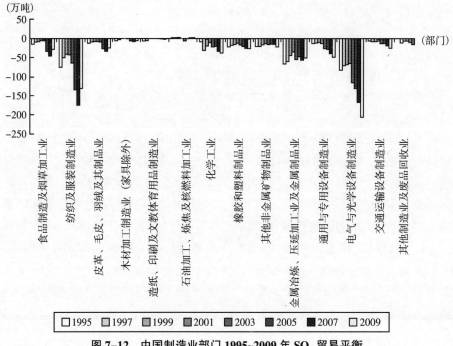

图 7-12　中国制造业部门 1995~2009 年 SO_x 贸易平衡

第二节　各部门污染贸易条件分析

一、CO_2 贸易条件

首先，中国三次产业的 CO_2 贸易条件均大于 1 但呈现下降趋势，且第三产业的 CO_2 贸易条件一直处于较高水平。从表 7-13 可知，第一产业、第二产业和第三产业的 CO_2 贸易条件分别从 1995 年的 2.88、6.23 和 7.68 下降至 2009 年的 1.49、3.09 和 3.18，下降幅度分别达 48.26%、50.40% 和 58.59%。这意味着中国技术的快速进步和减排力度的加大，使得中国三次产业的污染排放强度下降幅度较大，促使其三次产业的污染贸易条件整体上呈现下降趋势。但三次产业的 CO_2 贸易条件均大于 1，表明中国三次产业均成为了其他国家进行污染转移的"避难所"。第三产业的CO_2贸易条件一直处于较高水平,而第一产业的CO_2贸易条件却一直处于较低水平,明显低于第三产业。

其次,在第二产业中,建筑业的CO_2贸易条件明显高于其他行业,一直处于较高水平。从第二产业包括的四个行业来看,表7-13显示,建筑业的CO_2贸易条件一直处于较高的水平,但从1995年的9.41下降至2009年的4.86,下降幅度达48.35%。而在中国加入WTO之前的1995~2001年,电力、煤气和水的供应业的CO_2贸易条件一直处于较低的水平且整体呈下降趋势。但从加入WTO之后的2002年起,电力、煤气和水的供应业的CO_2贸易条件却整体呈现上升趋势,并且此期间,采矿及采石的CO_2贸易条件虽也呈现上升趋势,但上升趋势明显较电力、煤气和水的供应业要小。同时,制造业的CO_2贸易条件呈现较大幅度的下降趋势,使得制造业和采矿及采石业的CO_2贸易条件低于其他第二产业行业,处于较低水平。

表7-13 中国各产业的CO_2贸易条件

年份	第一产业	第二产业					第三产业均值
		采矿及采石	制造业均值	电力、煤气和水的供应业	建筑业	第二产业均值	
1995	2.88	5.03	6.31	3.11	9.41	6.23	7.68
1996	2.79	4.22	5.45	3.72	9.72	5.52	7.12
1997	2.43	3.33	4.88	3.00	10.85	5.03	6.11
1998	2.22	3.09	4.32	2.50	10.45	4.50	5.51
1999	1.95	2.76	3.73	2.59	7.03	3.80	4.82
2000	1.83	2.72	3.38	2.54	4.87	3.38	3.56
2001	1.65	2.37	2.96	3.02	6.89	3.16	3.13
2002	1.56	2.25	2.86	3.52	5.75	3.03	3.39
2003	1.82	2.57	3.21	4.42	5.96	3.40	4.21
2004	1.86	2.72	3.55	3.92	9.02	3.85	4.57
2005	1.91	3.24	3.67	3.73	6.35	3.80	3.72
2006	1.89	3.79	3.65	4.55	5.59	3.83	4.05
2007	1.84	3.65	3.42	3.99	5.60	3.59	3.76
2008	1.63	4.02	3.26	4.01	5.03	3.45	3.45
2009	1.49	3.51	2.89	3.61	4.86	3.09	3.18

数据来源:笔者计算所得。

最后，从制造业和第三产业的细分部门来看，1995~2009 年，所有细分部门的 CO_2 贸易条件均呈现下降趋势，并且在 2001 年之前，第三产业的教育和卫生与社会工作的 CO_2 贸易条件处于较高水平，而从 2001 年起，第二产业的通用与专用设备制造业和交通运输设备制造业的 CO_2 贸易条件超过其他行业，处于较高水平。图 7-13 显示，制造业和第三产业细分部门中，所有细分部门的 CO_2 贸易条件在 1995~2009 年整体上均大于 1 但均呈现下降趋势，表明中国制造业和第三产业细分部门的单位出口隐含 CO_2 排放量均大于单位进口隐含 CO_2 排放量，即国际贸易增加中国各部门的污染转移成本。但各部门的 CO_2 贸易条件均呈现改善趋势。在中国加入 WTO 之前，相对于制造业和其他第三产业而言，第三产业的教育和卫生与社会工作的 CO_2 贸易条件处于较高水平，1995 年分别高达 18.20 和 15.23。但加入 WTO 之后，第二产业的通用与专用设备制造业和交通运输设备制造业的 CO_2 贸易条件超过其他细分部门，处于较高水平，2009 年仍分别高达6.32 和 5.84。

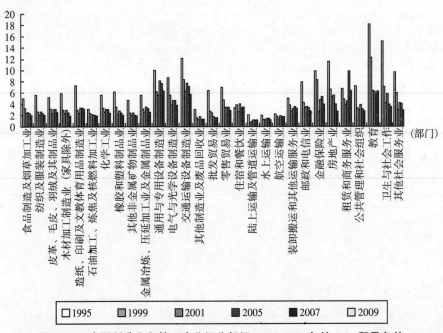

图 7-13　中国制造业和第三产业细分部门 1995~2009 年的 CO_2 贸易条件

二、NH₃贸易条件

首先，分产业来看，1995~2009 年，中国三次产业的 NH₃ 贸易条件均大于 1 但均呈现下降趋势且第三产业的 NH₃ 贸易条件一直处于较高水平。表 7–14 显示，第一产业、第二产业和第三产业的 NH₃ 贸易条件分别从 1995 年的 2.18、13.58 和 17.85 下降至 2009 年的 1.12、7.11 和 11.74，下降幅度分别达 48.62%、47.64% 和 34.23%。但至 2009 年，三次产业的 NH₃ 贸易条件仍均大于 1。这表明，整体上中国三次产业均成为了其他国家的"NH₃ 避难所"。比较而言，第三产业的 NH₃ 贸易条件在整个样本期内均明显高于第一产业和第二产业，尤其是第一产业，这可能是由于第三产业单位出口隐含 NH₃ 排放量高于第一产业和第二产业，或第三产业单位进口隐含 NH₃ 排放量低于第一产业和第二产业，或两者共同引起的。

其次，从第二产业包括的四个行业来看，相比而言，制造业的 NH₃ 贸易条件处于较高水平，而采矿及采石却处于较低水平且从 2001 年起下降至 1 以下。表 7–14 显示，第二产业包含的四个行业中，除采矿及采石外，制造业，建筑业，电力、煤气和水的供应业的 NH₃ 贸易条件在 1995~2009 年一直大于 1，但分别从 1995 年的 15.42、7.77 和 5.66 下降至 2009 年的 8.14、3.55 和 2.56，下降幅度分别达 47.21%、54.31% 和 54.77%。而采矿及采石的 NH₃ 贸易条件从 1995 年的 1.57 下降至 2000 的 1.02，并在 2001 年首次下降至 1 以下，达 0.79，之后在泛水平上波动，至 2009 年达 0.82，但此期间一直小于 1。这表明，采矿及采石的 NH₃ 贸易条件逐渐改善，近年来并未成为他国的"NH₃ 避难所"。第二产业包含的四个行业的 NH₃ 贸易条件比较来看，1995~2009 年，制造业的 NH₃ 贸易条件一直处于较高水平，一直处于 7.30 以上。而建筑业的 NH₃ 贸易条件波动幅度较大，但从 2006 年开始趋于平稳。

表 7–14　中国各产业的 NH₃ 贸易条件

年份	第一产业	第二产业					第三产业均值
		采矿及采石	制造业均值	电力、煤气和水的供应业	建筑业	第二产业均值	
1995	2.18	1.57	15.42	5.66	7.77	13.58	17.85
1996	1.92	1.75	14.60	5.59	10.82	13.09	19.10

续表

年份	第一产业	第二产业					第三产业均值
		采矿及采石	制造业均值	电力、煤气和水的供应业	建筑业	第二产业均值	
1997	1.67	1.72	13.89	6.57	15.82	12.86	17.48
1998	1.47	1.32	11.24	8.41	19.89	11.00	13.71
1999	1.42	1.21	10.17	5.18	13.19	9.53	13.19
2000	1.36	1.02	8.67	3.43	6.18	7.77	8.84
2001	1.23	0.79	7.30	3.83	11.13	6.94	8.13
2002	1.29	0.72	7.39	4.19	8.62	6.88	11.55
2003	1.38	0.69	8.00	3.78	6.91	7.26	12.99
2004	1.36	0.64	9.06	3.58	10.30	8.32	12.43
2005	1.36	0.89	9.96	3.13	6.00	8.79	11.64
2006	1.30	0.98	10.81	3.75	4.79	9.46	14.27
2007	1.11	0.88	9.98	3.12	4.00	8.69	13.60
2008	1.14	0.97	9.80	3.02	3.77	8.53	12.66
2009	1.12	0.82	8.14	2.56	3.55	7.11	11.74

数据来源：笔者计算所得。

最后，从制造业和第三产业的细分部门来看，除第三产业的住宿和餐饮业、水上运输业、航空运输业、装卸搬运和其他运输服务业之外，1995~2009 年，其他所有细分部门的 NH_3 贸易条件均呈现下降趋势。整体上来看，交通运输设备制造业、航空运输业、装卸搬运和其他运输服务业的 NH_3 贸易条件一直处于较高水平。图 7-14 显示，1995~2009 年，制造业和第三产业细分部门的 NH_3 贸易条件均大于 1。这意味着，中国制造业各部门和第三产业各部门单位出口隐含 NH_3 排放量高于单位进口隐含 NH_3 排放量，成为了他国的"NH_3 避难所"。不过，除第三产业的住宿和餐饮业、水上运输业、航空运输业、装卸搬运和其他运输服务业之外，制造业各部门和其他第三产业各部门的 NH_3 贸易条件整体上均呈现改善趋势。在整个研究期内，交通运输设备制造业、装卸搬运和其他运输服务业、航空运输业这三个部门的 NH_3 贸易条件一直处于较高水平，至 2009 年仍分别高达 22.90、32.74 和 26.19。

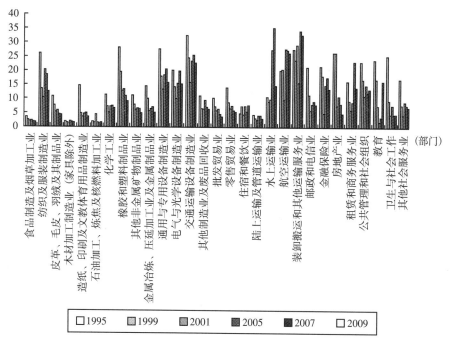

图7-14　中国制造业和第三产业细分部门 1995~2009 年的 NH_3 贸易条件

三、NO_x 和 SO_x 贸易条件

首先，1995~2009 年，中国三次产业的空气污染物（NO_x 和 SO_x）贸易条件一直大于 1 但呈现下降趋势。表 7-15 和表 7-16 显示，整个研究期间内，中国第一产业、第二产业和第三产业的 NO_x 贸易条件和 SO_x 贸易条件一直都大于 1，但均呈现持续下降的趋势。其中，第一产业、第二产业和第三产业的 NO_x 贸易条件分别从 1995 年的 1.37、4.61 和 5.11 下降至 2009 年的 1.13、2.49 和 2.55，下降幅度分别达 17.52%、45.99% 和 50.10%，SO_x 贸易条件分别从 1995 年的 4.84、10.83 和 12.46 下降至 2009 年的 2.46、5.88 和 6.89，下降幅度分别达 49.17%、45.71% 和 44.70%。这表明，中国三次产业已经成为了他国的"空气污染避难所"，但中国三次产业的空气污染物贸易条件均呈改善趋势。比较三次产业的空气污染物贸易条件可知，第三产业和第二产业的空气污染物（NO_x 和 SO_x）贸易条件一直处于较高水平，远远高于第一产业。这表明，相对于第一产业而言，第三产业

和第二产业单位出口隐含空气污染物排放量远高于单位进口隐含空气污染物排放量。

其次,从第二产业包含的四个行业来看,四个行业的空气污染物(NO_X 和 SO_X)贸易条件在整个研究期内均大于 1,但除电力、煤气和水的供应业的空气污染物贸易条件呈现上升趋势外,其他三个行业均呈现下降趋势。表 7-15 和表 7-16 显示,1995~2009 年,第二产业的采矿及采石、制造业和建筑业的 NO_X 贸易条件分别从 1995 年的 2.97、4.79 和 6.29 下降至 2009 年的 2.08、2.44 和 3.36,下降幅度分别达 29.97%、49.06% 和 46.58%,且它们的 SO_X 贸易条件也分别从 1995 年的 6.50、11.44 和 14.37 下降至 2009 年的 5.14、5.85 和 8.01,下降幅度分别达 20.92%、48.86% 和 44.26%。不过,电力、煤气和水的供应业的 NO_X 贸易条件和 SO_X 贸易条件却分别从 1995 年的 1.97 和 3.13 增加至 2009 年的 2.69 和 4.87,上升幅度分别达 36.55% 和 55.59%。但总体来看,第二产业包含的四个行业的空气污染物贸易条件在整个样本期内一直大于 1。这意味着,第二产业的四个行业均成了他国的"空气污染避难所"。从第二产业包含的四个行业比较来看,建筑业的空气污染物贸易条件一直处于较高的水平,且明显高于第二产业的其他三个行业。

表 7-15　中国各产业的 NO_X 贸易条件

年份	第一产业	第二产业					第三产业均值
		采矿及采石	制造业均值	电力、煤气和水的供应业	建筑业	第二产业均值	
1995	1.37	2.97	4.79	1.97	6.29	4.61	5.11
1996	1.47	2.76	4.30	2.44	7.15	4.27	5.06
1997	1.36	2.27	4.01	2.01	9.12	4.09	4.60
1998	1.31	2.02	3.49	1.57	9.16	3.62	3.96
1999	1.23	2.02	3.14	1.73	6.41	3.18	3.76
2000	1.07	2.06	2.94	1.86	3.76	2.87	2.51
2001	0.97	1.78	2.57	2.52	5.56	2.70	2.18
2002	0.97	1.81	2.45	3.40	4.40	2.58	2.51
2003	1.15	1.96	2.80	4.23	4.52	2.94	3.26
2004	1.37	1.75	2.75	2.93	6.24	2.91	3.32
2005	1.39	2.02	2.79	2.50	4.16	2.81	2.70
2006	1.35	2.01	2.74	2.72	3.32	2.73	2.97

续表

年份	第一产业	第二产业					第三产业均值
		采矿及采石	制造业均值	电力、煤气和水的供应业	建筑业	第二产业均值	
2007	1.11	1.81	2.55	2.17	2.90	2.51	2.72
2008	1.11	2.39	2.84	3.08	3.50	2.87	2.82
2009	1.13	2.08	2.44	2.69	3.36	2.49	2.55

数据来源：笔者计算所得。

表7-16 中国各产业的 SO_x 贸易条件

年份	第一产业	第二产业					第三产业均值
		采矿及采石	制造业均值	电力、煤气和水的供应业	建筑业	第二产业均值	
1995	4.84	6.50	11.44	3.13	14.37	10.83	12.46
1996	4.49	6.03	10.08	3.82	18.12	9.95	12.35
1997	3.90	5.11	8.83	3.08	28.07	9.40	11.00
1998	3.76	4.50	7.83	2.40	26.85	8.44	8.67
1999	3.36	4.30	6.73	2.53	15.61	6.86	8.04
2000	2.79	3.58	5.80	2.48	7.01	5.54	4.97
2001	2.47	3.10	4.96	3.50	12.72	5.22	4.20
2002	2.34	3.08	4.87	4.96	8.84	5.00	4.93
2003	2.74	3.41	5.75	6.20	8.53	5.80	6.86
2004	2.63	3.74	5.54	4.34	13.50	5.83	7.27
2005	2.61	4.38	5.63	3.97	8.68	5.64	6.16
2006	2.65	4.54	5.75	4.59	7.57	5.72	7.02
2007	2.27	4.79	5.76	3.95	7.91	5.72	7.22
2008	2.23	5.71	6.64	5.58	8.42	6.63	7.84
2009	2.46	5.14	5.85	4.87	8.01	5.88	6.89

数据来源：笔者计算所得。

最后，从制造业和第三产业的细分部门来看，1995~2009年，第三产业的水上运输业、陆上运输及管道运输业在部分年份空气污染贸易条件小于1，其他所有细分部门的空气污染物贸易条件均大于1，但整体呈现下降趋势，交通运输设备制造业、通用与专用设备制造业的空气污染物贸易条件整体上一直处于较高水平。图7-15和图7-16显示，水上运输业的 NO_x 贸易条件和 SO_x 贸易条件在整个研究期内一直小于1，至2009年仅分别达 0.46 和 0.56。这表明，水上运输业单位出口隐含空气污染物排放量小于单位进口隐含空气污染物排放量。而除了水上运输业外，制造业和第三产业各细分行业的空气污染物贸易条件在整个研究期内一直大于 1。同时，除住宿和餐饮业空气污染物贸易条件整体呈现上升趋势外，制造业各细分部门和其他第三产业细分部门的空气污染物贸易条件整体上呈现改善趋势。

比较来看，制造业的交通运输设备制造业、通用与专用设备制造业的空气污染物贸易条件明显高于其他细分部门，一直处于较高的水平。其中，交通运输设备制造业、通用与专用设备制造业的 NO_x 贸易条件虽分别从 1995 年的 11.39 和 8.59 下降至 5.32 和 5.10，下降幅度分别达 53.29% 和 40.63%，且 SO_x 贸易条件也分别从 1995 年的 30.11 和 24.64 下降至 2009 年的 15.98 和 14.03，下降幅度也分别达 46.93% 和 43.06%，但两个部门的空气污染物贸易条件仍处于较高水平。

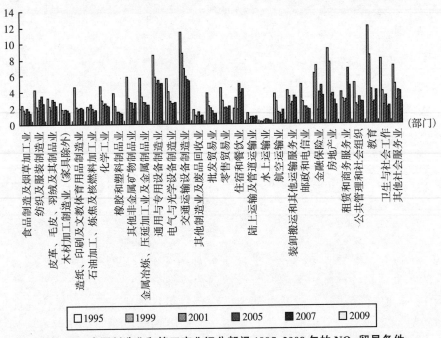

图 7-15　中国制造业和第三产业细分部门 1995~2009 年的 NO_x 贸易条件

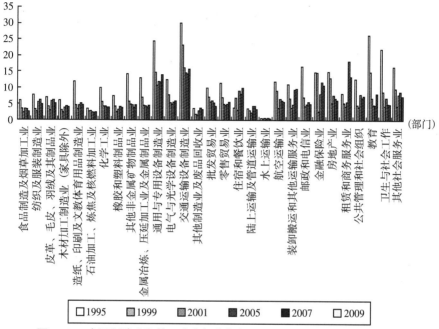

图7-16　中国制造业和第三产业细分部门1995~2009年的SO_X贸易条件

第三节　小　结

基于总量层面的中国对外贸易的环境效应分析，本章进一步从产业部门角度来分析。

首先，基于全球多区域投入产出表，测算了1995~2009年中国各部门进出口隐含CO_2、NH_3、NO_X和SO_X排放量。结果发现，从出口角度来看，1995~2009年中国出口隐含CO_2、NH_3、NO_X和SO_X排放量主要由第二产业的出口导致。至2009年，第二产业出口隐含CO_2、NH_3、NO_X和SO_X排放量占中国总出口隐含CO_2、NH_3、NO_X和SO_X排放量的比重均达80%以上。而第二产业的制造业出口贸易隐含CO_2、NH_3、NO_X和SO_X排放量又是第二产业出口贸易隐含CO_2、NH_3、NO_X和SO_X排放量的主要构成。在1995~2009年，制造业出口隐含CO_2和NH_3、NO_X、SO_X排放量分别占第二产业

出口隐含 CO_2 和三种污染物排放量的比重整体呈现上升趋势，且整个研究期内均达 90% 以上，至 2009 年均达 97% 以上。这意味着，制造业出口是中国出口隐含 CO_2、NH_3、NO_X 和 SO_X 排放量的主要因素，这与中国具有"中国制造"与"世界加工厂"的称号相符合。

进一步考察制造业细分部门发现，电气与光学设备制造业，纺织及服装制造业，金属冶炼、压延加工业及金属制品业这三个部门出口隐含温室气体（CO_2）和空气污染物（NO_X 和 SO_X）排放量一直居所有细分部门中的前三位，且纺织及服装制造业和食品制造及烟草加工业这两个部门出口隐含 NH_3 排放量一直居所有细分部门中的前两位。

从进口角度来看，中国进口隐含温室气体（CO_2）和空气污染物（NO_X 和 SO_X）排放量主要由第二产业的进口引起。在 1995~2009 年，第二产业进口隐含 CO_2、NO_X 和 SO_X 排放量占中国进口隐含 CO_2、NO_X 和 SO_X 排放量的比重分别达 87%、62% 和 65% 以上，不过，所占比重却在整个研究期内分别下降了 0.97 个百分点、12.12 个百分点和 16.04 个百分点。一方面因为第二产业进口量占中国总进口量的比重下降；另一方面因为第二产业进口产品逐渐清洁化。但是，在整个研究期间，中国进口隐含水污染（NH_3）排放量却主要由第一产业的进口导致。第一产业进口隐含 NH_3 排放量占中国进口隐含 NH_3 排放量的比重在 1995~2009 年均达 60% 以上，且所占比重呈现小幅度的增加，增加了 0.67 个百分点。同时，1995~2009 年，第二产业进口隐含 NH_3 排放量占中国总进口隐含 NH_3 排放量的比重维持在 30% 左右，从 1995 年的 31.28% 小幅增加至 2009 年的 33.36%。综上所述，在每个产业进口量一定时，同一产业进口隐含 CO_2、NH_3、NO_X 和 SO_X 排放量分别占中国三次产业进口隐含 CO_2、NH_3、NO_X 和 SO_X 排放量的比重却存在差异，原因是第一产业进口产品中水污染（NH_3）排放强度明显超过了其他产业进口产品中水污染（NH_3）排放强度，造成第一产业进口产品隐含 NH_3 排放量远超其他产业。

第二产业进口隐含 CO_2、NH_3、NO_X 和 SO_X 排放量又主要由制造业的进口引起。1995~2009 年，制造业进口隐含 CO_2、NH_3、NO_X 和 SO_X 排放量占第二产业进口隐含 CO_2、NH_3、NO_X 和 SO_X 排放量的比重均达 60% 以上。不过，制造业进口隐含 CO_2、NH_3、NO_X 和 SO_X 排放量所占比重却呈现下降趋势，在整个研究期内分别下降了 12.79 个百分点、20.95 个百分点、12.96 个百分点和 7.46 个百分点。进一步深入分析制造业细分部门可知，电气与光学设备制造业，化学工业，金属冶炼、压延加工业及金属制品业这三个部门进口隐含温室气体（CO_2）和空气污染物（NO_x和SO_x）排放量是构成制造业进口隐含温室气体（CO_2）和空气污染物（NO_x和SO_x）排放量增比的主要部门。食品制造及烟草加工业和化学工业是导致制造业进口隐含水污染（NH_3）排放量增加的两个主要部门。

其次，本章测算了各产业部门的环境贸易平衡，从绝对量上反映对外贸易对各部门污染排放产生的影响。结果显示，1995~2009 年，第二产业和第三产业的 CO_2、NH_3、NO_x 和 SO_x 贸易平衡均表现为赤字状态且赤字额呈现增加趋势，但第一产业的环境贸易平衡却从赤字状态逐渐转为盈余状态，且盈余额呈现增加态势。这表明，中国第二产业和第三产业参与国际贸易将不利于我国减排，而第一产业参与国际贸易将逐渐有利于我国减排。同时，第二产业的 CO_2、NH_3、NO_x 和 SO_x 贸易赤字占中国 CO_2、NH_3、NO_x 和 SO_x 贸易赤字额的比重在 1995~2009 年分别达 80%、75%、70%和80%以上，且至 2009 年分别达 88.29%、120.83%、90.90%和92.36%。这意味着，第二产业是导致中国 CO_2、NH_3、NO_x 和 SO_x 的贸易平衡呈现赤字状态的主要产业。

第二产业包含的四个行业之中，除采矿及采石外，1995~2009 年，其他三个行业的 CO_2 和三种污染物环境贸易平衡均表现为赤字状态。这意味着，第二产业中的采矿及采石业参与国际贸易有利于我国减排，而制造业，电力、煤气和水的供应业以及建筑业参与国际贸易不利于我国减排。同时，制造业的 CO_2、NH_3、NO_x 和 SO_x 贸易赤字额占第二产业 CO_2、NH_3、NO_x 和 SO_x 贸易赤字额的比重均达 90%以上，至 2009 年均达 100%以上，且在 1995~2009 年所占比重分别增加了 12.82 个百分点、8.07 个百分点、16.23 个百分点和 11.47 个百分点。这意味着，制造业是构成第二产业环境贸易赤字的主要部门。进一步比较制造业的细分部门，整体上，电气与光学设备制造业和纺织及服装制造业这两个部门的 CO_2 和三种污染物环境贸易赤字额一直居所有细分部门的前两位。

最后，本章进一步测算了各产业部门的污染贸易条件，从相对量上反映各产业部门是否成为他国的"污染避难所"。结果显示，1995~2009 年，中国三次产业的 CO_2、NH_3、NO_x 和 SO_x 贸易条件均大于 1 但均呈现下降趋势。这表明，中国三次产业的出口产品比进口产品都"肮脏"，三次产业均已成为其他国家的"污染避难所"，但污染贸易条件呈现改善趋势。同时，比较三次产业的污染贸易条件，整体上，第三产业的 CO_2、NH_3、NO_x 和 SO_x 贸易条件均高于第二产业和第一产业。

　　第二产业包括的四个行业中，整体来看，采矿及采石，制造业，电力、煤气和水的供应业，建筑业这四个行业的 CO_2、NH_3、NO_x 和 SO_x 贸易条件均大于 1。从制造业和第三产业细分的部门来看，整体上所有细分部门的 CO_2、NH_3、NO_x 和 SO_x 贸易条件均大于 1。比较来看，交通运输设备制造业和通用与专用设备制造业这两个部门的温室气体（CO_2）和空气污染物（NO_x 和 SO_x）贸易条件一直处于较高水平，而交通运输设备制造业，航空运输业，装卸搬运和其他运输服务业的 NH_3 贸易条件一直处于较高水平。

第八章 基于国别（地区）层面的中国环境贸易平衡及其影响因素

第一节 BEEBT 变化的动态分析

一、出口隐含污染排放量

1. 出口隐含 CO_2 排放量

第一，中国出口到发达经济体中隐含 CO_2 排放量在整个研究期间呈上升趋势且伴随着波动。表 8-1（a）显示，1995 年中国出口到欧盟、美国、德国、法国、英国和意大利的产品中隐含 CO_2 排放量分别为 136.37MT、147.78MT、38.33MT、13.81MT、22.94MT 和 14.52MT，占中国总出口隐含 CO_2 排放量的比重分别为 22.86%、24.78%、6.43%、2.32%、3.85% 和 2.44%，可知中国出口隐含 CO_2 排放总量中将近 1/2 流向欧盟和美国，尤其出口到美国的量多于出口到欧盟这个经济总体的量。此后，不同经济体呈现不同变化趋势，1995~2001 年出口到欧盟、德国和意大利的产品中隐含 CO_2 排放量呈现下降趋势，而出口到美国、法国和英国的却呈现上升趋势；但中国加入 WTO 之后，中国出口到以上六个发达经济体的 CO_2 排放量均呈现快速上升趋势，至 2007 年均达最大值；受金融危机的影响，2008 年开始呈现下降趋势。

第二，在整个研究期内，中国出口到东亚经济体的产品中隐含 CO_2 排放量呈现上升趋势，但占中国总出口隐含排放量的比重中，日本和中国台湾地区呈下降趋势而韩国与印度尼西亚呈上升趋势。表 8-1(b) 显示，中国出口到东亚经济体日本、韩国、中国台湾地区和印度尼西亚的产品中隐含 CO_2 排放量从 1995 年的 103.81MT、26.02MT、12.87MT 和 7.70MT 上升至 2009 年的 139.29MT、77.77MT、29.17MT 和 23.09MT，使得出口流向韩国和印度尼西亚的 CO_2 量占中国总出口隐含排放量的比重也从 1995 年的 4.36% 和 1.29% 上升至 2009 年的 5.14% 和 1.53%，但出口流向日本和中国台湾地区的 CO_2 量的比重从 1995 年的 17.41% 和 2.16% 下降至 2009 年的 9.21% 和 1.93%。分阶段来看，加入 WTO 之前，中国出口到东亚经济体的日本和印度尼西亚的 CO_2 量呈现下降趋势，而出口到韩国和中国台湾地区的却呈上升趋势；但加入 WTO 之后，均呈现快速的上升趋势，不过至 2009 年均出现下降趋势。

第三，在整个研究期内，中国出口到资源型国家的产品中隐含 CO_2 排放量呈现快速上升趋势，且占中国总出口隐含 CO_2 排放量的比重也呈上升趋势。表 8-1(c) 显示，中国出口到资源型国家澳大利亚、印度、俄罗斯和巴西的产品中隐含 CO_2 排放量从 1995 年的 14.69MT、6.23MT、4.72MT 和 3.41MT 上升至 2009 年的 49.64MT、53.75MT、28.10MT 和 19.52MT，年均增长率达 9.09%、16.64%、13.59% 和 13.27%，使得其分别占中国总出口隐含排放量的比重也分别从 1995 年的 2.46%、1.04%、0.79% 和 0.57% 上升至 2009 年的 3.28%、3.55%、1.86% 和 1.29%。分阶段来看，加入 WTO 之前，中国出口到资源型国家的澳大利亚、俄罗斯和巴西的 CO_2 量呈现下降趋势，而出口到印度的却呈上升趋势；但加入 WTO 之后，均呈现快速的上升趋势。

第四，对比发现，研究期内，中国出口隐含 CO_2 量主要流向欧盟、美国和日本，而流向资源型国家巴西和俄罗斯的较少。如表 8-1 所示，1995 年中国出口隐含 CO_2 排放量流向欧盟、美国和日本的量共达总出口隐含 CO_2 排放量的 65.05%，但此后呈现下降趋势。不过，至 2009 年仍达 51.68%。虽然出口隐含 CO_2 排放量流向资源型国家俄罗斯与巴西的比较少，但呈现上升趋势，其比重在 1995~2009 年分别上升了 1.07 个百分点和 0.72 个百分点。

2. 出口隐含 NH_3 排放量

第一，1995~2009 年，流向发达经济体的中国出口隐含水污染 NH_3 排放量整体呈现先下降后上升再下降的倒 "N" 型发展态势，不过整体呈现上升趋势，但出口到美国和意大利的 NH_3 排放量的比重呈现下降趋势。

表 8-1 中国对主要贸易伙伴出口隐含 CO$_2$ 排放量

(a) 对发达经济体出口隐含 CO$_2$ 排放量

年份	出口排放量（MT）						占中国总出口隐含排放量的比重（%）					
	欧盟	美国	德国	法国	英国	意大利	欧盟	美国	德国	法国	英国	意大利
1995	136.37	147.78	38.33	13.81	22.94	14.52	22.86	24.78	6.43	2.32	3.85	2.44
1996	121.29	136.21	31.56	13.27	21.83	12.17	22.07	24.78	5.74	2.42	3.97	2.21
1997	124.15	150.94	31.13	13.74	23.09	12.36	21.36	25.97	5.36	2.36	3.97	2.13
1998	137.90	168.53	33.06	16.15	27.22	12.65	23.45	28.66	5.62	2.75	4.63	2.15
1999	130.81	152.35	32.32	14.92	26.66	10.52	24.08	28.05	5.95	2.75	4.91	1.94
2000	128.86	162.65	31.05	14.14	26.00	11.83	21.43	27.05	5.16	2.35	4.32	1.97
2001	125.95	155.42	29.07	13.98	25.38	11.68	21.01	25.92	4.85	2.33	4.23	1.95
2002	137.96	180.31	30.55	13.51	26.22	14.46	19.58	25.59	4.34	1.92	3.72	2.05
2003	189.25	222.88	45.06	20.18	33.07	18.20	20.43	24.06	4.86	2.18	3.57	1.97
2004	245.11	294.28	60.48	27.53	42.18	23.58	20.30	24.38	5.01	2.28	3.49	1.95
2005	284.31	352.38	70.47	33.30	44.19	25.89	19.89	24.65	4.93	2.33	3.09	1.81
2006	336.45	386.08	81.75	35.45	48.93	32.19	20.49	23.51	4.98	2.16	2.98	1.96
2007	390.27	388.46	97.45	42.65	52.82	36.54	21.76	21.66	5.43	2.38	2.95	2.04
2008	386.57	363.56	96.41	41.04	51.61	35.62	21.41	20.13	5.34	2.27	2.86	1.97
2009	323.00	319.29	87.72	39.07	41.47	26.54	21.36	21.11	5.80	2.58	2.74	1.76

(b) 对东亚经济体出口隐含 CO$_2$ 排放量

年份	出口排放量（MT）				占中国总出口隐含排放量的比重（%）			
	日本	韩国	中国台湾地区	印度尼西亚	日本	韩国	中国台湾地区	印度尼西亚
1995	103.81	26.02	12.87	7.70	17.41	4.36	2.16	1.29
1996	93.57	28.51	13.54	7.40	17.03	5.19	2.46	1.35
1997	94.68	36.28	16.72	8.24	16.29	6.24	2.88	1.42
1998	85.58	24.78	17.12	4.97	14.55	4.21	2.91	0.84
1999	85.36	27.80	15.43	5.02	15.71	5.12	2.84	0.92
2000	86.40	31.94	18.15	7.30	14.37	5.31	3.02	1.21
2001	87.17	32.03	15.37	7.48	14.54	5.34	2.56	1.25
2002	90.37	42.10	17.54	9.10	12.83	5.98	2.49	1.29
2003	116.00	57.40	23.89	10.90	12.52	6.20	2.58	1.18
2004	142.96	75.32	35.64	12.63	11.84	6.24	2.95	1.05
2005	158.91	80.54	34.94	14.31	11.12	5.63	2.44	1.00
2006	162.37	89.20	38.44	15.21	9.89	5.43	2.34	0.93
2007	153.05	97.03	37.17	16.00	8.53	5.41	2.07	0.89
2008	147.12	99.79	35.58	23.49	8.15	5.53	1.97	1.30

	(b) 对东亚经济体出口隐含 CO_2 排放量							
年份	出口排放量（MT）				占中国总出口隐含排放量的比重（%）			
	日本	韩国	中国台湾地区	印度尼西亚	日本	韩国	中国台湾地区	印度尼西亚
2009	139.29	77.77	29.17	23.09	9.21	5.14	1.93	1.53

	(c) 对资源型国家出口隐含 CO_2 排放量							
年份	出口排放量（MT）				占中国总出口隐含排放量的比重（%）			
	澳大利亚	印度	俄罗斯	巴西	澳大利亚	印度	俄罗斯	巴西
1995	14.69	6.23	4.72	3.41	2.46	1.04	0.79	0.57
1996	13.83	5.94	3.68	3.73	2.52	1.08	0.67	0.68
1997	14.71	7.79	4.15	4.26	2.53	1.34	0.71	0.73
1998	14.78	8.31	4.31	3.97	2.51	1.41	0.73	0.68
1999	14.50	9.72	3.16	2.72	2.67	1.79	0.58	0.50
2000	12.92	9.24	2.89	3.26	2.15	1.54	0.48	0.54
2001	12.06	8.84	4.36	3.31	2.01	1.47	0.73	0.55
2002	15.05	10.54	6.65	3.78	2.14	1.50	0.94	0.54
2003	21.04	13.93	8.90	4.74	2.27	1.50	0.96	0.51
2004	30.44	19.40	10.11	6.89	2.52	1.61	0.84	0.57
2005	34.78	29.17	13.92	9.08	2.43	2.04	0.97	0.63
2006	35.16	43.93	22.27	12.90	2.14	2.68	1.36	0.79
2007	41.49	54.24	35.36	18.25	2.31	3.02	1.97	1.02
2008	42.99	51.31	37.41	23.93	2.38	2.84	2.07	1.33
2009	49.64	53.75	28.10	19.52	3.28	3.55	1.86	1.29

注：日本既为东亚经济体又为发达经济体，但为了把东亚经济体作为一个整体讨论，所以把日本归
　　类为东亚经济体而不是发达经济体。
数据来源：笔者计算所得。

表 8-2（a）显示，1995 年中国出口到欧盟、美国、德国、法国、英国和意大利的产品中隐含 NH_3 排放量分别为 14.15 万吨、14.41 万吨、3.56 万吨、1.49 万吨、2.29 万吨和 2.18 万吨，占中国总出口隐含 NH_3 排放量的比重分别为 19.67%、20.03%、4.94%、2.08%、3.19%和 3.03%，此时中国出口隐含 NH_3 排放总量中分别约有 1/5 流向欧盟和美国。此后，出口到欧盟、美国、德国、法国、英国和意大利六大发达经济体的 NH_3 量分别呈现下降趋势，至 2001 年分别下降了 3.4 万吨、1.69 万吨、1.4 万吨、0.31 万吨、0.24 万吨和 0.8 万吨。但中国加入 WTO 之后，中国对欧盟、美国、

德国、法国、英国和意大利出口隐含 NH_3 排放量呈现快速上升趋势，2007年达最大值，2001~2007 年增加了 19.84 万吨、16.89 万吨、4.80 万吨、2.20 万吨、3.06 万吨和 2.01 万吨。受金融危机的影响，从 2008 年开始持续下降，至 2009 年共下降了 4.44 万吨、5.95 万吨、0.64 万吨、0.27 万吨、1.17 万吨和 0.93 万吨。

而与双边贸易出口隐含 CO_2 排放量不同的是，出口到美国与意大利的 NH_3 量所占比重整体上呈现下降趋势且伴随着波动，但下降幅度并不大，在整个研究期间仅下降 0.48 个百分点和 1.00 个百分点。

第二，在整个研究期内，中国出口到韩国、中国台湾地区和印度尼西亚的产品中隐含 NH_3 量呈上升趋势，而出口到日本的产品中隐含 NH_3 量呈现下降趋势。不过，出口隐含 NH_3 量流向四大经济体的量占中国总出口隐含排放量的比重均呈下降趋势。表 8-2（b）显示，中国出口到东亚经济体日本的产品中隐含 NH_3 量从 1995 年的 18.84 万吨下降至 2009 年的 13.47 万吨，使得其占中国总出口隐含排放量的比重也从 1995 年的 26.18% 下降至 2009 年的 11.13%。出口流向韩国、中国台湾地区和印度尼西亚的 NH_3 量分别从 1995 年的 3.68 万吨、1.31 万吨和 1.56 万吨下降至 2009 年的 4.99 万吨、1.60 万吨和 2.52 万吨，但所占比重却在此期间分别下降了 1.00 个百分点、0.50 个百分点和 0.09 个百分点。这表明，中国出口到韩国、中国台湾地区和印度尼西亚的产品中隐含 NH_3 量的增长速度明显低于中国总出口隐含 NH_3 量的增长速度。

第三，在整个研究期内，中国出口到资源型国家的产品中隐含 NH_3 量呈现快速上升趋势，且占中国总出口隐含 NH_3 排放量的比重也呈上升趋势。表 8-2(c) 显示，中国出口到资源型国家澳大利亚、印度、俄罗斯和巴西的产品中隐含 NH_3 排放量从 1995 年的 1.38 万吨、0.65 万吨、1.31 万吨和 0.35 万吨上升至 2009 年的 3.34 万吨、3.97 万吨、4.83 万吨和 1.17 万吨，年均增长率达 6.52%、13.80%、9.77% 和 9.00%，使得其占中国总出口隐含排放量的比重也分别从 1995 年的 1.92%、0.91%、1.83% 和 0.48% 上升至 2009 年的 2.76%、3.28%、3.99% 和 0.97%。分阶段来看，加入 WTO 之前，中国出口到资源型国家澳大利亚、印度、俄罗斯和巴西的产品中隐含 NH_3 量呈现下降趋势，但加入 WTO 之后，均呈现快速上升趋势。

第四，对比发现，研究期内，中国出口隐含 NH_3 量主要流向欧盟、美国和日本等经济体，而流向资源型国家巴西的较少。如表 8-2 所示，1995

年中国出口隐含 NH_3 量流向欧盟、美国和日本的量共达总出口隐含 NH_3 量的 65.88%，但此后随着出口隐含 NH_3 量流向日本的量呈现快速下降趋势，至 2009 年下降了 15.05 个百分点。不过，流向欧盟、美国和日本的 NH_3 量仍达总量的 52.29%，其中，将近总量的 2/5 流向了欧盟和美国。虽然出口隐含 NH_3 量流向资源型国家巴西较少，但呈现上升趋势，其比重在 1995~2009 年上升了 0.49 个百分点。这意味着中国出口国家逐渐多元化，注重与发展中国家之间的双边贸易发展。

表 8-2　中国对主要贸易伙伴出口隐含 NH_3 排放量

(a) 对发达经济体出口隐含 NH_3 排放量

年份	出口排放量（万吨）						占中国总出口隐含排放量的比重（%）					
	欧盟	美国	德国	法国	英国	意大利	欧盟	美国	德国	法国	英国	意大利
1995	14.15	14.41	3.56	1.49	2.29	2.18	19.67	20.03	4.94	2.08	3.19	3.03
1996	11.90	13.09	2.92	1.35	2.27	1.44	18.75	20.63	4.61	2.13	3.58	2.28
1997	11.05	13.67	2.62	1.26	2.12	1.32	18.35	22.69	4.34	2.09	3.51	2.20
1998	11.24	13.75	2.53	1.33	2.19	1.28	20.39	24.95	4.60	2.41	3.98	2.32
1999	11.34	13.14	2.55	1.28	2.25	1.33	20.51	23.76	4.61	2.32	4.08	2.40
2000	10.82	13.08	2.39	1.17	2.07	1.33	18.69	22.60	4.13	2.01	3.58	2.30
2001	10.75	12.72	2.16	1.18	2.05	1.38	18.91	22.39	3.80	2.09	3.61	2.43
2002	12.07	15.26	2.27	1.22	2.26	1.56	17.90	22.61	3.37	1.81	3.36	2.31
2003	15.18	17.79	3.17	1.55	2.67	1.85	18.56	21.76	3.88	1.89	3.27	2.26
2004	19.17	21.98	4.01	1.99	4.03	2.32	20.35	23.33	4.26	2.11	4.27	2.46
2005	23.56	27.19	5.12	2.64	4.56	2.85	20.10	23.20	4.37	2.25	3.89	2.43
2006	28.51	30.80	6.15	3.04	5.06	3.29	20.80	22.47	4.48	2.21	3.69	2.40
2007	30.59	29.61	6.96	3.38	5.11	3.39	21.56	20.87	4.91	2.38	3.60	2.39
2008	28.73	25.51	6.49	3.18	4.63	2.96	22.02	19.54	4.97	2.44	3.54	2.27
2009	26.15	23.66	6.32	3.11	3.94	2.46	21.61	19.55	5.22	2.57	3.25	2.03

(b) 对东亚经济体出口隐含 NH_3 排放量

年份	出口排放量（万吨）				占中国总出口隐含排放量的比重（%）			
	日本	韩国	中国台湾地区	印度尼西亚	日本	韩国	中国台湾地区	印度尼西亚
1995	18.84	3.68	1.31	1.56	26.18	5.12	1.82	2.17
1996	16.42	3.65	1.28	1.19	25.86	5.75	2.02	1.87
1997	14.58	4.83	1.21	1.22	24.21	8.02	2.01	2.03
1998	12.10	3.14	1.04	0.92	21.96	5.70	1.89	1.67

（b）对东亚经济体出口隐含 NH_3 排放量

年份	出口排放量（万吨）				占中国总出口隐含排放量的比重（%）			
	日本	韩国	中国台湾地区	印度尼西亚	日本	韩国	中国台湾地区	印度尼西亚
1999	12.62	3.44	1.00	1.08	22.82	6.22	1.81	1.96
2000	12.32	4.42	0.99	1.57	21.28	7.64	1.70	2.72
2001	12.17	3.68	0.87	1.29	21.42	6.47	1.54	2.26
2002	12.10	5.08	1.12	1.67	17.93	7.54	1.66	2.47
2003	13.94	6.30	1.19	1.67	17.04	7.70	1.45	2.04
2004	16.41	5.39	1.47	1.27	17.42	5.72	1.56	1.35
2005	18.22	6.98	1.69	1.26	15.54	5.96	1.44	1.08
2006	18.78	7.07	1.89	1.83	13.70	5.16	1.38	1.33
2007	16.37	7.75	1.87	2.17	11.54	5.46	1.32	1.53
2008	13.25	5.78	1.74	2.40	10.15	4.43	1.34	1.84
2009	13.47	4.99	1.60	2.52	11.13	4.12	1.32	2.08

（c）对资源型国家出口隐含 NH_3 排放量

年份	出口排放量（万吨）				占中国总出口隐含排放量的比重（%）			
	澳大利亚	印度	俄罗斯	巴西	澳大利亚	印度	俄罗斯	巴西
1995	1.38	0.65	1.31	0.35	1.92	0.91	1.83	0.48
1996	1.46	0.55	1.06	0.35	2.29	0.87	1.67	0.55
1997	1.50	0.58	0.88	0.35	2.49	0.97	1.47	0.58
1998	1.44	0.59	0.87	0.26	2.61	1.08	1.58	0.48
1999	1.53	0.76	0.53	0.19	2.76	1.38	0.96	0.34
2000	1.33	0.64	0.46	0.17	2.29	1.10	0.79	0.30
2001	1.21	0.62	0.79	0.17	2.13	1.09	1.38	0.30
2002	1.44	0.82	1.34	0.21	2.14	1.21	1.99	0.32
2003	1.79	0.93	1.73	0.26	2.19	1.14	2.11	0.32
2004	2.32	1.19	1.65	0.37	2.47	1.26	1.76	0.40
2005	2.78	1.92	2.03	0.53	2.37	1.64	1.74	0.45
2006	3.00	2.97	3.40	0.77	2.19	2.17	2.48	0.56
2007	3.29	3.33	4.91	1.01	2.32	2.35	3.46	0.71
2008	3.14	3.34	5.41	1.31	2.41	2.56	4.15	1.00
2009	3.34	3.97	4.83	1.17	2.76	3.28	3.99	0.97

注：日本既为东亚经济体又为发达经济体，但为了把东亚经济体作为一个整体讨论，所以把日本归
　　类为东亚经济体而不是发达经济体。

数据来源：笔者计算所得。

3. 出口隐含 NO_X 和 SO_X 排放量

第一，在整个研究期内，中国出口到发达经济体的产品中隐含空气污染物排放量均呈现较大幅度的上升趋势，但所占比重整体上呈现下降趋势。如表 8-3(a) 和表 8-4(a) 所示，中国出口到欧盟、美国、德国、法国、英国和意大利的产品隐含 NO_X 排放量从 1995 年的 41.69 万吨、45.06 万吨、11.92 万吨、4.24 万吨、6.94 万吨和 4.37 万吨上升至 2009 年的 92.07 万吨、86.82 万吨、24.66 万吨、11.03 万吨、12.08 万吨和 7.78 万吨，年均增长率分别达 5.82%、4.80%、5.33%、7.07%、4.04% 和 4.21%。同时，出口到欧盟、美国、德国、法国、英国和意大利的 SO_X 排放量也从 1995 年的 112.28 万吨、118.46 万吨、31.20 万吨、11.14 万吨、18.77 万吨和 12.47 万吨上升至 2009 年的 184.28 万吨、177.17 万吨、48.24 万吨、22.10 万吨、24.98 万吨和 15.85 万吨，15 年间增长幅度分别达 64.13%、49.56%、54.62%、98.38%、33.08% 和 27.11%。中国出口到发达经济体的产品中隐含空气污染物（NO_X 和 SO_X）排放量占中国总出口隐含空气污染物排放量的比重呈窄幅波动，这表明中国出口到发达经济体的产品中隐含 NO_X 和 SO_X 量与中国总出口隐含 NO_X 和 SO_X 量保持大致相同的增速。

第二，1995~2009 年，中国出口到东亚经济体产品中隐含的 NO_X 和 SO_X 量整体上呈上升趋势，但出口到日本和中国台湾地区产品中隐含 NO_X 和 SO_X 量所占比重呈下降趋势，而出口到韩国和印度尼西亚所占比重却呈上升趋势。表 8-3(b) 和表 8-4(b) 显示，中国与日本、韩国、中国台湾地区和印度尼西亚之间双边贸易出口隐含 NO_X 量分别在 1995~2009 年增加了 11.68 万吨、13.31 万吨、3.20 万吨和 4.99 万吨，出口隐含 SO_X 量分别在 15 年间增加了 -0.99 万吨、19.42 万吨、4.88 万吨和 8.12 万吨，不过双边出口贸易隐含空气污染物排放量在 1995~2009 年存在较大的波动幅度。中国出口到东亚经济体的日本产品中隐含空气污染物（NO_X 和 SO_X）量占中国总出口隐含空气污染物量的比重呈现大幅度下降趋势，14 年间分别下降 7.25 个百分点和 7.57 个百分点，这与近年来中国与日本外交关系发展较紧张相符合，进而使得中国出口贸易额占出口总额的比重下降，导致出口到日本的产品中隐含空气污染物量的比重也呈现下降趋势。而中国出口到其他东亚经济体的产品中隐含空气污染物转移量占中国总进口隐含空气污染物转移量的比重呈现窄幅波动，如中国台湾地区呈小幅度的下降，而韩国和印度尼西亚呈小幅度的上升。

第三，中国与资源型国家之间双边出口贸易隐含空气污染物排放量在整个研究期内呈现较大幅度的上升，进而使得其占中国总出口隐含污染物的比重也呈现上升趋势。如表8-3(c)和表8-4(c)所示，1995~2009年，中国出口到资源型国家的澳大利亚、印度、俄罗斯和巴西产品中隐含 NO_X 量从1995年的4.72万吨、2.11万吨、1.57万吨和1.02万吨增加至2009年的15.65万吨、14.43万吨、10.06万吨和4.91万吨，年均增长幅度达8.94%、14.72%、14.19%和11.88%。同时，其双边贸易出口隐含 SO_X 量在15年间也分别增加了11.82万吨、25.36万吨、18.00万吨和7.71万吨，年均增长率分别达5.20%、13.72%、13.51%和9.89%。这使得中国出口到资源型国家总产品隐含空气污染物（NO_X 和 SO_X）量占中国总出口隐含空气污染物（NO_X 和 SO_X）量的比重在15年间分别增加了5.43个百分点和5.26个百分点。

第四，比较分析发现，中国出口贸易中隐含空气污染物转移量主要流向欧美经济体（欧盟和美国）但所占比重呈小幅下降趋势，流向资源型国家较少但所占比重呈上升趋势。表8-3和表8-4显示，中国出口隐含 NO_X 和 SO_X 排放量主要流向欧盟与美国，1995年其占中国总出口隐含 NO_X 和 SO_X 排放量分别达46.51%和48.27%，这与中国主要出口产品流向欧盟经济体的贸易特征离不开。但其呈现下降趋势，2009年下降至41.60%和42.39%，不过仍大于总出口隐含 NO_X 和 SO_X 排放量的2/5。中国出口到资源型国家的贸易隐含 NO_X 和 SO_X 转移量较少，1995年只占中国总出口隐含 NO_X 和 SO_X 排放量的5.05%和4.80%，约占1/20，但呈现逐渐上升趋势，至2009年达10.48%和10.06%，这与中国出口贸易结构的变化相符合。

表8-3 中国对主要贸易伙伴出口隐含 NO_X 排放量

年份	出口排放量（万吨）						占中国总出口隐含排放量的比重（%）					
	欧盟	美国	德国	法国	英国	意大利	欧盟	美国	德国	法国	英国	意大利
1995	41.69	45.06	11.92	4.24	6.94	4.37	22.35	24.16	6.39	2.27	3.72	2.34
1996	37.62	42.46	9.88	4.14	6.77	3.68	21.57	24.34	5.66	2.37	3.88	2.11
1997	39.05	47.66	9.83	4.33	7.25	3.85	20.96	25.58	5.28	2.32	3.89	2.07
1998	43.97	54.13	10.59	5.16	8.69	4.01	22.93	28.24	5.52	2.69	4.53	2.09
1999	43.35	50.27	10.98	4.92	8.75	3.47	23.84	27.65	6.04	2.71	4.81	1.91
2000	40.66	51.45	9.83	4.47	8.21	3.69	20.84	26.38	5.04	2.29	4.21	1.89

(a) 对发达经济体出口隐含 NO_X 排放量

(a) 对发达经济体出口隐含 NO_x 排放量

年份	出口排放量（万吨）						占中国总出口隐含排放量的比重（%）					
	欧盟	美国	德国	法国	英国	意大利	欧盟	美国	德国	法国	英国	意大利
2001	39.67	48.93	9.18	4.41	7.98	3.64	20.54	25.33	4.75	2.28	4.13	1.88
2002	43.80	56.89	9.62	4.31	8.32	4.59	19.04	24.74	4.18	1.87	3.62	2.00
2003	59.23	69.35	13.98	6.33	10.38	5.72	19.84	23.23	4.68	2.12	3.48	1.92
2004	66.36	77.71	15.60	7.37	12.13	6.75	20.22	23.67	4.75	2.24	3.69	2.05
2005	76.30	90.71	18.01	8.84	12.89	7.70	19.90	23.66	4.70	2.31	3.36	2.01
2006	90.86	100.28	20.90	9.67	14.43	9.39	20.57	22.70	4.73	2.19	3.27	2.13
2007	101.52	98.43	24.34	11.20	14.99	10.11	21.52	20.86	5.16	2.37	3.18	2.14
2008	105.32	97.22	25.66	11.25	15.06	9.91	21.00	19.39	5.12	2.24	3.00	1.98
2009	92.07	86.82	24.66	11.03	12.08	7.78	21.41	20.19	5.73	2.56	2.81	1.81

(b) 对东亚经济体出口隐含 NO_x 排放量

年份	出口排放量（万吨）				占中国总出口隐含排放量的比重（%）			
	日本	韩国	中国台湾地区	印度尼西亚	日本	韩国	中国台湾地区	印度尼西亚
1995	32.80	8.40	3.82	2.49	17.59	4.51	2.05	1.34
1996	30.30	9.15	4.13	2.41	17.37	5.25	2.37	1.38
1997	30.83	11.81	5.12	2.71	16.55	6.34	2.75	1.46
1998	28.29	8.19	5.33	1.68	14.76	4.27	2.78	0.88
1999	29.05	9.68	4.96	1.82	15.98	5.32	2.73	1.00
2000	28.15	10.38	5.42	2.45	14.43	5.32	2.78	1.26
2001	28.56	10.20	4.61	2.48	14.78	5.28	2.39	1.28
2002	29.87	13.43	5.23	3.12	12.99	5.84	2.27	1.36
2003	37.48	17.75	6.93	3.56	12.55	5.94	2.32	1.19
2004	43.63	19.21	7.71	3.60	13.29	5.85	2.35	1.10
2005	48.47	21.64	7.48	3.85	12.64	5.65	1.95	1.00
2006	50.86	23.14	8.01	4.82	11.51	5.24	1.81	1.09
2007	45.99	25.39	7.81	5.40	9.75	5.38	1.66	1.14
2008	43.58	25.41	8.40	7.10	8.69	5.07	1.68	1.42
2009	44.48	21.71	7.02	7.48	10.34	5.05	1.63	1.74

(c) 对资源型国家出口隐含 NO_x 排放量

年份	出口排放量（万吨）				占中国总出口隐含排放量的比重（%）			
	澳大利亚	印度	俄罗斯	巴西	澳大利亚	印度	俄罗斯	巴西
1995	4.72	2.11	1.57	1.02	2.53	1.13	0.84	0.55
1996	4.54	1.98	1.26	1.14	2.60	1.13	0.72	0.65

续表

（c）对资源型国家出口隐含 NO$_X$ 排放量

年份	出口排放量（万吨）				占中国总出口隐含排放量的比重（%）			
	澳大利亚	印度	俄罗斯	巴西	澳大利亚	印度	俄罗斯	巴西
1997	4.88	2.56	1.40	1.32	2.62	1.37	0.75	0.71
1998	4.88	2.76	1.47	1.23	2.54	1.44	0.77	0.64
1999	5.07	3.47	1.09	0.86	2.79	1.91	0.60	0.48
2000	4.37	3.02	0.95	0.98	2.24	1.55	0.49	0.50
2001	4.07	2.80	1.43	0.98	2.11	1.45	0.74	0.51
2002	5.16	3.28	2.34	1.14	2.25	1.43	1.02	0.50
2003	7.36	4.16	3.00	1.41	2.47	1.39	1.01	0.47
2004	8.63	4.78	3.66	1.63	2.63	1.46	1.11	0.50
2005	9.36	7.12	4.95	2.10	2.44	1.86	1.29	0.55
2006	9.65	10.63	8.32	2.94	2.18	2.41	1.88	0.67
2007	11.09	12.56	12.29	4.05	2.35	2.66	2.60	0.86
2008	12.75	13.42	12.58	5.91	2.54	2.68	2.51	1.18
2009	15.65	14.43	10.06	4.91	3.64	3.36	2.34	1.14

注：日本既为东亚经济体又为发达经济体，但为了把东亚经济体作为一个整体讨论，所以把日本归
　　类为东亚经济体而不是发达经济体。
数据来源：笔者计算所得。

表 8-4　中国对主要贸易伙伴出口隐含 SO$_X$ 排放量

（a）对发达经济体出口隐含 SO$_X$ 排放量

年份	出口排放量（万吨）						占中国总出口隐含排放量的比重（%）					
	欧盟	美国	德国	法国	英国	意大利	欧盟	美国	德国	法国	英国	意大利
1995	112.28	118.46	31.20	11.14	18.77	12.47	23.49	24.78	6.53	2.33	3.93	2.61
1996	98.22	107.35	25.31	10.53	17.55	10.49	22.65	24.76	5.84	2.43	4.05	2.42
1997	95.35	112.99	23.71	10.44	17.62	9.93	21.83	25.87	5.43	2.39	4.03	2.27
1998	100.53	119.95	24.01	11.76	19.75	9.38	23.91	28.53	5.71	2.80	4.70	2.23
1999	91.79	104.90	22.68	10.51	18.55	7.45	24.45	27.94	6.04	2.80	4.94	1.98
2000	86.90	107.88	20.83	9.55	17.44	8.12	21.67	26.91	5.20	2.38	4.35	2.02
2001	82.48	99.83	19.06	9.16	16.50	7.79	21.32	25.81	4.93	2.37	4.26	2.01
2002	87.95	112.87	19.59	8.57	16.54	9.25	19.91	25.55	4.44	1.94	3.75	2.09
2003	120.61	140.59	28.96	12.84	20.84	11.54	20.81	24.26	5.00	2.21	3.60	1.99
2004	126.35	148.87	29.96	13.78	22.97	12.92	20.60	24.28	4.89	2.25	3.75	2.11
2005	143.98	174.35	34.15	16.44	24.42	14.73	20.12	24.36	4.77	2.30	3.41	2.06
2006	168.54	188.39	38.93	17.73	27.03	17.66	20.76	23.21	4.80	2.18	3.33	2.18

续表

（a）对发达经济体出口隐含 SO_x 排放量

年份	出口排放量（万吨）						占中国总出口隐含排放量的比重（%）					
	欧盟	美国	德国	法国	英国	意大利	欧盟	美国	德国	法国	英国	意大利
2007	190.08	187.64	45.82	20.73	28.50	19.26	21.78	21.50	5.25	2.38	3.27	2.21
2008	218.47	201.34	53.18	23.53	30.46	20.78	21.86	20.15	5.32	2.35	3.05	2.08
2009	184.28	177.17	48.24	22.10	24.98	15.85	21.61	20.78	5.66	2.59	2.93	1.86

（b）对东亚经济体出口隐含 SO_x 排放量

年份	出口排放量（万吨）				占中国总出口隐含排放量的比重（%）			
	日本	韩国	中国台湾地区	印度尼西亚	日本	韩国	中国台湾地区	印度尼西亚
1995	81.06	20.93	10.54	6.10	16.96	4.38	2.21	1.28
1996	72.17	22.61	10.84	5.81	16.65	5.22	2.50	1.34
1997	69.95	27.53	12.68	6.20	16.01	6.30	2.90	1.42
1998	60.09	17.99	12.36	3.53	14.29	4.28	2.94	0.84
1999	56.87	19.46	10.83	3.44	15.15	5.18	2.88	0.92
2000	57.13	21.78	12.11	5.01	14.25	5.43	3.02	1.25
2001	55.04	21.14	10.09	4.95	14.23	5.46	2.61	1.28
2002	55.79	26.75	11.21	5.75	12.63	6.06	2.54	1.30
2003	71.89	36.06	15.37	6.94	12.40	6.22	2.65	1.20
2004	80.93	37.24	15.99	6.98	13.20	6.07	2.61	1.14
2005	90.71	40.91	15.03	7.43	12.68	5.72	2.10	1.04
2006	93.85	42.69	15.50	9.10	11.56	5.26	1.91	1.12
2007	86.05	46.99	15.33	10.41	9.86	5.38	1.76	1.19
2008	86.15	52.02	18.37	14.61	8.62	5.21	1.84	1.46
2009	80.07	40.35	15.42	14.22	9.39	4.73	1.81	1.67

（c）对资源型国家出口隐含 SO_x 排放量

年份	出口排放量（万吨）				占中国总出口隐含排放量的比重（%）			
	澳大利亚	印度	俄罗斯	巴西	澳大利亚	印度	俄罗斯	巴西
1995	11.44	5.02	3.68	2.81	2.39	1.05	0.77	0.59
1996	10.65	4.67	2.83	3.01	2.46	1.08	0.65	0.69
1997	10.73	6.01	3.11	3.33	2.46	1.37	0.71	0.76
1998	10.10	6.01	3.08	2.97	2.40	1.43	0.73	0.71
1999	9.55	6.75	2.24	1.98	2.54	1.80	0.60	0.53
2000	8.40	6.44	1.98	2.30	2.09	1.61	0.49	0.57
2001	7.47	5.87	2.87	2.24	1.93	1.52	0.74	0.58
2002	8.92	6.74	4.25	2.49	2.02	1.53	0.96	0.56

续表

年份	出口排放量（万吨）				占中国总出口隐含排放量的比重（%）			
	澳大利亚	印度	俄罗斯	巴西	澳大利亚	印度	俄罗斯	巴西
2003	12.04	9.00	5.71	3.14	2.08	1.55	0.99	0.54
2004	14.55	9.55	6.75	3.34	2.37	1.56	1.10	0.54
2005	16.64	13.75	9.05	4.13	2.32	1.92	1.26	0.58
2006	17.15	20.01	15.40	5.62	2.11	2.47	1.90	0.69
2007	19.45	24.10	23.49	7.86	2.23	2.76	2.69	0.90
2008	22.43	28.20	27.04	12.71	2.24	2.82	2.71	1.27
2009	23.26	30.38	21.68	10.52	2.73	3.56	2.54	1.23

（c）对资源型国家出口隐含 SO_x 排放量

注：日本既为东亚经济体又为发达经济体，但为了把东亚经济体作为一个整体讨论，所以把日本归类为东亚经济体而不是发达经济体。

数据来源：笔者计算所得。

二、进口隐含污染排放量

1. 进口隐含 CO_2 排放量

第一，在整个研究期内，中国来源于发达经济体的进口隐含 CO_2 排放量整体均呈现上升态势，但占中国总进口隐含 CO_2 排放量的比重却呈现下降的趋势。表 8-5（a）显示，中国从欧盟、美国、德国、法国、英国和意大利进口产品中隐含 CO_2 转移量分别从 1995 年的 10.02MT、9.27MT、2.10MT、0.72MT、2.15MT 和 1.39MT 上升至 2009 年的 31.56MT、33.38MT、11.59MT、3.26MT、3.06MT 和 2.43MT，年均增长率达 8.54%、9.58%、12.98%、11.39%、2.55% 和 4.07%，由于从德国进口隐含 CO_2 量的增长率要明显高于中国总进口隐含 CO_2 量的增长率，进而使得其所占比重呈小幅度的上升态势，在 1995~2009 年增加了 0.35 个百分点，而从其他发达经济体进口隐含 CO_2 量的增长率较低，导致其所占比重均呈现下降趋势，其中下降幅度较大的是欧盟和美国，分别下降 3.64 个百分点和 2.45 个百分点。

第二，1995~2009 年，中国来源于东亚经济体的进口贸易隐含 CO_2 量呈现快速的增长趋势，但由于其增长率与中国总进口隐含 CO_2 量的增长率大致相同，使得其所占比重呈现窄幅波动。表 8-5（b）显示，中国从东亚经济体日本、韩国、中国台湾地区和印度尼西亚进口隐含 CO_2 量从 1995

年的 7.65MT、10.07MT、8.73MT 和 1.78MT 增加至 2009 年的 33.70MT、49.13MT、40.09MT 和 8.11MT，年均增长率分别达 11.17%、11.99%、11.50% 和 11.44%，其在整个研究期间的增长率与中国总进口隐含 CO_2 量的增长率不相上下，进而使得此期间从东亚经济体日本、韩国、中国台湾地区和印度尼西亚进口隐含 CO_2 量的比重分别围绕 8.32%、10.96%、10.80% 和 2.05% 呈窄幅波动。

第三，1995~2009 年，中国从资源型国家进口的 CO_2 量呈现快速的增长趋势，除俄罗斯之外，从其他资源型国家进口的 CO_2 量所占比重均呈现上升趋势。表 8-5(c) 显示，中国从澳大利亚、印度、俄罗斯和巴西进口的 CO_2 量分别从 1995 年的 3.04MT、1.58MT、12.30MT 和 0.28MT 增加至 2009 年的 18.32MT、15.71MT、33.91MT 和 6.93MT，年均增长率分别达 13.69%、17.83%、7.68% 和 25.76%。比较增长率分析发现，只有从俄罗斯进口的 CO_2 量的增长率比中国总进口隐含 CO_2 量的增长率低，使得其比重从 1995 年的 13.09% 下降至 2009 年的 7.54%，共下降 5.55 个百分点。而从其他资源型国家进口的 CO_2 量占中国总进口隐含 CO_2 量的比重均呈现上升趋势，尤其是印度，其比重上升了 1.81 个百分点。

第四，对比发现，1995~2001 年，中国进口隐含 CO_2 量主要来源于俄罗斯、韩国和中国台湾地区，而 2001 之后主要来源于韩国、中国台湾地区和日本等东亚经济体。如表 8-5 所示，加入 WTO 之前，中国进口隐含 CO_2 量主要来源于资源型国家的俄罗斯及东亚经济体的韩国和中国台湾地区，从这三个区域进口的 CO_2 量占中国总进口隐含 CO_2 量的比重在 1995~2001 年围绕 1/3 窄幅波动。加入 WTO 之后，2001~2009 年，中国进口隐含 CO_2 量主要来源仍为韩国和中国台湾地区，但来自日本的 CO_2 量逐渐超过俄罗斯，至 2009 年从东亚经济体韩国、中国台湾地区和日本进口的总 CO_2 量占中国总进口隐含 CO_2 量达 27.35%，远高于从发达经济体和资源型国家进口的 CO_2 量所占比重。

表 8-5　中国从主要贸易伙伴进口隐含 CO_2 排放量

年份	进口排放量（MT）						占中国总进口隐含排放量的比重（%）					
	欧盟	美国	德国	法国	英国	意大利	欧盟	美国	德国	法国	英国	意大利
1995	10.02	9.27	2.10	0.72	2.15	1.39	10.66	9.87	2.23	0.76	2.29	1.48
1996	9.29	8.74	2.06	0.67	2.12	1.26	9.20	8.66	2.04	0.66	2.10	1.25

（a）从发达经济体进口隐含 CO_2 排放量

续表

（a）从发达经济体进口隐含 CO_2 排放量

年份	进口排放量（MT）						占中国总进口隐含排放量的比重（%）					
	欧盟	美国	德国	法国	英国	意大利	欧盟	美国	德国	法国	英国	意大利
1997	10.35	9.94	2.30	0.90	2.26	1.49	9.51	9.13	2.11	0.83	2.08	1.37
1998	9.66	8.92	2.42	0.92	1.81	1.29	7.93	7.32	1.99	0.76	1.49	1.06
1999	12.14	9.30	2.88	0.98	3.01	1.37	8.40	6.43	1.99	0.68	2.08	0.95
2000	13.84	10.75	3.77	1.25	2.08	1.66	7.56	5.87	2.06	0.68	1.14	0.90
2001	16.63	12.17	4.98	1.36	2.12	1.94	8.17	5.98	2.44	0.67	1.04	0.95
2002	19.97	12.19	5.83	1.25	2.01	2.01	8.24	5.03	2.40	0.51	0.83	0.83
2003	22.77	14.57	7.10	1.42	1.90	2.00	7.72	4.94	2.41	0.48	0.64	0.68
2004	26.70	17.29	7.89	1.51	2.11	2.24	7.72	5.00	2.28	0.44	0.61	0.65
2005	23.00	19.13	7.79	1.93	2.36	2.24	6.31	5.25	2.14	0.53	0.65	0.61
2006	25.58	22.76	9.27	1.90	2.64	2.54	6.81	6.06	2.47	0.51	0.70	0.68
2007	27.22	30.43	9.51	2.08	2.94	2.55	6.49	7.25	2.27	0.50	0.70	0.61
2008	29.51	35.63	11.27	3.08	3.09	2.66	6.80	8.21	2.60	0.71	0.71	0.61
2009	31.56	33.38	11.59	3.26	3.06	2.43	7.02	7.42	2.58	0.73	0.68	0.54

（b）从东亚经济体进口隐含 CO_2 排放量

年份	进口排放量（MT）				占中国总进口隐含排放量的比重（%）			
	日本	韩国	中国台湾地区	印度尼西亚	日本	韩国	中国台湾地区	印度尼西亚
1995	7.65	10.07	8.73	1.78	8.15	10.72	9.30	1.89
1996	7.97	11.72	10.43	1.71	7.89	11.60	10.32	1.69
1997	10.03	15.65	13.17	1.93	9.21	14.37	12.10	1.77
1998	11.37	19.02	14.68	3.97	9.33	15.61	12.05	3.25
1999	11.93	17.11	16.05	3.38	8.25	11.84	11.10	2.34
2000	13.81	20.97	20.16	4.72	7.55	11.45	11.01	2.58
2001	15.95	22.92	23.10	4.97	7.84	11.26	11.35	2.44
2002	21.04	23.13	28.44	5.29	8.68	9.54	11.73	2.18
2003	24.87	29.73	33.16	6.15	8.43	10.08	11.24	2.08
2004	28.20	35.15	36.27	6.20	8.16	10.17	10.49	1.79
2005	28.43	33.08	39.25	6.61	7.80	9.07	10.77	1.81
2006	33.03	34.62	42.10	7.01	8.79	9.22	11.21	1.87
2007	37.31	37.33	45.35	7.53	8.89	8.90	10.81	1.80
2008	36.44	41.64	41.47	6.50	8.40	9.59	9.55	1.50
2009	33.70	49.13	40.09	8.11	7.50	10.93	8.92	1.80

续表

(c) 从资源型国家进口隐含 CO_2 排放量

年份	进口排放量（MT）				占中国总进口隐含排放量的比重（%）			
	澳大利亚	印度	俄罗斯	巴西	澳大利亚	印度	俄罗斯	巴西
1995	3.04	1.58	12.30	0.28	3.24	1.68	13.09	0.30
1996	3.46	2.24	14.95	0.31	3.42	2.22	14.80	0.30
1997	4.41	4.18	12.87	0.45	4.05	3.84	11.83	0.42
1998	4.66	4.66	14.11	0.40	3.82	3.82	11.58	0.33
1999	4.96	4.92	22.88	0.54	3.43	3.40	15.83	0.37
2000	6.40	6.67	23.99	0.74	3.50	3.64	13.11	0.40
2001	6.61	7.27	23.61	1.12	3.25	3.57	11.60	0.55
2002	6.24	9.46	28.32	1.55	2.57	3.90	11.68	0.64
2003	7.82	11.19	31.05	2.82	2.65	3.79	10.53	0.96
2004	9.21	13.72	34.74	3.75	2.67	3.97	10.05	1.09
2005	11.22	14.81	35.67	3.34	3.08	4.06	9.79	0.92
2006	13.37	14.46	26.64	3.42	3.56	3.85	7.09	0.91
2007	14.81	15.37	28.07	4.41	3.53	3.66	6.69	1.05
2008	18.74	13.08	26.56	5.83	4.32	3.01	6.12	1.34
2009	18.32	15.71	33.91	6.93	4.07	3.49	7.54	1.54

注：日本既为东亚经济体又为发达经济体，但为了把东亚经济体作为一个整体讨论，所以把日本归
　　类为东亚经济体而不是发达经济体。

数据来源：笔者计算所得。

2. 进口隐含 NH_3 排放量

第一，在整个研究期内，中国来源于发达经济体的进口隐含 NH_3 排放量整体上呈现上升态势，占中国总进口隐含 NH_3 排放量的比重却均呈现下降的趋势。表 8-6（a）显示，中国从美国进口的 NH_3 量从 1995 年的 1.87 万吨上升至 2009 年的 6.76 万吨，年均增长率达 9.61%，而从欧盟、德国、法国、英国和意大利进口的 NH_3 量变化幅度较小，如从意大利进口的 NH_3 量围绕 0.07 万吨呈窄幅波动。这使得中国从欧盟、美国、德国、法国、英国和意大利进口的 NH_3 量所占比重在 1995~2009 年分别下降了 5.62 个百分点、1.96 个百分点、0.39 个百分点、1.94 个百分点、0.61 个百分点、0.37 个百分点。

第二，1995~2009 年，除中国台湾地区外，中国来源于东亚经济体的进口贸易隐含 NH_3 量整体上呈现增加趋势，但来自各东亚经济体进口的

NH_3 量所占比重均呈下降趋势。表 8-6（b）显示，中国从东亚经济体日本、韩国和印度尼西亚进口隐含 NH_3 量从 1995 年的 0.05 万吨、0.11 万吨和 0.89 万吨增加至 2009 年的 0.18 万吨、0.26 万吨和 1.40 万吨，14 年间分别增加了 260.00%、136.36% 和 57.30%，从中国台湾地区进口贸易中隐含 NH_3 量在整个研究期间围绕 0.04 万吨窄幅波动，这使得此期间从东亚经济体日本、韩国、中国台湾地区和印度尼西亚进口隐含 NH_3 量的比重分别下降了 0.07 个百分点、0.38 个百分点、0.40 个百分点和 4.28 个百分点。

第三，1995~2009 年，整体上来看，中国从资源型国家进口的 NH_3 量呈现上升趋势，尤其是巴西，从其进口的 NH_3 量所占比重呈现较大幅度的增加。表 8-6（c）显示，虽然中国从澳大利亚进口的 NH_3 量呈现微小的波动且整体上呈上升趋势，但是其占中国总进口隐含 NH_3 量的比重却呈现较大幅度的下降，从 1995 年的 10.42% 下降至 2009 年的 3.66%，下降了 6.76 个百分点，而与此相反的是，中国从巴西进口的 NH_3 量呈现大幅度上升，14 年间增加了 10.27 万吨，年均增长率达 26.01%，进而使得其所占比重也从 1995 年的 3.24% 上升至 2009 年的 19.83%，增加了 16.59 个百分点。这意味着，至 2009 年中国进口贸易隐含 NH_3 量约有 1/5 来源于巴西，这可能是由于中国从巴西进口的贸易额增加或是由于巴西 NH_3 排放强度较高，使得产品中隐含 NH_3 量较多。整个研究期内，中国从印度和俄罗斯进口产品中隐含 NH_3 量均较少。

第四，对比发现，1995~2001 年，中国进口隐含 NH_3 量主要来源于澳大利亚、欧盟和美国，而 2001 年之后主要来源于巴西、澳大利亚和欧盟等经济体。如表 8-6 所示，加入 WTO 之前，中国进口隐含 NH_3 量主要来源于资源型国家的澳大利亚和欧美经济体（欧盟和美国），从这三个区域进口的产品中隐含 NH_3 量占中国总进口隐含 NH_3 量的比重在 1995 年达 33.36%，此后虽呈下降趋势，但 2001 年仍然达 23.93%；加入 WTO 之后，2002~2009 年，中国进口隐含 NH_3 量主要来源于巴西、美国和澳大利亚，至 2009 年，来自这三大区域的进口产品中隐含 NH_3 量占中国总进口隐含 NH_3 量的比重达 36.03%，尤其是来自巴西的隐含 NH_3 量，呈现快速上升趋势，至 2009 年所占比重达 19.83%。

表 8-6 中国从主要贸易伙伴进口隐含 NH$_3$ 排放量

(a) 从发达经济体进口隐含 NH$_3$ 排放量

年份	进口排放量（万吨）						占中国总进口隐含排放量的比重（%）					
	欧盟	美国	德国	法国	英国	意大利	欧盟	美国	德国	法国	英国	意大利
1995	1.09	1.87	0.11	0.36	0.10	0.07	8.44	14.50	0.85	2.76	0.78	0.53
1996	0.77	1.14	0.07	0.13	0.07	0.06	6.37	9.48	0.57	1.07	0.62	0.49
1997	0.89	1.40	0.11	0.16	0.08	0.06	7.44	11.73	0.90	1.35	0.69	0.49
1998	1.02	1.05	0.20	0.20	0.07	0.05	8.46	8.68	1.63	1.68	0.60	0.44
1999	1.40	0.83	0.29	0.25	0.11	0.06	9.86	5.85	2.01	1.76	0.74	0.41
2000	1.61	1.17	0.33	0.37	0.06	0.07	8.70	6.30	1.78	2.00	0.32	0.39
2001	1.37	1.16	0.25	0.23	0.06	0.08	6.79	5.77	1.26	1.14	0.29	0.41
2002	1.14	1.18	0.19	0.17	0.05	0.07	5.41	5.56	0.91	0.79	0.24	0.35
2003	1.24	2.13	0.17	0.22	0.05	0.07	4.59	7.89	0.64	0.82	0.20	0.25
2004	1.34	3.21	0.18	0.16	0.07	0.07	3.76	9.02	0.51	0.44	0.19	0.19
2005	1.57	2.91	0.23	0.32	0.07	0.07	4.16	7.72	0.62	0.85	0.18	0.19
2006	1.64	3.37	0.26	0.20	0.08	0.07	3.73	7.67	0.60	0.47	0.18	0.18
2007	1.65	3.75	0.29	0.30	0.12	0.07	3.08	6.98	0.55	0.55	0.22	0.16
2008	1.36	5.55	0.27	0.35	0.08	0.08	2.41	9.80	0.48	0.62	0.14	0.14
2009	1.52	6.76	0.25	0.44	0.09	0.08	2.82	12.54	0.46	0.82	0.17	0.16

(b) 从东亚经济体进口隐含 NH$_3$ 排放量

年份	进口排放量（万吨）				占中国总进口隐含排放量的比重（%）			
	日本	韩国	中国台湾地区	印度尼西亚	日本	韩国	中国台湾地区	印度尼西亚
1995	0.05	0.11	0.06	0.89	0.41	0.86	0.46	6.88
1996	0.06	0.10	0.06	0.75	0.47	0.84	0.46	6.21
1997	0.07	0.13	0.05	0.77	0.59	1.11	0.42	6.43
1998	0.07	0.18	0.06	1.32	0.61	1.49	0.48	10.95
1999	0.07	0.11	0.05	0.81	0.51	0.79	0.35	5.71
2000	0.06	0.11	0.05	1.09	0.35	0.59	0.27	5.90
2001	0.08	0.11	0.03	1.17	0.40	0.57	0.17	5.81
2002	0.10	0.10	0.04	1.16	0.49	0.47	0.18	5.48
2003	0.11	0.12	0.04	1.15	0.43	0.46	0.15	4.26
2004	0.13	0.15	0.04	1.34	0.36	0.43	0.12	3.76
2005	0.14	0.16	0.04	1.65	0.37	0.42	0.10	4.37
2006	0.16	0.17	0.04	1.73	0.37	0.39	0.09	3.94
2007	0.19	0.18	0.04	1.55	0.35	0.34	0.07	2.89
2008	0.17	0.19	0.03	1.50	0.31	0.34	0.05	2.66
2009	0.18	0.26	0.03	1.40	0.34	0.48	0.06	2.60

年份	进口排放量（万吨）				占中国总进口隐含排放量的比重（%）			
	澳大利亚	印度	俄罗斯	巴西	澳大利亚	印度	俄罗斯	巴西
1995	1.34	0.26	0.26	0.42	10.42	2.03	2.04	3.24
1996	1.84	0.39	0.23	0.41	15.27	3.22	1.91	3.42
1997	1.87	0.67	0.25	0.80	15.66	5.63	2.12	6.66
1998	1.35	0.53	0.46	0.78	11.21	4.38	3.85	6.43
1999	1.99	0.45	1.01	0.72	13.99	3.19	7.13	5.04
2000	2.35	0.58	0.91	1.13	12.66	3.10	4.92	6.08
2001	2.29	0.60	0.98	1.75	11.37	2.97	4.86	8.70
2002	2.31	0.69	1.38	2.35	10.90	3.24	6.52	11.11
2003	1.43	0.76	1.21	3.90	5.31	2.84	4.49	14.47
2004	2.35	1.05	1.17	5.67	6.58	2.95	3.28	15.91
2005	1.94	1.11	1.20	5.51	5.14	2.94	3.17	14.60
2006	1.96	2.21	1.34	6.18	4.45	5.04	3.06	14.05
2007	2.34	2.11	1.11	6.79	4.36	3.92	2.07	12.63
2008	1.82	2.00	0.79	8.76	3.22	3.54	1.40	15.49
2009	1.97	1.33	0.79	10.69	3.66	2.46	1.46	19.83

（c）从资源型国家进口隐含 NH_3 排放量

注：日本既为东亚经济体又为发达经济体，但为了把东亚经济体作为一个整体讨论，所以把日本归
　　类为东亚经济体而不是发达经济体。
数据来源：笔者计算所得。

3. 进口隐含 NO_X 和 SO_X 排放量

第一，在整个研究期内，中国从发达经济体进口的产品中隐含空气污染物排放量以较小的幅度波动，使得其所占比重整体上呈现下降趋势。如表 8-7（a）和表 8-8（a）所示，中国从欧盟、美国、德国、法国、英国和意大利进口的产品隐含 NO_X 排放量从 1995 年的 3.40 万吨、4.16 万吨、0.41 万吨、0.31 万吨、0.98 万吨和 0.49 万吨变化至 2009 年的 7.48 万吨、10.83 万吨、2.09 万吨、0.94 万吨、0.65 万吨和 0.57 万吨。同时，进口欧盟、美国、德国、法国、英国和意大利的 SO_X 排放量也在 15 年间变化了 -0.77 万吨、4.01 万吨、0.36 万吨、0.04 万吨、-0.59 万吨和 -0.32 万吨。中国从发达经济体进口的产品中隐含空气污染物（NO_X 和 SO_X）排放量占中国总进口隐含空气污染物排放量的比重呈下降趋势，分别在 14 年间下降了 11.77 个百分点和 12.94 个百分点。这表明，中国从发达经济体进口产

品中隐含的空气污染量逐渐减少，这与中国进口产品国别的多元化相符合。

　　第二，1995~2009 年，中国从东亚经济体进口产品中隐含的 NO_x 和 SO_x 绝对量均呈现上升趋势，但从东亚经济体进口产品中隐含 NO_x 和 SO_x 的相对量呈下降趋势。表 8-7（b）和表 8-8（b）显示，中国与日本、韩国、中国台湾地区和印度尼西亚之间双边贸易进口隐含 NO_x 量分别在 1995~ 2009 年增加了 6.41 万吨、9.08 万吨、9.37 万吨和 2.41 万吨，且进口隐含 SO_x 量分别在 15 年间增加了 4.38 万吨、4.21 万吨、17.32 万吨和 2.97 万吨，可知整体上来看，其上升幅度较小。中国从东亚经济体总进口隐含空气污染物（NO_x 和 SO_x）排放量的比重呈现下降趋势，分别从 1995 年的 24.71% 和 28.63% 下降至 2009 年的 20.85% 和 25.29%，其中，从韩国进口隐含 NO_x 和 SO_x 排放量所占比重下降幅度较大，14 年间分别下降了 2.72 个百分点和 6.18 个百分点。

　　第三，中国与资源型国家之间双边进口贸易隐含空气污染物排放量在整个研究期内呈现较大幅度的上升，使得其占中国总出口隐含污染物的比重也呈现上升趋势。如表 8-7（c）和表 8-8（c）所示，1995~2009 年，中国从资源型国家澳大利亚、印度、俄罗斯和巴西进口产品中隐含 NO_x 量从 1995 年的 1.93 万吨、0.59 万吨、2.99 万吨和 0.31 万吨增加至 2009 年的 12.67 万吨、4.31 万吨、8.97 万吨和 9.82 万吨，年均增长幅度达 14.39%、15.26%、8.16% 和 28.00%。同时，其双边贸易进口隐含 SO_x 量在 14 年间也分别增加了 8.78 万吨、4.32 万吨、0.74 万吨和 6.66 万吨，年均增长率分别达 14.16%、13.38%、7.09% 和 26.76%。这使得，除俄罗斯之外，中国从其他资源型国家进口产品隐含空气污染物（NO_x 和 SO_x）量占中国总出口隐含空气污染物（NO_x 和 SO_x）量的比重均呈现上升趋势，导致从资源型国家（澳大利亚、印度和巴西）进口产品中隐含 NO_x 和 SO_x 排放量在 14 年间分别增加了 7.97 个百分点和 7.56 个百分点，尤其是巴西，其比重在 14 年间上升幅度分别达 4.74 个百分点和 3.58 个百分点，而从俄罗斯进口产品中隐含 NO_x 和 SO_x 量占中国总进口隐含 NO_x 和 SO_x 量的比重在 14 年间下降了 2.46 个百分点和 0.26 个百分点。

　　第四，通过比较分析发现，中国进口贸易中隐含空气污染物转移量主要来源于东亚经济体的韩国和中国台湾地区，但所占比重呈小幅下降趋势，来源于发达经济体的德国、英国、法国和意大利的较少。表 8-7 和表 8-8 显示，中国进口隐含 NO_x 和 SO_x 排放量主要来源于东亚经济体的韩国和中国台湾地区，1995 年其占中国总进口隐含 NO_X 和 SO_X 排放量分别达 18.32% 和 24.08%，这离不开中国主要加工进口产品来源于东亚经济体的贸易特征。但其呈现下降趋势，2009 年下降至 14.47% 和 19.62%。中国从发达国家进口贸易隐含 NO_X 和 SO_X 量较少，如从德国、法国、英国和意大利进口总产品中隐含 NO_X 和 SO_X 量，1995 年只占中国总进口隐含 NO_X 和 SO_X 排放量的 5.51% 和 4.25%，约占 1/20，但仍呈现逐渐下降趋势，至 2009 年达 2.39% 和 0.89%，这可能是由于中国从这些国家进口的产品贸易额所占总进口贸易额的比重减少，或者是由于这些国家进口产品变得越来越清洁，导致进口产品隐含 NO_X 和 SO_X 排放量逐渐减少。这些变化均与中国进口贸易结构的变化相符合。

表 8-7　中国从主要贸易伙伴进口隐含 NO_X 排放量

（a）从发达经济体进口隐含 NO_X 排放量

年份	进口排放量（万吨）						占中国总进口隐含排放量的比重（%）					
	欧盟	美国	德国	法国	英国	意大利	欧盟	美国	德国	法国	英国	意大利
1995	3.40	4.16	0.41	0.31	0.98	0.49	8.51	10.43	1.04	0.78	2.46	1.23
1996	2.94	3.53	0.38	0.22	0.92	0.42	7.18	8.62	0.92	0.54	2.24	1.02
1997	3.18	3.98	0.42	0.29	0.91	0.46	7.30	9.14	0.97	0.68	2.08	1.05
1998	3.02	3.43	0.45	0.31	0.81	0.37	6.09	6.91	0.91	0.63	1.64	0.75
1999	4.05	3.30	0.57	0.33	1.48	0.38	6.98	5.69	0.99	0.57	2.55	0.65
2000	4.04	3.83	0.75	0.43	0.78	0.42	5.82	5.51	1.08	0.62	1.12	0.60
2001	4.56	4.23	0.93	0.44	0.73	0.49	5.91	5.48	1.20	0.57	0.95	0.64
2002	5.47	4.46	1.02	0.40	0.68	0.50	5.84	4.76	1.09	0.43	0.72	0.54
2003	5.71	4.93	1.23	0.45	0.60	0.46	5.24	4.52	1.13	0.41	0.55	0.42
2004	7.13	5.80	1.38	0.44	0.65	0.52	5.33	4.34	1.03	0.33	0.49	0.39
2005	5.74	6.10	1.37	0.61	0.67	0.51	4.02	4.27	0.96	0.43	0.47	0.35
2006	6.42	7.40	1.71	0.55	0.67	0.56	3.97	4.58	1.06	0.34	0.41	0.34
2007	6.81	9.00	1.74	0.61	0.71	0.56	3.58	4.73	0.91	0.32	0.37	0.29
2008	6.93	10.61	2.01	0.87	0.68	0.58	3.87	5.92	1.12	0.49	0.38	0.32
2009	7.48	10.83	2.09	0.94	0.65	0.57	4.20	6.09	1.18	0.53	0.36	0.32

（b）从东亚经济体进口隐含 NO_X 排放量

年份	进口排放量（万吨）				占中国总进口隐含排放量的比重（%）			
	日本	韩国	中国台湾地区	印度尼西亚	日本	韩国	中国台湾地区	印度尼西亚
1995	1.68	4.02	3.29	0.87	4.22	10.08	8.24	2.17
1996	1.59	4.56	3.74	0.83	3.89	11.15	9.15	2.03

续表

（b）从东亚经济体进口隐含 NO_x 排放量

年份	进口排放量（万吨）				占中国总进口隐含排放量的比重（%）			
	日本	韩国	中国台湾地区	印度尼西亚	日本	韩国	中国台湾地区	印度尼西亚
1997	2.02	6.21	4.53	1.30	4.63	14.28	10.40	3.00
1998	2.43	8.01	5.20	2.17	4.89	16.15	10.48	4.38
1999	2.44	7.27	6.03	1.56	4.20	12.52	10.38	2.69
2000	2.62	7.26	6.74	2.20	3.76	10.45	9.70	3.16
2001	3.27	7.83	7.68	2.03	4.23	10.15	9.95	2.62
2002	4.30	8.48	10.36	2.34	4.59	9.05	11.05	2.50
2003	4.95	9.93	10.91	2.39	4.54	9.11	10.01	2.19
2004	5.63	10.22	11.94	3.08	4.22	7.65	8.93	2.30
2005	5.84	8.79	13.47	4.26	4.08	6.15	9.43	2.98
2006	6.91	8.76	15.41	4.40	4.27	5.42	9.53	2.72
2007	7.64	9.28	14.62	3.25	4.01	4.87	7.67	1.71
2008	7.82	10.95	12.76	3.03	4.36	6.11	7.12	1.69
2009	8.09	13.10	12.66	3.28	4.54	7.36	7.11	1.84

（c）从资源型国家进口隐含 NO_x 排放量

年份	进口排放量（万吨）				占中国总进口隐含排放量的比重（%）			
	澳大利亚	印度	俄罗斯	巴西	澳大利亚	印度	俄罗斯	巴西
1995	1.93	0.59	2.99	0.31	4.83	1.48	7.50	0.78
1996	2.16	0.82	3.86	0.37	5.29	2.01	9.43	0.90
1997	2.64	1.50	3.62	0.57	6.06	3.44	8.33	1.31
1998	2.60	1.66	3.87	0.54	5.25	3.35	7.81	1.09
1999	2.86	1.78	6.14	0.58	4.93	3.06	10.58	1.00
2000	3.92	2.24	6.06	0.66	5.64	3.22	8.72	0.95
2001	4.40	2.46	6.06	1.10	5.70	3.18	7.85	1.43
2002	4.33	3.16	7.70	1.66	4.62	3.38	8.22	1.77
2003	5.38	3.52	8.46	2.62	4.93	3.23	7.76	2.40
2004	5.81	3.67	11.48	5.94	4.35	2.74	8.59	4.44
2005	6.51	3.79	11.46	6.05	4.55	2.65	8.02	4.24
2006	8.27	5.06	10.18	6.48	5.11	3.13	6.29	4.01
2007	9.89	4.96	10.43	7.03	5.19	2.60	5.48	3.69
2008	12.53	4.56	9.34	8.23	6.99	2.54	5.21	4.59
2009	12.67	4.31	8.97	9.82	7.12	2.42	5.04	5.52

注：日本既为东亚经济体又为发达经济体，但为了把东亚经济体作为一个整体讨论，所以把日本归
类为东亚经济体而不是发达经济体。

数据来源：笔者计算所得。

表8-8 中国从主要贸易伙伴进口隐含SO$_x$排放量

(a) 从发达经济体进口隐含SO$_x$排放量

年份	进口排放量（万吨）						占中国总进口隐含排放量的比重（%）					
	欧盟	美国	德国	法国	英国	意大利	欧盟	美国	德国	法国	英国	意大利
1995	3.89	3.65	0.41	0.22	0.89	0.48	8.26	7.75	0.88	0.47	1.88	1.02
1996	3.00	3.34	0.34	0.20	0.80	0.39	6.33	7.05	0.73	0.41	1.68	0.81
1997	3.00	3.71	0.33	0.22	0.76	0.39	6.02	7.46	0.67	0.45	1.52	0.79
1998	2.48	3.24	0.29	0.21	0.67	0.28	4.50	5.87	0.52	0.38	1.21	0.51
1999	2.96	3.28	0.29	0.22	0.95	0.28	4.64	5.14	0.46	0.34	1.49	0.43
2000	3.02	3.49	0.31	0.24	0.55	0.28	3.68	4.26	0.38	0.30	0.67	0.34
2001	3.48	3.83	0.40	0.24	0.52	0.30	3.96	4.36	0.46	0.27	0.59	0.35
2002	5.20	3.59	0.45	0.20	0.43	0.28	5.04	3.48	0.43	0.20	0.42	0.28
2003	4.87	4.24	0.52	0.20	0.39	0.22	4.01	3.49	0.42	0.16	0.32	0.18
2004	5.12	4.84	0.57	0.19	0.38	0.23	3.79	3.58	0.42	0.14	0.28	0.17
2005	3.30	5.33	0.54	0.23	0.34	0.20	2.34	3.78	0.38	0.16	0.24	0.14
2006	3.39	5.75	0.63	0.22	0.33	0.22	2.23	3.78	0.41	0.14	0.21	0.14
2007	3.59	7.23	0.63	0.24	0.33	0.19	2.15	4.33	0.38	0.14	0.20	0.11
2008	2.99	8.11	0.74	0.28	0.32	0.18	1.72	4.66	0.42	0.16	0.19	0.10
2009	3.12	7.66	0.77	0.26	0.30	0.16	1.86	4.57	0.46	0.16	0.18	0.09

(b) 从东亚经济体进口隐含SO$_x$排放量

年份	进口排放量（万吨）				占中国总进口隐含排放量的比重（%）			
	日本	韩国	中国台湾地区	印度尼西亚	日本	韩国	中国台湾地区	印度尼西亚
1995	1.22	5.69	5.65	0.93	2.58	12.09	11.99	1.97
1996	1.17	6.26	6.46	0.83	2.48	13.21	13.63	1.75
1997	1.51	8.34	7.63	1.14	3.04	16.75	15.33	2.30
1998	1.76	9.56	8.45	2.32	3.20	17.36	15.35	4.21
1999	1.76	8.61	9.47	1.87	2.76	13.50	14.84	2.93
2000	1.94	8.96	11.51	3.02	2.36	10.92	14.02	3.68
2001	2.34	8.92	12.33	3.00	2.66	10.15	14.03	3.42
2002	2.97	8.80	15.59	3.15	2.87	8.53	15.11	3.05
2003	3.35	8.86	18.76	3.01	2.76	7.30	15.45	2.48
2004	3.78	8.40	19.19	3.39	2.80	6.22	14.20	2.51
2005	3.97	7.05	20.83	3.78	2.81	4.99	14.75	2.68
2006	4.86	6.51	23.77	3.94	3.20	4.28	15.63	2.59
2007	5.57	6.72	25.06	3.99	3.34	4.02	15.00	2.39
2008	5.64	8.50	23.67	3.78	3.24	4.89	13.60	2.17
2009	5.60	9.90	22.97	3.90	3.34	5.91	13.71	2.33

年份	(c)从资源型国家进口隐含 SO_x 排放量							
	进口排放量（万吨）				占中国总进口隐含排放量的比重（%）			
	澳大利亚	印度	俄罗斯	巴西	澳大利亚	印度	俄罗斯	巴西
1995	1.63	0.90	0.46	0.25	3.45	1.90	0.97	0.54
1996	1.88	1.32	0.49	0.28	3.97	2.78	1.04	0.59
1997	2.40	2.32	0.46	0.37	4.82	4.66	0.92	0.74
1998	2.26	2.45	0.51	0.30	4.11	4.44	0.92	0.55
1999	2.51	2.72	0.92	0.41	3.93	4.26	1.44	0.64
2000	4.20	3.62	0.89	0.50	5.12	4.41	1.09	0.61
2001	4.70	3.79	0.87	0.74	5.35	4.32	0.99	0.84
2002	4.58	4.83	1.08	1.01	4.44	4.68	1.05	0.98
2003	5.46	5.70	1.19	1.75	4.50	4.69	0.98	1.44
2004	5.36	4.71	1.37	3.80	3.97	3.48	1.01	2.81
2005	6.38	4.64	1.44	3.84	4.52	3.29	1.02	2.72
2006	7.17	6.31	1.33	4.53	4.71	4.15	0.88	2.98
2007	7.75	6.08	1.26	4.82	4.64	3.64	0.75	2.89
2008	10.45	5.84	1.06	5.78	6.00	3.35	0.61	3.32
2009	10.41	5.22	1.20	6.91	6.21	3.12	0.71	4.12

注：日本既为东亚经济体又为发达经济体，但为了把东亚经济体作为一个整体讨论，所以把日本归
　　类为东亚经济体而不是发达经济体。
数据来源：笔者计算所得。

三、BEEBT 变化的动态分析

1. CO_2 贸易平衡

第一，中国与发达经济体之间 CO_2 贸易平衡在整个研究期间均为负且赤字额呈现较大幅度的增加，使得其占中国总环境贸易平衡的比重在此期间内呈现较大幅度的波动。表8-9（a）显示，中国与欧盟、美国、德国、法国、英国和意大利之间双边贸易隐含 CO_2 排放量赤字额从1995年的126.35MT、138.50MT、36.23MT、13.10MT、20.80MT 和 13.14MT 增加至2009年的291.44MT、285.91MT、76.13MT、35.81MT、38.41MT 和 24.12MT，年均增长率分别达 6.15%、5.31%、5.45%、7.45%、4.48%和4.43%。从相对量来看，在整个研究期间中国与发达经济体之间双边贸易隐含 CO_2 排

放量赤字额占中国总 CO_2 贸易赤字的比重呈现较大幅度的波动趋势，除欧盟和法国整体上呈小幅上升趋势外，其他四个发达经济体（美国、德国、英国和意大利）整体上均呈现小幅下降趋势，14 年间分别下降了 0.66 个百分点、0.05 个百分点、0.53 个百分点和 0.34 个百分点。这表明，与发达经济体进行贸易，增加了中国 CO_2 的排放量，不利于中国实施温室气体 CO_2 减排。

第二，1995~2009 年，除中国台湾地区外，中国与其他东亚经济体之间双边贸易隐含 CO_2 排放量平衡也均为负，但占中国总 CO_2 贸易平衡的比重大体呈现下降趋势。表 8-9（b）显示，1995~1998 年，中国与中国台湾地区之间 CO_2 贸易平衡存在较小的赤字额且赤字额一直呈现下降趋势，直至 1999 年，中国与中国台湾地区之间 CO_2 贸易平衡转为正，即中国与中国台湾地区之间存在 CO_2 贸易盈余，盈余额从 1999 年的 0.62MT 增加至 2009 年的 10.92MT，这意味着与中国台湾地区进行双边贸易有利于中国 CO_2 减排。不过，中国与其他东亚经济体日本、韩国和印度尼西亚之间 CO_2 贸易平衡在整个研究期内一直为负，赤字额在 14 年间分别增加了 9.42MT、12.69MT 和 9.06MT，但与这三个国家之间总的 CO_2 贸易赤字额对中国总 CO_2 贸易赤字额的贡献呈现下降趋势，14 年间下降了 9.46 个百分点，尤其是与日本之间 CO_2 贸易赤字额占中国总 CO_2 贸易赤字额的比重呈现大幅度下降，14 年间下降了 9.21 个百分点，近年来中国与日本贸易往来逐渐紧缩是可能原因。

第三，除俄罗斯之外，1995~2009 年，中国与其他资源型国家之间 CO_2 贸易平衡一直为负，且赤字额呈现较大幅度的上升趋势，导致其占中国总 CO_2 贸易平衡的比重均呈现上升趋势。表 8-9（c）显示，中国与澳大利亚、印度和巴西之间 CO_2 贸易赤字额从 1995 年的 11.65MT、4.65MT 和 3.13MT 增加至 2009 年的 31.32MT、38.04MT 和 12.59MT，年均增长幅度分别达 7.32%、16.20% 和 10.45%，较大幅度的赤字额增加，导致其占中国总 CO_2 贸易赤字额的比重在 14 年间分别上升了 0.63 个百分点、2.65 个百分点和 0.56 个百分点。而中国与俄罗斯之间 CO_2 贸易平衡呈现较大的波动，1995~2006 年一直为 CO_2 贸易盈余，2007 年和 2008 年为 CO_2 贸易赤字，但 2009 年又转为 CO_2 贸易盈余，这表明整体来说，与俄罗斯进行双边贸易有利于中国 CO_2 的减排。

第四，比较分析发现，中国总 CO_2 贸易平衡呈现赤字状态主要由欧盟与美国导致，资源型国家的 CO_2 贸易赤字额影响较少，但作用呈现逐渐上升趋势。如表 8-9 所示，中国与欧盟和美国等发达经济体之间 CO_2 贸易赤字额占中国总 CO_2 贸易赤字额的比重在 1995 年达 52.71%，其后呈现先上升再下降，最后又上升的趋势，至 2009 年仍达 54.32%，即在整个研究期间约有 1/2 的中国 CO_2 贸易赤字额由与欧美国家之间进行双边贸易引起。不过，与资源型国家（澳大利亚、印度和巴西）之间双边贸易隐含 CO_2 总排放量赤字额占中国总 CO_2 贸易赤字额的比重从 1995 年的 3.87% 上升至 2009 年的 7.71%。

表 8-9　中国与主要贸易伙伴之间 CO_2 贸易平衡

(a) 与发达经济体之间 CO_2 贸易平衡

年份	BEEBT (MT)						占中国 ETB 的比重（%）					
	欧盟	美国	德国	法国	英国	意大利	欧盟	美国	德国	法国	英国	意大利
1995	−126.35	−138.50	−36.23	−13.10	−20.80	−13.14	25.15	27.56	7.21	2.61	4.14	2.61
1996	−112.00	−127.47	−29.50	−12.61	−19.71	−10.91	24.97	28.42	6.58	2.81	4.39	2.43
1997	−113.79	−141.00	−28.84	−12.84	−20.83	−10.87	24.09	29.84	6.10	2.72	4.41	2.30
1998	−128.23	−159.61	−30.64	−15.23	−25.41	−11.36	27.51	34.24	6.57	3.27	5.45	2.44
1999	−118.67	−143.06	−29.44	−13.94	−23.65	−9.14	29.77	35.89	7.39	3.50	5.93	2.29
2000	−115.02	−151.90	−27.28	−12.89	−23.92	−10.17	27.50	36.32	6.52	3.08	5.72	2.43
2001	−109.32	−143.25	−24.09	−12.62	−23.25	−9.74	27.61	36.17	6.08	3.19	5.87	2.46
2002	−117.98	−168.12	−24.72	−12.26	−24.21	−12.45	25.54	36.39	5.35	2.65	5.24	2.70
2003	−166.48	−208.31	−37.96	−18.75	−31.18	−16.21	26.36	32.99	6.01	2.97	4.94	2.57
2004	−218.41	−276.99	−52.59	−26.02	−40.07	−21.33	25.35	32.15	6.10	3.02	4.65	2.48
2005	−261.31	−333.25	−62.68	−31.37	−41.83	−23.65	24.54	31.30	5.89	2.95	3.93	2.22
2006	−310.87	−363.32	−72.48	−33.55	−46.30	−29.65	24.54	28.68	5.72	2.65	3.65	2.34
2007	−363.05	−358.03	−87.94	−40.57	−49.88	−33.99	26.43	26.06	6.40	2.95	3.63	2.47
2008	−357.06	−327.93	−85.14	−37.97	−48.53	−32.97	26.03	23.91	6.21	2.77	3.54	2.40
2009	−291.44	−285.91	−76.13	−35.81	−38.41	−24.12	27.42	26.90	7.16	3.37	3.61	2.27

(b) 与东亚经济体之间 CO_2 贸易平衡

年份	BEEBT (MT)				占中国 ETB 的比重（%）			
	日本	韩国	中国台湾地区	印度尼西亚	日本	韩国	中国台湾地区	印度尼西亚
1995	−96.16	−15.95	−4.14	−5.92	19.14	3.17	0.82	1.18
1996	−85.59	−16.79	−3.11	−5.69	19.08	3.74	0.69	1.27
1997	−84.65	−20.64	−3.55	−6.31	17.92	4.37	0.75	1.34
1998	−74.21	−5.76	−2.44	−1.00	15.92	1.24	0.52	0.22
1999	−73.43	−10.68	0.62	−1.64	18.42	2.68	−0.16	0.41

续表

年份	BEEBT（MT）				占中国 ETB 的比重（%）			
	日本	韩国	中国台湾地区	印度尼西亚	日本	韩国	中国台湾地区	印度尼西亚
2000	−72.59	−10.98	2.00	−2.58	17.36	2.62	−0.48	0.62
2001	−71.21	−9.12	7.73	−2.51	17.98	2.30	−1.95	0.63
2002	−69.33	−18.98	10.90	−3.81	15.01	4.11	−2.36	0.82
2003	−91.13	−27.67	9.27	−4.75	14.43	4.38	−1.47	0.75
2004	−114.76	−40.16	0.63	−6.44	13.32	4.66	−0.07	0.75
2005	−130.48	−47.46	4.31	−7.70	12.25	4.46	−0.40	0.72
2006	−129.34	−54.58	3.66	−8.20	10.21	4.31	−0.29	0.65
2007	−115.75	−59.71	8.18	8.47	8.43	4.35	−0.60	0.62
2008	−110.68	−58.16	5.88	−16.99	8.07	4.24	−0.43	1.24
2009	−105.58	−28.64	10.92	−14.98	9.93	2.69	−1.03	1.41

表中上方标题：（b）与东亚经济体之间 CO_2 贸易平衡

（c）与资源型国家之间 CO_2 贸易平衡

年份	BEEBT（MT）				占中国 ETB 的比重（%）			
	澳大利亚	印度	俄罗斯	巴西	澳大利亚	印度	俄罗斯	巴西
1995	−11.65	−4.65	7.57	−3.13	2.32	0.93	−1.51	0.62
1996	−10.37	−3.70	11.27	−3.42	2.31	0.82	−2.51	0.76
1997	−10.30	−3.61	8.72	−3.80	2.18	0.76	−1.85	0.81
1998	−10.13	−3.65	9.80	−3.57	2.17	0.78	−2.10	0.77
1999	−9.54	−4.80	19.73	−2.18	2.39	1.20	−4.95	0.55
2000	−6.52	−2.57	21.10	−2.52	1.56	0.61	−5.05	0.60
2001	−5.45	−1.57	19.25	−2.19	1.38	0.40	−4.86	0.55
2002	−8.80	−1.08	21.66	−2.23	1.91	0.23	−4.69	0.48
2003	−13.22	−2.74	22.16	−1.92	2.09	0.43	−3.51	0.30
2004	−21.22	−5.68	24.63	−3.14	2.46	0.66	−2.86	0.36
2005	−23.57	−14.36	21.75	−5.74	2.21	1.35	−2.04	0.54
2006	−21.80	−29.48	4.37	−9.48	1.72	2.33	−0.34	0.75
2007	−26.69	−38.87	−7.29	−13.84	1.94	2.83	0.53	1.01
2008	−24.25	−38.23	−10.85	−18.09	1.77	2.79	0.79	1.32
2009	−31.32	−38.04	5.81	−12.59	2.95	3.58	−0.55	1.18

注：BEEBT 为双边贸易隐含污染物排放量平衡；ETB 为总环境贸易平衡。
数据来源：笔者计算所得。

2. NH₃ 贸易平衡

第一，中国与发达经济体之间 NH₃ 贸易平衡在整个研究期间均为负且赤字额呈现上升趋势，使得其占中国总环境贸易平衡的比重整体上也呈现上升趋势。表 8-10（a）显示，中国与欧盟、美国、德国、法国、英国和意大利之间双边贸易隐含 NH₃ 排放量赤字额从 1995 年的 13.06 万吨、12.54 万吨、3.45 万吨、1.14 万吨、2.19 万吨和 2.11 万吨下降至 2001 年的 9.38 万吨、11.56 万吨、1.91 万吨、0.96 万吨、1.99 万吨和 1.30 万吨；加入 WTO 之后，其赤字额呈现快速的增加，至 2007 年达最大值，在 2001~2007 年增加了 19.56 万吨、14.30 万吨、4.76 万吨、2.12 万吨、3.00 万吨和 2.00 万吨；此后又呈现下降趋势，2008 年和 2009 年分别下降了 4.31 万吨、8.96 万吨、0.60 万吨、0.41 万吨、1.14 万吨和 0.93 万吨。从相对量来看，在整个研究期间中国与发达经济体之间双边贸易隐含 NH₃ 排放量赤字额占中国总 NH₃ 贸易赤字的比重呈现上升趋势，除意大利整体上呈小幅下降外，其他五个发达经济体（欧盟、美国、德国、法国和英国）整体上均呈现上升趋势，14 年间分别上升了 14.57 个百分点、3.94 个百分点、3.21 个百分点、2.05 个百分点和 2.02 个百分点。这表明，与发达经济体进行贸易，增加了中国 NH₃ 的排放量，不利于中国实施水污染 NH₃ 减排且对中国 NH₃ 贸易赤字额的贡献呈现上升趋势。

第二，1995~2009 年，整体上来看，中国与东亚经济体之间 NH₃ 贸易平衡均呈现赤字状态，且除与日本之间 NH₃ 贸易赤字额呈下降趋势外，其他均呈现小幅度上升。表 8-10（b）显示，1995 年中国与日本、韩国、中国台湾地区和印度尼西亚之间 NH₃ 贸易赤字额分别达 18.79 万吨、3.57 万吨、1.25 万吨和 0.67 万吨，占中国总 NH₃ 贸易赤字额的比重分别达 31.81%、6.05%、2.12% 和 1.14%。除了与印度尼西亚在 1998 年、2004 年和 2005 年 NH₃ 贸易平衡出现盈余外，赤字状态一直持续到 2009 年，但与日本之间的 NH₃ 贸易赤字下降至 2009 年的 13.28 万吨，使得其所占比重也下降了 12.02 个百分点，而与韩国、中国台湾地区和印度尼西亚之间 NH₃ 贸易赤字额分别上升至 4.73 万吨、1.57 万吨和 1.12 万吨，相应地其对中国总 NH₃ 贸易赤字额的贡献率也分别增加了 1.00 个百分点、0.22 个百分点和 0.52 个百分点。这表明，与东亚经济体进行贸易不利于中国水污染 NH₃ 量减排。

第三，1995~2009 年，中国与巴西之间 NH₃ 贸易平衡为正且盈余额呈现快速上升趋势，但中国与其他资源型国家之间整体上呈现 NH₃ 贸易赤字且赤字额呈现上升趋势。表 8-10（c）显示，中国与巴西之间 NH_3 贸易平衡在整个研究期间均为正，其盈余额从 1995 年的 0.07 万吨增加至 2009 年的 9.52 万吨，年均增长率为 42.04%，占中国总 NH_3 贸易赤字额的比重从 1995 年的 −0.12% 变化至 2009 年的 −14.18%。这表明，与巴西进行双边贸易有利于中国 NH_3 量的减排。中国与其他资源型国家澳大利亚、印度和俄罗斯之间 NH_3 贸易平衡整体上在 1995~2009 年均呈现赤字状态，且赤字额在 14 年间分别增加了 1.33 万吨、2.25 万吨和 2.99 万吨，导致其对中国总 NH_3 贸易赤字额的贡献率分别从 1995 年的 0.06%、0.66% 和 1.78% 上升至 2009 年的 2.04%、3.94% 和 6.01%，即与澳大利亚、印度和俄罗斯进行双边贸易，驱动中国 NH_3 贸易平衡呈现赤字状态且赤字额增加。

第四，通过对比发现，在 1995~2009 年，除巴西之外，与发达经济体、东亚经济体及其他资源型国家之间进行贸易均不利于中国 NH_3 减排，且中国 NH_3 贸易平衡呈现赤字状态主要由欧盟与美国造成，且贡献率呈现上升趋势。表 8-10 显示，造成中国 NH_3 贸易平衡呈现赤字状态的主要原因是中国与欧美国家（欧盟和美国）之间双边贸易隐含 NH_3 排放量平衡呈现较大赤字状态，由其造成的 NH_3 贸易赤字额占中国总 NH_3 贸易赤字额的比重在 1995 年达 43.36%，且此后整体呈现上升趋势，至 2009 年达61.87%。但整个期间，巴西对中国 NH_3 贸易赤字额的贡献率为负，即抑制 NH_3 贸易赤字额增加，且 14 年间其贡献率上升了 14.06 个百分点，即抑制 NH_3 贸易赤字额增加的作用越来越明显。

表 8-10　中国与主要贸易伙伴之间 NH_3 贸易平衡

（a）与发达经济体之间 NH_3 贸易平衡

年份	BEEBT（万吨）						占中国 ETB 的比重（%）					
	欧盟	美国	德国	法国	英国	意大利	欧盟	美国	德国	法国	英国	意大利
1995	−13.06	−12.54	−3.45	−1.14	−2.19	−2.11	22.12	21.24	5.84	1.93	3.71	3.58
1996	−11.14	−11.95	−2.86	−1.22	−2.20	−1.39	21.66	23.24	5.55	2.38	4.28	2.69
1997	−10.16	−12.26	−2.51	−1.10	−2.03	−1.26	21.06	25.41	5.20	2.27	4.22	2.62
1998	−10.22	−12.70	−2.34	−1.13	−2.12	−1.23	23.75	29.51	5.43	2.62	4.93	2.85
1999	−9.94	−12.31	−2.26	−1.03	−2.15	−1.27	24.20	29.97	5.51	2.51	5.23	3.09
2000	−9.20	−11.91	−2.06	−0.79	−2.01	−1.26	23.41	30.29	5.24	2.02	5.12	3.20
2001	−9.38	−11.56	−1.91	−0.96	−1.99	−1.30	25.56	31.50	5.19	2.60	5.43	3.54
2002	−10.93	−14.08	−2.08	−1.06	−2.21	−1.48	23.60	30.41	4.49	2.28	4.78	3.21
2003	−13.94	−15.67	−3.00	−1.33	−2.62	−1.78	25.43	28.58	5.47	2.42	4.77	3.24

续表

(a) 与发达经济体之间 NH_3 贸易平衡											
年份	BEEBT（万吨）						占中国 ETB 的比重（%）				
	欧盟	美国	德国	法国	英国	意大利	欧盟	美国	德国	法国	英国	意大利
2004	-17.83	-18.76	-3.83	-1.83	-3.96	-2.25	30.45	32.04	6.55	3.13	6.76	3.84
2005	-21.99	-24.27	-4.89	-2.32	-4.49	-2.78	27.68	30.56	6.15	2.92	5.65	3.50
2006	-26.87	-27.43	-5.89	-2.83	-4.98	-3.21	28.85	29.46	6.32	3.04	5.35	3.45
2007	-28.94	-25.86	-6.67	-3.08	-4.99	-3.30	32.83	29.34	7.57	3.49	5.67	3.75
2008	-27.37	-19.96	-6.21	-2.83	-4.55	-2.88	37.03	27.00	8.41	3.83	6.15	3.89
2009	-24.63	-16.90	-6.07	-2.67	-3.85	-2.37	36.69	25.18	9.05	3.98	5.73	3.53

(b) 与东亚经济体之间 NH_3 贸易平衡								
年份	BEEBT（万吨）				占中国 ETB 的比重（%）			
	日本	韩国	中国台湾地区	印度尼西亚	日本	韩国	中国台湾地区	印度尼西亚
1995	-18.79	-3.57	-1.25	-0.67	31.81	6.05	2.12	1.14
1996	-16.36	-3.55	-1.22	-0.44	31.82	6.90	2.38	0.85
1997	-14.51	-4.70	-1.16	-0.45	30.06	9.74	2.40	0.94
1998	-12.03	-2.96	-0.98	0.40	27.95	6.88	2.28	-0.93
1999	-12.55	-3.32	-0.95	-0.27	30.55	8.10	2.31	0.66
2000	-12.25	-4.31	-0.94	-0.48	31.16	10.97	2.38	1.22
2001	-12.09	-3.56	-0.84	-0.12	32.93	9.71	2.28	0.32
2002	-11.99	-4.99	-1.08	-0.51	25.90	10.77	2.34	1.10
2003	-13.82	-6.17	-1.15	-0.52	25.21	11.26	2.09	0.95
2004	-16.28	-5.23	-1.42	0.07	27.81	8.93	2.43	-0.12
2005	-18.08	-6.82	-1.65	0.39	22.76	8.59	2.08	-0.49
2006	-18.62	-6.90	-1.85	-0.10	19.99	7.42	1.98	0.10
2007	-16.18	-7.57	-1.83	-0.62	18.36	8.59	2.08	0.70
2008	-13.08	-5.59	-1.71	-0.90	17.69	7.56	2.32	1.21
2009	-13.28	-4.73	-1.57	-1.12	19.79	7.05	2.34	1.66

(c) 与资源型国家之间 NH_3 贸易平衡								
年份	BEEBT（万吨）				占中国 ETB 的比重（%）			
	澳大利亚	印度	俄罗斯	巴西	澳大利亚	印度	俄罗斯	巴西
1995	-0.04	-0.39	-1.05	0.07	0.06	0.66	1.78	-0.12
1996	0.38	-0.16	-0.83	0.06	-0.75	0.32	1.61	-0.12
1997	0.37	0.09	-0.63	0.45	-0.77	-0.19	1.30	-0.93
1998	-0.08	-0.06	-0.41	0.51	0.20	0.15	0.95	-1.19
1999	0.46	-0.31	0.48	0.53	-1.13	0.75	-1.18	-1.28

年份	BEEBT（万吨）				占中国 ETB 的比重（%）			
	澳大利亚	印度	俄罗斯	巴西	澳大利亚	印度	俄罗斯	巴西
2000	1.02	−0.06	0.46	0.95	−2.60	0.16	−1.16	−2.43
2001	1.08	−0.02	0.19	1.58	−2.93	0.06	−0.52	−4.30
2002	0.86	−0.13	0.04	2.14	−1.86	0.29	−0.08	−4.62
2003	−0.36	−0.17	−0.52	3.64	0.66	0.31	0.95	−6.64
2004	0.02	−0.14	−0.49	5.30	−0.04	0.24	0.83	−9.05
2005	−0.84	−0.81	−0.84	4.99	1.06	1.02	1.05	−6.28
2006	−1.04	−0.76	−2.06	5.41	1.12	0.82	2.21	−5.81
2007	−0.95	−1.23	−3.80	5.77	1.07	1.39	4.32	−6.55
2008	−1.32	−1.33	−4.62	7.45	1.79	1.80	6.25	−10.08
2009	−1.37	−2.64	−4.04	9.52	2.04	3.94	6.01	−14.18

（c）与资源型国家之间 NH_3 贸易平衡

注：BEEBT 为双边贸易隐含污染物排放量平衡；ETB 为总环境贸易平衡。
数据来源：笔者计算所得。

3. NO_X 和 SO_X 的贸易平衡

第一，1995~2009 年，中国与发达经济体之间空气污染物（NO_X 和 SO_X）贸易平衡均为负且赤字额均呈现上升趋势。如表 8−11（a）和表 8−12（a）所示，中国与欧盟、美国、德国、法国、英国和意大利之间 NO_X 贸易赤字额在 14 年间增加了 46.30 万吨、35.08 万吨、11.07 万吨、6.16 万吨、5.47 万吨和 3.33 万吨，使得占中国总 NO_X 贸易赤字额的比重也在此期间增加了 7.44 个百分点、2.25 个百分点、1.10 个百分点、1.32 个百分点、0.47 个百分点和 0.22 个百分点。同时与欧盟、美国、德国、法国、英国和意大利之间 SO_X 贸易赤字额在 14 年间也增加了 72.78 万吨、54.71 万吨、16.68 万吨、10.92 万吨、6.8 万吨和 3.7 万吨，且其变化在整个研究期间呈现先下降后上升再下降的倒"N"型变化趋势，同时，在整个研究期间其对中国总 SO_X 贸易赤字额的比重呈窄幅波动。这表明，与发达国家进行双边贸易不利于中国空气污染物的减排，且对中国空气环境的污染起到的作用逐渐增加。

第二，除中国台湾地区之外，中国与其他东亚经济体（日本、韩国和印度尼西亚）之间空气污染物（NO_X 和 SO_X）贸易平衡均为负，且赤字额整体大致呈现上升趋势。表 8−11（b）和表 8−12（b）显示，中国与中国台湾地区之间 NO_X 和 SO_X 贸易平衡分别从 1999 年和 2001 年开始由环境贸易赤字转化为环境贸易盈余，盈余额整体呈现上升趋势，至 2009 年分别达

5.63 万吨和 7.56 万吨。这表明，与中国台湾地区进行贸易有利于中国空气污染物的减排，改善了空气环境质量。中国与日本、韩国和印度尼西亚之间 NO_X 和 SO_X 贸易平衡一直为负，其中 NO_X 贸易赤字额在 14 年间增加了 5.27 万吨、4.22 万吨和 2.57 万吨，SO_X 贸易赤字额在 14 年间增加了 -5.38 万吨、15.20 万吨和 5.14 万吨，但与日本之间 NO_X 和 SO_X 贸易赤字额分别占中国总 NO_X 和 SO_X 贸易赤字额的比重呈现下降趋势，分别下降了 6.78 个百分点和 7.66 个百分点，不过与韩国和印度尼西亚之间 NO_X 和 SO_X 贸易赤字额所占比重均呈现上升趋势。这表明，与日本、韩国和印度尼西亚进行贸易，不利于空气污染物的减排。

第三，在整个研究期内，中国与资源型国家（澳大利亚、印度、俄罗斯和巴西）之间 SO_X 贸易平衡均呈现赤字状态，且与澳大利亚和印度之间 NO_X 贸易平衡也一直为负，但整体上来看，与俄罗斯和巴西之间 NO_X 贸易平衡为正。表 8-11（c）显示，中国与俄罗斯之间 NO_X 贸易平衡在 1995~2006 年一直为正，存在 NO_X 贸易盈余，但 2007 年开始，其转为赤字状态。与巴西之间 NO_X 贸易平衡在加入 WTO 之前的 1995~2000 年均为负，即不利于中国 NO_X 的减排，但从 2001 年开始，其转为 NO_X 贸易盈余，且盈余额从 2001 年的 0.12 万吨上升至 2009 年的 4.91 万吨，年均增长率达 30.36%。而中国与澳大利亚和印度之间 NO_X 贸易平衡在 1995~2009 年一直为负，且赤字额呈现上升趋势，尤其是印度，从 1995 年的 1.52 万吨上升至 2009 年的 10.12 万吨，年均增长率达 14.50%。表 8-12（c）显示，中国与澳大利亚、印度、俄罗斯和巴西之间 SO_X 贸易平衡在整个研究期间一直为负，即呈现 SO_X 贸易赤字状态且赤字额逐渐增加，14 年间分别增加了 3.03 万吨、21.03 万吨、17.26 万吨和 1.06 万吨，其对中国 SO_X 贸易赤字的贡献率在此期间内变化了 -0.4 个百分点、2.71 个百分点、2.24 个百分点和 -0.06 个百分点。

第四，通过比较分析可知，中国与欧美国家（美国和欧盟）之间空气污染物贸易赤字额是造成中国总体空气污染物贸易平衡呈现较大赤字的主要原因，而与中国台湾地区进行贸易有利于中国空气污染物的减排，且与俄罗斯和巴西进行贸易整体上有利于 NO_X 的减排。表 8-11 和表 8-12 显示，中国与美国和欧盟等发达经济体之间 NO_X 和 SO_X 贸易赤字总额占总 NO_X 和 SO_X 贸易赤字额的比重分别在 1995 年达 54.01% 和 51.79%，即大约有 1/2 的空气污染贸易赤字额是由欧美国家造成的，此后仍保持在 50% 以上，至 2009 年分别达 63.70% 和 51.18%。而与中国台湾地区进行贸易造成中国 NO_x 和 SO_x 贸易赤字额在 2009 年减少了 5.63 万吨和 7.56 万吨，且与俄罗斯和巴西贸易也促使中国 NO_x 贸易赤字额在整个研究期间减少。

表 8-11　中国与主要贸易伙伴之间 NO_x 贸易平衡

(a) 与发达经济体之间 NO_x 贸易平衡											
年份	BEEBT（万吨）						占中国 ETB 的比重（%）					
	欧盟	美国	德国	法国	英国	意大利	欧盟	美国	德国	法国	英国	意大利
1995	-38.29	-40.90	-11.50	-3.93	-5.96	-3.88	26.12	27.89	7.85	2.68	4.06	2.64
1996	-34.68	-38.93	-9.50	-3.92	-5.85	-3.26	25.98	29.16	7.12	2.93	4.38	2.44
1997	-35.88	-43.68	-9.41	-4.03	-6.34	-3.39	25.13	30.60	6.59	2.83	4.44	2.38
1998	-40.95	-50.70	-10.14	-4.85	-7.88	-3.64	28.81	35.68	7.13	3.41	5.55	2.56
1999	-39.30	-46.96	-10.41	-4.59	-7.27	-3.09	31.75	37.95	8.41	3.71	5.87	2.50
2000	-36.61	-47.62	-9.08	-4.04	-7.43	-3.28	29.16	37.93	7.24	3.22	5.92	2.61
2001	-35.10	-44.70	-8.26	-3.97	-7.24	-3.15	30.26	38.53	7.12	3.42	6.24	2.71
2002	-38.33	-52.43	-8.60	-3.91	-7.65	-4.08	28.12	38.47	6.31	2.87	5.61	3.00
2003	-53.52	-64.42	-12.75	-5.88	-9.79	-5.26	28.24	33.99	6.73	3.10	5.16	2.78
2004	-59.24	-71.91	-14.22	-6.92	-11.48	-6.23	30.44	36.95	7.31	3.56	5.90	3.20
2005	-70.56	-84.61	-16.64	-8.23	-12.22	-7.19	29.35	35.19	6.92	3.42	5.08	2.99
2006	-84.44	-92.88	-19.19	-9.12	-13.75	-8.83	30.16	33.18	6.86	3.26	4.91	3.15
2007	-94.71	-89.43	-22.61	-10.59	-14.27	-9.56	33.67	31.80	8.04	3.76	5.07	3.40
2008	-98.39	-86.61	-23.65	-10.38	-14.38	-9.33	30.54	26.88	7.34	3.22	4.46	2.89
2009	-84.59	-75.98	-22.57	-10.09	-11.43	-7.21	33.56	30.14	8.95	4.00	4.53	2.86

(b) 与东亚经济体之间 NO_x 贸易平衡								
年份	BEEBT（万吨）				占中国 ETB 的比重（%）			
	日本	韩国	中国台湾地区	印度尼西亚	日本	韩国	中国台湾地区	印度尼西亚
1995	-31.12	-4.38	-0.54	-1.63	21.22	2.99	0.37	1.11
1996	-28.71	-4.59	-0.38	-1.58	21.51	3.44	0.29	1.18
1997	-28.82	-5.60	-0.59	-1.41	20.18	3.92	0.41	0.99
1998	-25.87	-0.18	-0.13	0.49	18.20	0.12	0.09	-0.34
1999	-26.61	-2.41	1.07	-0.26	21.50	1.94	-0.87	0.21
2000	-25.54	-3.11	1.33	-0.25	20.34	2.48	-1.06	0.20
2001	-25.29	-2.37	3.07	-0.45	21.80	2.04	-2.65	0.39
2002	-25.56	-4.95	5.13	-0.78	18.76	3.63	-3.76	0.57
2003	-32.53	-7.82	3.99	-1.18	17.16	4.12	-2.10	0.62
2004	-38.00	-8.99	4.23	-0.53	19.52	4.62	-2.17	0.27

续表

(b) 与东亚经济体之间 NO_X 贸易平衡

年份	BEEBT (万吨)				占中国 ETB 的比重（%）			
	日本	韩国	中国台湾地区	印度尼西亚	日本	韩国	中国台湾地区	印度尼西亚
2005	−42.63	−12.86	5.99	0.41	17.73	5.35	−2.49	−0.17
2006	−43.95	−14.38	7.40	−0.42	15.70	5.14	−2.64	0.15
2007	−38.35	−16.11	6.81	−2.15	13.63	5.73	−2.42	0.76
2008	−35.76	−14.46	4.36	−4.07	11.10	4.49	−1.35	1.26
2009	−36.39	−8.60	5.63	−4.20	14.44	3.41	−2.23	1.67

(c) 与资源型国家之间 NO_X 贸易平衡

年份	BEEBT (万吨)				占中国 ETB 的比重（%）			
	澳大利亚	印度	俄罗斯	巴西	澳大利亚	印度	俄罗斯	巴西
1995	−2.79	−1.52	1.43	−0.71	1.91	1.04	−0.97	0.49
1996	−2.37	−1.15	2.60	−0.77	1.78	0.86	−1.95	0.57
1997	−2.24	−1.06	2.23	−0.75	1.57	0.74	−1.56	0.52
1998	−2.28	−1.10	2.40	−0.69	1.60	0.77	−1.69	0.49
1999	−2.21	−1.69	5.05	−0.28	1.78	1.37	−4.08	0.23
2000	−0.45	−0.78	5.12	−0.32	0.35	0.62	−4.07	0.25
2001	0.33	−0.34	4.62	0.12	−0.28	0.29	−3.99	−0.10
2002	−0.83	−0.12	5.36	0.51	0.61	0.09	−3.94	−0.37
2003	−1.99	−0.64	5.45	1.21	1.05	0.34	−2.88	−0.64
2004	−2.82	−1.11	7.82	4.31	1.45	0.57	−4.02	−2.21
2005	−2.85	−3.33	6.51	3.95	1.19	1.39	−2.71	−1.64
2006	−1.38	−5.58	1.87	3.54	0.49	1.99	−0.67	−1.26
2007	−1.21	−7.61	−1.85	2.98	0.43	2.70	0.66	−1.06
2008	−0.22	−8.86	−3.24	2.33	0.07	2.75	1.01	−0.72
2009	−2.99	−10.12	−1.09	4.91	1.19	4.02	0.43	−1.95

注：BEEBT 为双边贸易隐含污染物排放量平衡；ETB 为总环境贸易平衡。

数据来源：笔者计算所得。

表 8–12　中国与主要贸易伙伴之间 SO$_X$ 贸易平衡

(a) 与发达经济体之间 SO$_X$ 贸易平衡

年份	BEEBT（万吨）						占中国 ETB 的比重（%）					
	欧盟	美国	德国	法国	英国	意大利	欧盟	美国	德国	法国	英国	意大利
1995	−108.38	−114.81	−30.79	−10.91	−17.88	−11.99	25.15	26.64	7.14	2.53	4.15	2.78
1996	−95.22	−104.01	−24.96	−10.33	−16.75	−10.11	24.66	26.94	6.46	2.68	4.34	2.62
1997	−92.35	−109.28	−23.38	−10.22	−16.86	−9.54	23.86	28.23	6.04	2.64	4.36	2.46
1998	−98.06	−116.72	−23.72	−11.54	−19.08	−9.10	26.84	31.94	6.49	3.16	5.22	2.49
1999	−88.83	−101.62	−22.39	−10.29	−17.60	−7.18	28.50	32.61	7.18	3.30	5.65	2.30
2000	−83.88	−104.39	−20.52	−9.31	−16.89	−7.84	26.30	32.74	6.44	2.92	5.30	2.46
2001	−79.00	−96.00	−18.66	−8.92	−15.98	−7.49	26.43	32.11	6.24	2.98	5.34	2.50
2002	−82.75	−109.29	−19.15	−8.37	−16.11	−8.97	24.44	32.28	5.66	2.47	4.76	2.65
2003	−115.73	−136.35	−28.44	−12.64	−20.45	−11.31	25.26	29.76	6.21	2.76	4.46	2.47
2004	−121.23	−144.04	−29.39	−13.59	−22.59	−12.69	25.36	30.13	6.15	2.84	4.73	2.65
2005	−140.68	−169.02	−33.62	−16.21	−24.08	−14.54	24.49	29.43	5.85	2.82	4.19	2.53
2006	−165.14	−182.63	−38.30	−17.51	−26.70	−17.44	25.04	27.69	5.81	2.66	4.05	2.64
2007	−186.49	−180.41	−45.19	−20.49	−28.17	−19.07	26.43	25.57	6.40	2.90	3.99	2.70
2008	−215.48	−193.24	−52.44	−23.25	−30.14	−20.60	26.11	23.42	6.35	2.82	3.65	2.50
2009	−181.16	−169.52	−47.47	−21.83	−24.68	−15.69	26.44	24.74	6.93	3.19	3.60	2.29

(b) 与东亚经济体之间 SO$_X$ 贸易平衡

年份	BEEBT（万吨）				占中国 ETB 的比重（%）			
	日本	韩国	中国台湾地区	印度尼西亚	日本	韩国	中国台湾地区	印度尼西亚
1995	−79.84	−15.24	−4.89	−5.18	18.53	3.54	1.14	1.20
1996	−71.00	−16.35	−4.38	−4.98	18.39	4.23	1.13	1.29
1997	−68.43	−19.19	−5.05	−5.06	17.68	4.96	1.30	1.31
1998	−58.32	−8.43	−3.91	−1.22	15.96	2.31	1.07	0.33
1999	−55.11	−10.84	−1.36	−1.57	17.68	3.48	0.44	0.50
2000	−55.19	−12.82	−0.60	−1.99	17.31	4.02	0.19	0.62
2001	−52.70	−12.22	2.24	−1.95	17.63	4.09	−0.75	0.65
2002	−52.83	−17.95	4.38	−2.60	15.60	5.30	−1.29	0.77
2003	−68.53	−27.19	3.39	−3.93	14.96	5.94	−0.74	0.86
2004	−77.15	−28.84	3.20	−3.58	16.14	6.03	−0.67	0.75
2005	−86.74	−33.86	5.80	−3.65	15.10	5.90	−1.01	0.64
2006	−88.99	−36.17	8.27	−5.16	13.49	5.48	−1.25	0.78
2007	−80.47	−40.27	9.73	−6.42	11.40	5.71	−1.38	0.91
2008	−80.51	−43.52	5.30	−10.83	9.76	5.27	−0.64	1.31
2009	−74.46	−30.44	7.56	−10.32	10.87	4.44	−1.10	1.51

续表

年份	(c) 与资源型国家之间 SO_X 贸易平衡							
	BEEBT（万吨）				占中国 ETB 的比重（%）			
	澳大利亚	印度	俄罗斯	巴西	澳大利亚	印度	俄罗斯	巴西
1995	−9.82	−4.13	−3.23	−2.56	2.28	0.96	0.75	0.59
1996	−8.77	−3.35	−2.34	−2.73	2.27	0.87	0.61	0.71
1997	−8.32	−3.69	−2.66	−2.96	2.15	0.95	0.69	0.76
1998	−7.83	−3.56	−2.58	−2.67	2.14	0.98	0.71	0.73
1999	−7.04	−4.04	−1.32	−1.57	2.26	1.30	0.42	0.50
2000	−4.20	−2.83	−1.09	−1.80	1.32	0.89	0.34	0.57
2001	−2.77	−2.08	−2.00	−1.50	0.93	0.69	0.67	0.50
2002	−4.34	−1.91	−3.17	−1.48	1.28	0.56	0.94	0.44
2003	−6.57	−3.30	−4.53	−1.38	1.43	0.72	0.99	0.30
2004	−9.19	−4.84	−5.39	0.47	1.92	1.01	1.13	−0.10
2005	−10.25	−9.10	−7.61	−0.29	1.79	1.59	1.32	0.05
2006	−9.98	−13.69	−14.07	−1.09	1.51	2.08	2.13	0.17
2007	−11.70	−18.03	−22.23	−3.04	1.66	2.55	3.15	0.43
2008	−11.98	−22.37	−25.99	−6.93	1.45	2.71	3.15	0.84
2009	−12.85	−25.16	−20.49	−3.62	1.88	3.67	2.99	0.53

注：BEEBT 为双边贸易隐含污染物排放量平衡；ETB 为总环境贸易平衡。
数据来源：笔者计算所得。

第二节 BEEBT 变化的 SDA 分析

本章利用第五章的式（5-11）对中国与主要贸易伙伴之间双边贸易隐含污染物排放量平衡（BEEBT）变化进行 SDA 分析，分解时期为 1995~2009 年整个研究期间。由于本章是采用全球多区域投入产出表测算后，再把欧盟包含的 27 个成员国进行加总，得出这个总量的变化，所以在对 BEEBT 变化进行结构分解时，只针对中国与欧盟这个经济总体之间的 BEEBT 变化进行分解分析，而对中国与欧盟包含的发达经济体德国、法国、英国和意大利四国之间的 BEEBT 变化并未进行 SDA 分析。

一、CO_2贸易平衡

从中国与各经济体之间 CO_2 贸易平衡变化结构分解的总效应（TE）可以看出，除与中国台湾地区之间由 CO_2 贸易赤字转为 CO_2 贸易盈余外，中国与其他经济体之间的 CO_2 贸易平衡一直为赤字且赤字额呈现迅速的攀升趋势，导致其变化的影响效应如下。

第一，出口区域污染排放强度效应（EIE）和进口规模效应（ICE）是抑制中国与欧美国家、东亚经济体和资源型国家之间 CO_2 贸易赤字额在整个研究期间内增加的主要因素。如表 8-13 所示，由中国 CO_2 排放强度下降导致其与欧盟、美国、日本、韩国、中国台湾地区、印度尼西亚、澳大利亚、印度、俄罗斯和巴西之间的 CO_2 贸易赤字额在整个研究期内分别减少了 626.72MT、623.67MT、280.65MT、144.37MT、58.86MT、43.54MT、78.27MT、104.23MT、54.40MT 和 37.23MT，其占总效应的比重非常大，意味着中国 CO_2 排放强度下降是造成中国双边贸易隐含 CO_2 贸易赤字减少的最重要的因素。

进口规模效应（ICE）虽然没有出口区域污染排放强度效应（EIE）的效果那么大，但随着进口规模的迅速扩张，也是导致中国与欧盟、美国、日本、韩国、中国台湾地区、印度尼西亚、澳大利亚、印度、俄罗斯和巴西之间的 CO_2 贸易赤字额减少的重要因素，使得其分别减少了 42.19MT、43.63MT、24.66MT、52.31MT、33.70MT、5.68MT、26.08MT、20.32MT、66.43MT 和 7.44MT，对整个研究期间 CO_2 贸易赤字额增加的贡献率分别为 −25.56%、−29.60%、−261.54%、−412.09%、223.79%、−62.69%、−132.55%、−60.84%、−3769.70%和−78.66%。

第二，出口规模效应（ECE）和出口区域中间投入结构效应（ETE）是导致中国与欧美国家、东亚经济体和资源型国家之间 CO_2 贸易赤字额在整个研究期内增加的主要因素。随着中国出口贸易的迅猛发展，无论是与欧美国家、东亚经济体还是资源型国家，中国双边贸易出口额均呈现较大幅度的增加，进而导致双边贸易中出口隐含 CO_2 排放量也随之增加，对中国双边贸易隐含 CO_2 排放量平衡产生负效应，即增加 CO_2 贸易赤字额，表 8-13 显示，导致中国与欧盟、美国、日本、韩国、中国台湾地区、印度尼西亚、澳大利亚、印度、俄罗斯和巴西之间的 CO_2 贸易赤字额分别增加了 599.88MT、578.27MT、204.10MT、131.10MT、52.64MT、37.36MT、79.02MT、107.87MT、52.49MT 和 38.68MT。总体来看，出口规模对 CO_2 贸易赤字额增加的正效应要低于中国 CO_2 排放强度的负效应，但远远大于进口规模的负效应。

中国中间投入结构的变化也对中国双边贸易隐含 CO_2 排放量平衡产生负效应，即增加了双边贸易隐含 CO_2 排放量赤字额。表 8-13 显示，由中国中间投入结构变化导致的中国与欧盟、美国、日本、韩国、中国台湾地区、印度尼西亚、澳大利亚、印度、俄罗斯和巴西之间的 CO_2 贸易赤字额分别增加了 230.13MT、233.25MT、96.42MT、48.46MT、20.94MT、16.17MT、30.01MT、36.83MT、23.61MT 和 14.16MT，表明中国中间投入结构并没有逐渐改善，中间投入产出利用效率不高，或由于利用 CO_2 排放强度较高的中间投入产品，导致相应产业出口隐含 CO_2 排放量增加，进而扩大了双边贸易 CO_2 贸易赤字额。

第三，出口结构效应（ESE）促使中国与东亚经济体和资源型国家之间的 CO_2 贸易赤字额增加，而抑制中国与欧美国家之间的 CO_2 贸易赤字额增加；除欧盟和中国台湾地区外，进口来源区域污染排放强度效应（EII）促使中国与其他经济体之间的 CO_2 贸易赤字额均增加。表 8-13 显示，中国出口到欧美国家产品结构的变化导致中国与欧盟和美国之间的 CO_2 贸易赤字额分别减少了 16.65MT 和 16.34MT，而中国出口到东亚经济体和资源型国家产品结构的变化导致中国与日本、韩国、中国台湾地区、印度尼西亚、澳大利亚、印度、俄罗斯和巴西之间的 CO_2 贸易赤字额分别增加了 15.61MT、16.57MT、1.58MT、5.41MT、4.20MT、7.05MT、1.68MT 和 0.50MT。这表明，中国出口到欧美国家的产品变得越来越"清洁"，而出口到东亚经济体和资源型国家的产品变得越来越"肮脏"，这可能是由于欧美国家对本国进口产品的要求比较严格，而东亚经济体和资源型国家则比较宽松。

欧盟和中国台湾地区区域内 CO_2 排放强度的变化导致中国与它们之间的 CO_2 贸易赤字额分别减少了 98.76MT 和 1.63MT，但美国、日本、韩国、印度尼西亚、澳大利亚、印度、俄罗斯和巴西各国国内 CO_2 排放强度的变化导致中国与它们之间的 CO_2 贸易赤字额分别增加了 15.22MT、1.63MT、17.71MT、1.40MT、12.46MT、2.99MT、38.49MT 和 2.12MT。这表明，样本期内，欧盟与中国台湾地区区域内的 CO_2 排放强度增加了，导致其产品

中隐含 CO_2 量增加，进而增加了中国双边贸易进口隐含 CO_2 量，减少了中国与它们之间的 CO_2 贸易赤字额。而其他国家国内的 CO_2 排放强度降低了，导致其产品中隐含 CO_2 量减少，进而减少了中国双边贸易进口隐含 CO_2 量，增加了中国与它们之间的 CO_2 贸易赤字额。

第四，进口来源区域中间投入结构效应（ETI）和进口结构效应（ISE）针对中国与不同区域之间的 CO_2 贸易平衡产生不同的效果。表 8-13 显示，东亚经济体的日本、韩国、中国台湾地区和印度尼西亚以及资源型国家的俄罗斯和巴西的区域内中间投入结构的变化导致中国与它们之间 CO_2 贸易赤字额分别减少了 2.33MT、6.22MT、0.43MT、1.21MT、1.21MT 和 0.12MT，而欧美国家的欧盟和美国以及资源型国家的澳大利亚和印度的区域内中间投入结构的变化导致中国与它们之间 CO_2 贸易赤字额分别增加了 107.89MT、2.54MT、2.38MT 和 4.56MT，这表明东亚经济体的日本、韩国、中国台湾地区和印度尼西亚以及资源型国家的俄罗斯和巴西的区域内中间投入结构逐渐恶化，而欧美国家的欧盟和美国以及资源型国家的澳大利亚和印度的中间投入结构逐渐改善。

从日本、印度尼西亚、澳大利亚、印度和巴西进口产品结构的变化导致中国与它们之间的 CO_2 贸易赤字额减少了，而从欧盟、美国、韩国、中国台湾地区和俄罗斯进口产品结构的变化导致中国与它们之间的 CO_2 贸易赤字额却增加了。这意味着，中国从日本、印度尼西亚、澳大利亚、印度和巴西进口越来越"肮脏"的产品，而从欧盟、美国、韩国、中国台湾地区和俄罗斯进口越来越"清洁"的产品。

表 8-13　1995~2009 年中国与主要贸易伙伴之间 CO_2 贸易平衡的结构分解

		EII	ETI	ISE	ICE	EIE	ETE	ESE	ECE	TE
欧美国家	欧盟	98.76	-107.89	-11.52	42.19	626.72	-230.13	16.65	-599.88	-165.09
		-59.82	65.35	6.98	-25.56	-379.62	139.39	-10.08	363.36	100
	美国	-15.22	-2.54	-1.77	43.63	623.67	-233.25	16.34	-578.27	-147.41
		10.33	1.72	1.20	-29.60	-423.09	158.23	-11.09	392.29	100
东亚经济体	日本	-1.63	2.33	0.68	24.66	280.65	-96.42	-15.61	-204.10	-9.43
		17.24	-24.75	-7.24	-261.54	-2976.43	1022.60	165.54	2164.57	100
	韩国	-17.71	6.22	-1.75	52.31	144.37	-48.46	-16.57	-131.10	-12.69
		139.50	-48.98	13.80	-412.09	-1137.41	381.77	130.58	1032.84	100

		EII	ETI	ISE	ICE	EIE	ETE	ESE	ECE	TE
东亚经济体	中国台湾地区	1.63	0.43	−4.40	33.70	58.86	−20.94	−1.58	−52.64	15.06
		10.81	2.87	−29.24	223.79	390.89	−139.08	−10.49	−349.55	100
	印度尼西亚	−1.40	1.21	0.84	5.68	43.54	−16.17	−5.41	−37.36	−9.07
		15.44	−13.33	−9.22	−62.69	−480.29	178.31	59.65	412.13	100
资源型国家	澳大利亚	−12.46	−2.38	4.03	26.08	78.27	−30.01	−4.20	−79.02	−19.68
		63.31	12.08	−20.47	−132.55	−397.80	152.50	21.35	401.59	100
	印度	−2.99	−4.56	1.37	20.32	104.23	−36.83	−7.05	−107.87	−33.39
		8.96	13.65	−4.09	−60.84	−312.11	110.30	21.10	323.02	100
	俄罗斯	−38.49	1.21	−7.54	66.43	54.40	−23.61	−1.68	−52.49	−1.76
		2183.95	−68.73	427.89	−3769.70	−3086.92	1339.61	95.59	2978.31	100
	巴西	−2.12	0.12	1.21	7.44	37.23	−14.16	−0.50	−38.68	−9.46
		22.38	−1.25	−12.81	−78.66	−393.56	149.68	5.33	408.89	100

注：每个经济体包含的第一行为其结构分解的八种效应，单位为MT；第二行为各种效应占总效应的比重，单位为%。EII、ETI、ISE、ICE、EIE、ETE、ESE、ECE和TE分别表示进口来源区域污染排放强度效应、进口来源区域中间投入结构效应、进口结构效应、进口规模效应、出口区域污染排放强度效应、出口区域中间投入结构效应、出口结构效应、出口规模效应和总效应。

数据来源：笔者计算所得。

二、NH_3贸易平衡

从中国与各经济体之间 NH_3 贸易平衡变化结构分解的总效应（TE）可以看出，除与日本之间的 NH_3 贸易赤字减少转为盈余以及与巴西之间的 NH_3 贸易平衡一直为盈余且盈余额增加外，中国与其他经济体之间的 NH_3 贸易平衡一直为赤字且赤字额呈现迅速攀升的趋势，导致其变化的影响效应如下。

第一，出口区域污染排放强度效应（EIE）、出口结构效应（ESE）和进口规模效应（ICE）对中国与欧美国家、东亚经济体和资源型国家之间 NH_3 贸易平衡具有正的影响，即抑制 NH_3 贸易赤字额在整个研究期内增加。表 8-14 显示，由中国 NH_3 排放强度下降导致其与欧盟、美国、日本、韩国、中国台湾地区、印度尼西亚、澳大利亚、印度、俄罗斯和巴西之间的 NH_3 贸易赤字额在整个研究期内分别减少了 26.95 万吨、24.95

万吨、17.46 万吨、5.50 万吨、1.83 万吨、2.64 万吨、3.31 万吨、3.64 万吨、4.50 万吨和 1.13 万吨。这表明，近年来，随着技术的进步，中国 NH_3 排放强度在整个研究期内下降，导致中国双边贸易出口隐含 NH_3 排放量减少，进而减少中国双边贸易隐含 NH_3 排放量赤字额。

出口到欧美国家、东亚经济体和资源型国家的产品均变得越来越"清洁"，即逐渐出口隐含 NH_3 排放量较少的产品，使得中国与欧盟、美国、日本、韩国、中国台湾地区、印度尼西亚、澳大利亚、印度、俄罗斯和巴西之间双边贸易出口隐含 NH_3 排放量减少，进而导致中国与这些经济体之间的 NH_3 贸易赤字额分别减少了 22.10 万吨、20.80 万吨、21.40 万吨、9.15 万吨、2.66 万吨、3.17 万吨、1.75 万吨、3.72 万吨、5.95 万吨和 1.66 万吨。进口规模效应对中国双边贸易隐含 NH_3 排放量平衡的影响效果不大，但随着进口规模的扩张，其双边贸易进口隐含 NH_3 排放量增加，使得中国与欧盟、美国、日本、韩国、中国台湾地区、印度尼西亚、澳大利亚、印度、俄罗斯和巴西之间的 NH_3 贸易赤字额分别减少了 3.67 万吨、8.81 万吨、0.15 万吨、0.45 万吨、0.13 万吨、1.85 万吨、8.70 万吨、2.77 万吨、1.45 万吨和 11.27 万吨。

第二，出口规模效应（ECE）和出口区域中间投入结构效应（ETE）对中国与欧美国家、东亚经济体和资源型国家之间 NH_3 贸易平衡产生负效应，进而导致 NH_3 贸易赤字额在整个研究期内增加。表 8-14 显示，由于双边贸易出口规模的扩张导致中国与欧盟、美国、日本、韩国、中国台湾地区、印度尼西亚、澳大利亚、印度、俄罗斯和巴西之间的 NH_3 贸易赤字额分别增加了 59.04 万吨、53.20 万吨、32.64 万吨、15.90 万吨、4.77 万吨、6.63 万吨、6.84 万吨、10.49 万吨、13.20 万吨和 3.56 万吨。比较来看，出口规模对 NH_3 贸易赤字额增加的正效应明显大于中国 NH_3 排放强度的负效应、出口结构效应的负效应以及进口规模的负效应。

由于中国中间投入结构在样本期间内逐渐恶化，或是因为投入产出效应不高，或是因为利用 NH_3 排放强度较高的中间投入产品，导致其出口隐含 NH_3 排放量增加，进而增加了双边贸易之间的 NH_3 贸易赤字额。表 8-14 显示，由中国中间投入结构变化导致中国与欧盟、美国、日本、韩国、中国台湾地区、印度尼西亚、澳大利亚、印度、俄罗斯和巴西之间的 NH_3 贸易赤字额分别增加了 2.01 万吨、1.80 万吨、0.85 万吨、0.06 万吨、0.01 万吨、0.13 万吨、0.18 万吨、0.19 万吨、0.77 万吨和 0.06 万吨，对相应经

济体之间 NH_3 贸易平衡变化的贡献率分别为 17.36%、41.20%、−15.51%、5.10%、3.40%、29.20%、13.88%、8.33%、25.84% 和 −0.63%。

第三，除欧盟外，进口来源区域污染排放强度效应（EII）是导致中国与其他经济体之间的 NH_3 贸易赤字额增加的重要因素；除俄罗斯和巴西外，进口结构效应（ISE）也是导致与其他经济体之间的 NH_3 贸易赤字额增加的重要因素。表 8-14 显示，由于欧盟 NH_3 污染排放强度在 1995~2009 年上升，导致其产品中隐含 NH_3 量增加，使得中国从欧盟进口产品中隐含 NH_3 量增加，进而导致中国与欧盟之间的 NH_3 贸易赤字额减少了6.87 万吨，而由于其他经济体 NH_3 污染排放强度下降，使得中国从其他经济体进口产品中隐含 NH_3 量减少，进而导致中国与美国、日本、韩国、中国台湾地区、印度尼西亚、澳大利亚、印度、俄罗斯和巴西之间的 NH_3 贸易赤字额分别增加了 1.29 万吨、0.01 万吨、0.02 万吨、0.02 万吨、1.08万吨、0.70 万吨、0.69 万吨、1.21 万吨和 6.36 万吨。

中国倾向于从俄罗斯和巴西进口隐含 NH_3 量较多的产品，因而中国从俄罗斯和巴西进口产品中隐含 NH_3 量增加，进而导致中国与它们之间的 NH_3 贸易赤字额分别减少了 0.53 万吨和 5.18 万吨。而从其他经济体进口的产品越来越"清洁"，中国双边贸易进口隐含 NH_3 排放量下降，对中国与欧盟、美国、日本、韩国、中国台湾地区、印度尼西亚、澳大利亚和印度之间的 NH_3 贸易平衡产生负效应，使得 NH_3 贸易赤字额分别增加了 9.16万吨、2.31 万吨、0.02 万吨、0.27 万吨、0.12 万吨、0.37 万吨、7.29 万吨和 0.76 万吨。

第四，除日本、印度尼西亚和巴西之外，进口来源区域中间投入结构效应（ETI）导致中国与其他经济体之间的 NH_3 贸易赤字额增加。表 8-14显示，日本、印度尼西亚和巴西国内中间投入结构的变化导致中国与这些经济体之间的 NH_3 贸易赤字额分别减少了 0.001 万吨、0.12 万吨和 0.18 万吨，其产生的效应较小，但其他经济体区域内中间投入结构的变化却导致其本区域内的出口产品隐含 NH_3 量减少，使得中国从欧盟、美国、韩国、中国台湾地区、澳大利亚、印度和俄罗斯进口产品中隐含 NH_3 量减少，导致中国与这些经济体之间的 NH_3 贸易赤字额呈现小幅度的增加，即对 NH_3贸易平衡产生负效应。这表明，日本、印度尼西亚和巴西国内中间投入倾向于利用 NH_3 排放强度较高的产品，而其他经济体区域内趋向于利用 NH_3排放强度较低的产品。

表 8-14　1995~2009 年中国与主要贸易伙伴之间 NH₃ 贸易平衡的结构分解

		EII	ETI	ISE	ICE	EIE	ETE	ESE	ECE	TE
欧美国家	欧盟	6.87	-0.95	-9.16	3.67	26.95	-2.01	22.10	-59.04	-11.57
		-59.40	8.20	79.19	-31.70	-232.96	17.36	-191.07	510.38	100
	美国	-1.29	-0.33	-2.31	8.81	24.95	-1.80	20.80	-53.20	-4.36
		29.65	7.51	52.91	-202.21	-572.24	41.20	-477.13	1220.32	100
东亚经济体	日本	-0.01	0.001	-0.02	0.15	17.46	-0.85	21.40	-32.64	5.50
		-0.10	0.02	-0.31	2.77	317.38	-15.51	388.92	-593.17	100
	韩国	-0.02	-0.02	-0.27	0.45	5.50	-0.06	9.15	-15.90	-1.16
		1.57	1.74	23.19	-39.02	-473.64	5.10	-788.38	1369.44	100
	中国台湾地区	-0.02	-0.02	-0.12	0.13	1.83	-0.01	2.66	-4.77	-0.31
		6.20	4.84	38.72	-42.17	-581.36	3.40	-845.71	1516.08	100
	印度尼西亚	-1.08	0.12	-0.37	1.85	2.64	-0.13	3.17	-6.63	-0.44
		245.29	-26.91	84.21	-418.71	-599.71	29.20	-718.17	1504.80	100
资源型国家	澳大利亚	-0.70	-0.08	-7.29	8.70	3.31	-0.18	1.75	-6.84	-1.33
		52.90	6.23	547.56	-654.00	-248.98	13.88	-131.79	514.20	100
	印度	-0.69	-0.26	-0.76	2.77	3.64	-0.19	3.72	-10.49	-2.25
		30.60	11.44	33.52	-122.73	-161.59	8.33	-165.11	465.52	100
	俄罗斯	-1.21	-0.25	0.53	1.45	4.50	-0.77	5.95	-13.20	-2.99
		40.55	8.24	-17.84	-48.54	-150.81	25.84	-199.35	441.90	100
	巴西	-6.36	0.18	5.18	11.27	1.13	-0.06	1.66	-3.56	9.45
		-67.32	1.89	54.80	119.33	11.97	-0.63	17.62	-37.66	100

注：每个经济体包含的第一行为其结构分解的八种效应，单位为万吨；第二行为各种效应占总效应的比重，单位为%。EII、ETI、ISE、ICE、EIE、ETE、ESE、ECE 和 TE 分别表示进口来源区域污染排放强度效应、进口来源区域中间投入结构效应、进口结构效应、进口规模效应、出口区域污染排放强度效应、出口区域中间投入结构效应、出口结构效应、出口规模效应和总效应。

数据来源：笔者计算所得。

三、NOₓ 和 SOₓ 贸易平衡

从中国与各经济体之间空气污染物（NOₓ 和 SOₓ）贸易平衡变化的结构分解总效应（TE）可以看出，除与日本之间的 SOₓ 贸易赤字额呈下降趋势，与中国台湾地区之间的 NOₓ 和 SOₓ 贸易平衡由赤字转为盈余且盈余额增加以及与巴西之间的 NOₓ 贸易平衡由赤字转为盈余且盈余额增加外，中国与其他经济体之间的空气污染物（NOₓ 和 SOₓ）贸易平衡一直为赤字且赤字额呈现迅速的攀升趋势，即总效应为负，导致其变化的影响效应如下。

第一，出口区域污染排放强度效应（EIE）和进口规模效应（ICE）是抑制中国与欧美国家、东亚经济体和资源型国家之间空气污染物（NO_X 和 SO_X）贸易赤字额在整个研究期内增加的主要因素。表 8-15 和表 8-16 显示，中国 NO_X 排放强度下降导致其与欧盟、美国、日本、韩国、中国台湾地区、印度尼西亚、澳大利亚、印度、俄罗斯和巴西之间的 NO_X 贸易赤字额在整个研究期内分别减少了 176.59 万吨、174.21 万吨、74.59 万吨、39.86 万吨、16.38 万吨、12.28 万吨、23.16 万吨、29.20 万吨、14.39 万吨和 10.43 万吨。同时，中国 SO_X 排放强度下降导致其与欧盟、美国、日本、韩国、中国台湾地区、印度尼西亚、澳大利亚、印度、俄罗斯和巴西之间的 SO_X 贸易赤字额在整个研究期内也分别减少了 606.65 万吨、607.64 万吨、250.23 万吨、136.96 万吨、57.95 万吨、40.41 万吨、75.62 万吨、99.81 万吨、49.35 万吨和 36.79 万吨。这表明，中国空气污染物排放强度下降是造成中国双边贸易隐含空气污染物贸易赤字减少的最重要的因素，尤其是空气污染物 SO_X 排放强度下降幅度更大，导致出口产品中隐含 SO_X 排放量大幅下降。

进口规模效应作用虽然尚未达到中国空气污染排放强度效应作用水平，但随着中国对外开放既注重"走出去"也注重"引进来"的政策方针，进口规模迅速扩张，导致进口贸易中隐含空气污染物排放量也逐渐增加，进口规模效应成为导致中国与欧盟、美国、日本、韩国、中国台湾地区、印度尼西亚、澳大利亚、印度、俄罗斯和巴西之间的 NO_X 和 SO_X 贸易赤字额减少的重要因素，使得其 NO_X 贸易赤字额分别减少了 11.33 万吨、17.79 万吨、5.68 万吨、18.08 万吨、11.71 万吨、2.52 万吨、17.01 万吨、6.84 万吨、16.49 万吨和 9.28 万吨，且使得其 SO_X 贸易赤字额分别减少了 12.46 万吨、14.81 万吨、4.01 万吨、21.88 万吨、20.61 万吨、2.84 万吨、14.22 万吨、9.79 万吨、2.44 万吨和 7.06 万吨。

第二，出口规模效应（ECE）、出口区域中间投入结构效应（ETE）和进口来源区域污染排放强度效应（EII）是对中国与欧美国家、东亚经济体和资源型国家之间空气污染物（NO_X 和 SO_X）贸易平衡产生负效应，进而导致 NO_X 和 SO_X 贸易赤字额在整个研究期内增加的主要因素。表 8-15 和表 8-16 显示，随着双边贸易出口规模的扩张，在其他条件不变时，出口产品中隐含空气污染物（NO_X 和 SO_X）排放量增加，对双边贸易隐含空气污染物排放量平衡产生负效应，驱动中国与欧盟、美国、日本、韩国、中国台湾地区、印度尼西亚、澳大利亚、印度、俄罗斯和巴西之间的 NO_X 贸易赤字额分别增加了 180.49 万吨、171.81 万吨、64.66 万吨、40.84 万吨、14.93 万吨、12.11 万吨、25.27 万吨、34.69 万吨、17.75 万吨和 11.16 万吨，也导致 SO_X 贸易赤字额分别增加了 458.35 万吨、429.82 万吨、148.68 万吨、95.68 万吨、39.45 万吨、27.84 万吨、54.72 万吨、80.72 万吨、40.83 万吨和 29.27 万吨。比较来看，在影响双边贸易隐含 NO_X 排放量平衡的因素中，出口规模的负效应整体上超过中国国内 NO_X 排放强度的正效应，也远超过了进口规模的正效应。但对 SO_X 贸易平衡的影响中，出口规模的负效应虽然远远超过了进口规模的正效应，但却低于由中国国内 SO_X 排放强度下降带来的正效应。

近年来，由于中国中间投入结构逐渐利用空气污染物（NO_X 和 SO_X）排放强度较高的产品，使得出口产品中隐含空气污染量增加，进而对双边贸易隐含空气污染物排放量平衡产生负效应，驱动中国与欧盟、美国、日本、韩国、中国台湾地区、印度尼西亚、澳大利亚、印度、俄罗斯和巴西之间的 NO_X 贸易赤字额分别增加了 51.74 万吨、52.21 万吨、21.60 万吨、10.65 万吨、4.65 万吨、3.68 万吨、6.94 万吨、8.21 万吨、5.58 万吨和 3.19 万吨，SO_X 贸易赤字额分别增加了 246.20 万吨、249.27 万吨、100.24 万吨、52.55 万吨、22.65 万吨、17.18 万吨、32.02 万吨、39.96 万吨、24.63 万吨和 15.34 万吨。由进口来源区域空气污染物排放强度下降带来的负效应虽然不明显，对中国双边贸易隐含空气污染物（NO_X 和 SO_X）排放量平衡的影响作用较低，但由于国外能源利用效率的上升，导致空气污染物排放强度下降，使得中国进口产品隐含空气污染量减少，进而对中国与欧盟、美国、日本、韩国、中国台湾地区、印度尼西亚、澳大利亚、印度、俄罗斯和巴西之间的 NO_X 和 SO_X 贸易平衡产生负效应，导致 NO_X 贸易赤字额和 SO_X 贸易赤字额均增加。

第三，进口来源区域中间投入结构效应（ETI）、进口结构效应（ISE）和出口结构效应（ESE）对中国与不同区域双边贸易隐含不同空气污染物排放量平衡的影响不同，但均产生较小的效应。具体来说，表 8-15 和表 8-16 显示，四个东亚经济体和资源型国家巴西区域内中间投入结构的变化均对中国与这些区域之间的空气污染物（NO_X 和 SO_X）排放量平衡产生正效应，即减少空气污染赤字额，而欧美国家和资源型国家澳大利亚及印度、俄罗斯区域内中间投入结构的变化带来的效应却相反；从欧美国家以及东亚经济体韩国和中国台湾地区进口的产品结构逐渐清洁化，中国从这些经济体进口的产品隐含空气污染量减少，进而增加了中国与这些经济体之间的空气污染贸易赤字，而从印度尼西亚、澳大利亚和印度进口产品结构的污染化，减少了中国与它们之间的空气污染贸易赤字。不过，日本、俄罗斯和巴西出口产品结构的变化减少了中国与它们之间的 NO_X 贸易赤字却增加了 SO_X 贸易赤字；出口到欧美国家和巴西的产品结构在样本期内转向出口隐含空气污染量较少的产品，进而减少了中国与它们之间的空气污染物贸易赤字额，而出口到四个东亚经济体和澳大利亚的产品结构转向出口隐含空气污染量较多的产品，使得中国与它们之间的空气污染物贸易赤字额增加，不过，出口到印度和俄罗斯两国的产品结构变化，增加了中国与两国之间的 SO_X 贸易赤字额，而减少了 NO_X 贸易赤字额。

表8–15　1995~2009年中国与主要贸易伙伴之间 NO_X 贸易平衡的结构分解

		EII	ETI	ISE	ICE	EIE	ETE	ESE	ECE	TE
欧美国家	欧盟	−0.98	−5.01	−1.26	11.33	176.59	−51.74	5.25	−180.49	−46.30
		2.11	10.82	2.72	−24.47	−381.42	111.74	−11.34	389.83	100
	美国	−8.34	−1.49	−1.28	17.79	174.21	−52.21	8.05	−171.81	−35.09
		23.76	4.26	3.66	−50.70	−496.50	148.81	−22.95	489.65	100
东亚经济体	日本	−0.36	0.83	0.25	5.68	74.59	−21.60	−0.005	−64.66	−5.27
		6.76	−15.74	−4.77	−107.69	−1414.55	409.61	0.09	1226.29	100
	韩国	−11.24	3.19	−0.93	18.08	39.86	−10.65	−1.67	−40.84	−4.22
		266.46	−75.54	22.13	−428.35	−944.52	252.46	39.62	967.74	100
	中国台湾地区	−0.89	0.22	−1.66	11.71	16.38	−4.65	−0.004	−14.93	6.17
		−14.46	3.51	−26.95	189.80	265.90	−75.45	−0.06	−241.98	100
	印度尼西亚	−0.92	0.43	0.38	2.52	12.28	−3.68	−1.48	−12.11	−2.58
		35.60	−16.85	−14.60	−97.76	−476.49	142.76	57.39	469.94	100
资源型国家	澳大利亚	−5.68	−1.25	0.66	17.01	23.16	−6.94	−1.88	−25.27	−0.19
		2936.95	645.15	−342.74	−8790.02	−11969.23	3589.69	970.58	13059.62	100
	印度	−2.26	−1.02	0.15	6.84	29.20	−8.21	1.38	−34.69	−8.60
		26.23	11.87	−1.80	−79.55	−339.42	95.42	−16.02	403.28	100
	俄罗斯	−10.88	−0.82	1.19	16.49	14.39	−5.58	0.45	−17.75	−2.52
		432.33	32.70	−47.24	−655.45	−571.90	221.91	−17.97	705.62	100

续表

	EII	ETI	ISE	ICE	EIE	ETE	ESE	ECE	TE
巴西	-0.10	0.16	0.17	9.28	10.43	-3.19	0.04	-11.16	5.63
	-1.81	2.93	3.01	164.88	185.36	-56.63	0.69	-198.43	100

注：每个经济体包含的第一行为其结构分解的八种效应，单位为万吨；第二行为各种效应占总效应的比重，单位为%。EII、ETI、ISE、ICE、EIE、ETE、ESE、ECE 和 TE 分别表示进口来源区域污染排放强度效应、进口来源区域中间投入结构效应、进口结构效应、进口规模效应、出口区域污染排放强度效应、出口区域中间投入结构效应、出口结构效应、出口规模效应和总效应。

数据来源：笔者计算所得。

表 8-16 1995~2009 年中国与主要贸易伙伴之间 SO_X 贸易平衡的结构分解

		EII	ETI	ISE	ICE	EIE	ETE	ESE	ECE	TE
欧美国家	欧盟	-11.06	-0.59	-1.58	12.46	606.65	-246.20	25.90	-458.35	-72.78
		15.20	0.81	2.18	-17.12	-833.55	338.28	-35.58	629.78	100
	美国	-8.17	-0.78	-1.85	14.81	607.64	-249.27	12.74	-429.82	-54.71
		14.94	1.43	3.39	-27.08	-1110.74	455.66	-23.29	785.69	100
东亚经济体	日本	-0.21	0.60	-0.02	4.01	250.23	-100.24	-0.32	-148.68	5.38
		-3.85	11.09	-0.30	74.62	4652.34	-1863.74	-5.94	-2764.24	100
	韩国	-20.39	5.44	-2.71	21.88	136.96	-52.55	-8.14	-95.68	-15.21
		134.13	-35.77	17.86	-143.88	-900.72	345.58	53.51	629.30	100
	中国台湾地区	-1.04	0.91	-3.16	20.61	57.95	-22.65	-0.73	-39.45	12.45
		-8.32	7.33	-25.38	165.54	465.47	-181.93	-5.82	-316.88	100
	印度尼西亚	-0.67	0.80	0.004	2.84	40.41	-17.18	-3.51	-27.84	-5.14
		12.95	-15.56	-0.07	-55.21	-785.83	334.12	68.29	541.31	100
资源型国家	澳大利亚	-3.96	-1.93	0.46	14.22	75.62	-32.02	-0.71	-54.72	-3.03
		130.52	63.62	-15.14	-468.82	-2493.82	1055.83	23.30	1804.51	100
	印度	-2.81	-2.78	0.12	9.79	99.81	-39.96	-4.50	-80.72	-21.04
		13.35	13.20	-0.57	-46.53	-474.50	189.95	21.37	383.72	100
	俄罗斯	-1.40	0.06	-0.37	2.44	49.35	-24.63	-1.89	-40.83	-17.26
		8.09	-0.36	2.13	-14.14	-285.90	142.68	10.97	236.53	100
	巴西	-0.21	0.08	-0.28	7.06	36.79	-15.34	0.11	-29.27	-1.06
		19.41	-7.62	26.68	-666.95	-3476.09	1449.38	-10.01	2765.20	100

注：每个经济体包含的第一行为其结构分解的八种效应，单位为万吨；第二行为各种效应占总效应的比重，单位为%。EII、ETI、ISE、ICE、EIE、ETE、ESE、ECE 和 TE 分别表示进口来源区域污染排放强度效应、进口来源区域中间投入结构效应、进口结构效应、进口规模效应、出口区域污染排放强度效应、出口区域中间投入结构效应、出口结构效应、出口规模效应和总效应。

数据来源：笔者计算所得。

第三节　PTBT 变化的动态分析

一、CO_2 贸易条件

第一，在整个研究期内中国与发达经济体之间 CO_2 贸易条件一直大于 1 但呈现下降趋势。表 8-17 显示，中国与欧盟、美国、德国、法国、英国和意大利之间 CO_2 贸易条件在 1995 年分别达 10.69、5.39、13.66、19.26、7.79 和 12.37，可知中国与发达经济体之间 CO_2 贸易条件大于 1 且这种状态一直持续到 2009 年，即 1995~2009 年，中国与发达经济体之间 CO_2 贸易条件一直大于 1。这表明，双边贸易中，中国单位出口隐含 CO_2 排放量大于单位进口隐含 CO_2 排放量，即中国已经成为了发达经济体的"CO_2 避难所"。但 CO_2 贸易条件呈现改善趋势，分别下降至 2009 年的 6.87、3.39、7.85、6.97、4.44 和 7.62，下降幅度分别达 35.73%、37.11%、42.53%、63.81%、43.00%和 38.40%。不过，仍处于 1 以上。

第二，1995~2009 年，中国与东亚经济体之间 CO_2 贸易条件一直大于 1 但呈现下降趋势。表 8-17 显示，中国与日本、韩国、中国台湾地区和印度尼西亚之间 CO_2 贸易条件分别从 1995 年的 12.84、4.66、7.37 和 5.93 下降至 2009 年的 4.09、2.43、2.54 和 1.92，下降幅度分别达 68.15%、47.85%、65.54%和 67.62%，可知中国与东亚经济体之间 CO_2 贸易条件呈现逐渐改善趋势。但 1995~2009 年中国与东亚经济体之间 CO_2 贸易条件一直大于 1。这表明，在与东亚经济体进行双边贸易时中国单位出口隐含 CO_2 排放量大于单位进口隐含 CO_2 排放量，使得中国成为了东亚经济体的"CO_2 避难所"。

第三，中国与资源型国家澳大利亚和巴西之间 CO_2 贸易条件一直大于 1 但呈现下降趋势，与印度之间 CO_2 贸易条件也呈现下降趋势，至 2008 年下降至 1 以下，而与俄罗斯之间 CO_2 贸易条件一直小于 1 但呈恶化趋势。表 8-17 显示，中国与澳大利亚和巴西之间 CO_2 贸易条件分别从 1995 年的 4.43 和 9.43 下降至 2009 年的 3.57 和 3.61，下降幅度分别达 19.41%和

61.72%，可知虽呈现逐渐改善趋势，但 CO_2 贸易条件仍远远大于 1，即中国成为了澳大利亚和巴西的"CO_2 避难所"。中国与印度之间 CO_2 贸易条件在 1995 年为 1.38，但逐渐呈现下降趋势，2008 年下降至 1 以下，达0.87，此后仍呈下降趋势，即随着中国经济的发展和技术的进步，中国单位出口隐含 CO_2 排放量呈现大幅度下降，导致 CO_2 贸易条件呈下降趋势。在整个研究期间，中国与俄罗斯之间 CO_2 贸易条件一直小于 1。这表明，与俄罗斯进行双边贸易，中国单位出口隐含 CO_2 排放量小于单位进口隐含 CO_2 排放量，中国并没有成为俄罗斯的"CO_2 避难所"。中国与俄罗斯之间 CO_2 贸易条件整体呈现先下降后上升再下降的倒"N"型变化趋势，具体而言，从 1995 年的 0.45 下降至 2001 年的 0.26，此后呈现持续增加趋势，增加至 2008 年的 0.82，受金融危机的影响，又下降至 2009 年的 0.51。

表 8-17　中国与主要贸易伙伴之间 CO_2 贸易条件

年份	发达经济体						东亚经济体				资源型国家			
	欧盟	美国	德国	法国	英国	意大利	日本	韩国	中国台湾地区	印度尼西亚	澳大利亚	印度	俄罗斯	巴西
1995	10.69	5.39	13.66	19.26	7.79	12.37	12.84	4.66	7.37	5.93	4.43	1.38	0.45	9.43
1996	9.98	5.06	11.32	16.40	7.05	13.85	9.90	4.20	6.19	5.89	3.94	1.29	0.41	8.89
1997	8.53	4.71	9.23	13.07	7.08	9.09	7.85	3.32	5.23	5.08	3.21	1.20	0.47	7.75
1998	9.66	4.95	10.08	14.02	7.69	9.28	7.11	2.55	4.67	2.03	2.64	1.11	0.49	7.14
1999	7.51	4.51	8.25	11.00	5.74	7.44	6.47	2.63	4.27	2.13	2.43	1.08	0.27	4.11
2000	6.76	3.91	6.83	8.43	6.80	6.83	6.20	2.51	3.77	1.89	2.01	0.97	0.28	4.02
2001	6.28	3.74	6.53	8.99	6.52	6.32	5.13	2.21	2.92	1.69	1.71	0.97	0.26	3.30
2002	5.99	3.73	6.80	9.12	6.62	6.67	4.69	2.71	3.06	1.82	1.94	1.00	0.26	3.06
2003	7.26	3.96	8.49	10.29	7.44	7.89	5.28	3.06	3.21	1.83	2.22	0.93	0.31	2.87
2004	7.78	4.36	9.47	11.55	7.69	8.87	5.80	3.52	3.87	2.05	2.72	0.98	0.47	3.08
2005	8.52	4.41	9.05	10.16	7.74	8.43	5.77	3.81	3.65	2.13	2.97	1.06	0.59	3.60
2006	8.78	4.48	9.08	10.70	8.01	8.48	5.12	3.88	3.47	2.01	2.89	1.21	0.70	4.15
2007	8.89	3.55	9.13	10.09	9.26	8.57	4.46	3.55	3.03	2.07	3.03	1.15	0.78	3.99
2008	8.08	3.26	8.57	9.20	5.54	8.56	4.40	3.23	2.86	2.27	3.15	0.87	0.82	4.24
2009	6.87	3.39	7.85	6.97	4.44	7.62	4.09	2.43	2.54	1.92	3.57	0.76	0.51	3.61

数据来源：笔者计算所得。

二、NH₃ 贸易条件

第一，中国与发达经济体之间 NH_3 贸易条件在整个研究期内均大于 1 但整体呈现下降趋势。表 8-18 （a）显示，中国与欧盟和德国之间 NH_3 贸易条件分别从 1995 年的 10.20 和 24.29 上升至 2009 年 11.56 和 26.47，这意味着中国与欧盟和德国之间 NH_3 贸易条件逐渐呈现恶化趋势。而中国与美国、法国、英国和意大利之间 NH_3 贸易条件在整个期间内也一直大于 1，分别从 1995 年的 2.61、4.19、16.68 和 37.69 下降至 2009 年的 1.24、4.11、14.13 和 20.26，下降幅度分别达 52.49%、1.91%、15.29% 和 46.25%。总之，中国已经成为发达经济体的"NH_3 避难所"。

第二，中国与东亚经济体之间 NH_3 贸易条件一直大于 1，且与日本、韩国和中国台湾地区之间 NH_3 贸易条件处于较高水平。表 8-18(b) 显示，1995 年中国与日本、韩国、中国台湾地区和印度尼西亚之间 NH_3 贸易条件达 335.60、59.91、111.45 和 2.41，此后，中国与日本、韩国和印度尼西亚之间 NH_3 贸易条件呈现下降趋势，至 2009 年下降至 72.43、29.88 和 1.21，年均下降率达 10.37%、4.85% 和 4.80%。但与中国台湾地区之间的 NH_3 贸易条件却呈现上升趋势，增加至 2009 年的 159.88。这意味着，中国已经成为东亚经济体的"NH_3 避难所"，且中国出口到日本、中国台湾地区和韩国单位产品隐含 NH_3 排放量明显远远大于中国从日本、中国台湾地区和韩国进口单位产品隐含 NH_3 排放量，可能是由于中国处理 NH_3 排放的技术低于日本、中国台湾地区和韩国处理 NH_3 排放的技术引起的。

第三，除 2002 年大于 1 外，中国与印度和巴西之间 NH_3 贸易条件在整个期间内均小于 1 且呈下降趋势，而中国与俄罗斯之间 NH_3 贸易条件一直大于 1 但呈下降趋势，与澳大利亚之间 NH_3 贸易条件从小于 1 增加至大于 1。表 8-18 （b）显示，中国与印度和巴西之间 NH_3 贸易条件分别从 1995 年的 0.87 和 0.64 下降至 2009 年的 0.67 和 0.14，下降幅度分别达 22.99% 和 78.13%，这意味着在与印度和巴西进行双边贸易时，中国单位出口隐含 NH_3 排放量低于单位进口隐含 NH_3 排放量，中国并没有成为印度和巴西的"NH_3 避难所"。中国与澳大利亚之间的 NH_3 贸易条件从 1995 年的 0.94 上升至 2009 年的 2.23，且从 2005 年开始，其 NH_3 贸易条件增加至大于 1，这意味着两国之间的 NH_3 贸易条件呈现恶化趋势，中国逐渐成澳大利亚的"NH_3 避难所"。中国与俄罗

斯之间 NH_3 贸易条件在整个研究期间一直大于 1，但从 1995 年的 5.81 下降至 2009 年的 3.78，下降幅度达 34.94%，表明中国已经成为俄罗斯的"NH_3 避难所"，但 NH_3 贸易条件逐渐得到改善。

表 8–18 中国与主要贸易伙伴之间 NH_3 贸易条件

	(a) 与发达经济体之间 NH_3 贸易条件					
年份	欧盟	美国	德国	法国	英国	意大利
1995	10.20	2.61	24.29	4.19	16.68	37.69
1996	11.85	3.72	31.55	8.67	20.81	35.12
1997	8.84	3.02	16.59	6.66	17.94	24.84
1998	7.45	3.44	9.50	5.26	15.51	22.67
1999	5.63	4.34	6.55	3.69	13.84	21.85
2000	4.86	2.89	5.99	2.34	18.78	17.51
2001	6.52	3.21	9.52	4.51	19.32	17.42
2002	9.15	3.27	15.27	6.14	22.37	19.29
2003	10.72	2.16	24.51	5.11	20.74	23.73
2004	12.11	1.75	27.44	8.08	22.90	28.44
2005	10.33	2.23	21.88	4.85	27.35	29.46
2006	11.60	2.41	24.16	8.51	28.33	27.51
2007	11.47	2.19	21.16	5.59	22.76	24.23
2008	13.01	1.47	23.98	6.26	19.87	23.73
2009	11.56	1.24	26.47	4.11	14.13	20.26

	(b) 与东亚经济体和资源型国家之间 NH_3 贸易条件						
	东亚经济体				资源型国家		
年份	日本	韩国	中国台湾地区	印度尼西亚	澳大利亚	印度	俄罗斯	巴西
1995	335.60	59.91	111.45	2.41	0.94	0.87	5.81	0.64
1996	243.26	62.28	110.75	2.15	0.78	0.69	7.59	0.62
1997	170.75	52.12	99.41	1.89	0.77	0.56	5.02	0.36
1998	154.57	34.14	71.62	1.13	0.88	0.70	3.03	0.25
1999	156.01	49.36	88.15	1.92	0.64	0.92	1.03	0.22
2000	188.69	66.70	83.38	1.76	0.56	0.78	1.15	0.14
2001	141.35	51.17	109.89	1.24	0.50	0.82	1.11	0.11
2002	126.10	76.25	144.32	1.52	0.51	1.07	1.09	0.11
2003	137.58	80.80	131.11	1.50	1.03	0.91	1.54	0.11
2004	146.90	57.20	137.69	0.95	0.81	0.78	2.28	0.11
2005	135.61	68.65	176.61	0.75	1.37	0.93	2.58	0.13

续表

(b) 与东亚经济体和资源型国家之间 NH₃ 贸易条件							
年份	东亚经济体				资源型国家		
	日本	韩国	中国台湾地区	印度尼西亚	澳大利亚	印度	俄罗斯	巴西
2006	118.93	62.79	178.26	0.98	1.68	0.53	2.11	0.14
2007	95.24	58.67	172.63	1.36	1.52	0.51	2.74	0.14
2008	83.20	40.40	194.52	1.00	2.37	0.37	3.97	0.15
2009	72.43	29.88	159.88	1.21	2.23	0.67	3.78	0.14

数据来源：笔者计算所得。

三、NO_X 和 SO_X 贸易条件

第一，中国与发达经济体之间 NO_X 和 SO_X 贸易条件在整个研究期间均大于 1，但与不同经济体之间的 NO_X 和 SO_X 贸易条件呈现不同的变化趋势。表 8-19 显示，除英国外，中国与欧盟、美国、德国、法国和意大利之间的 NO_X 贸易条件均分别从 1995 年的 9.64、3.66、21.55、13.65 和 10.56 下降至 2009 年的 8.27、2.84、12.21、6.85 和 9.54，下降幅度分别达 14.21%、22.40%、43.34%、49.82% 和 9.66%。表 8-20 （a）显示，中国与欧盟、德国、英国和意大利之间的 SO_X 贸易条件分别从 1995 年的 22.66、56.25、15.43 和 30.59 增加至 2009 年的 39.72、64.83、27.59 和 69.47，而与美国和法国之间 SO_X 贸易条件在 14 年间仅分别下降了 2.78 和 1.70。综上所述，中国与发达经济体之间的 NO_X 和 SO_X 贸易条件尽管有的呈现下降趋势但均大于 1，即中国单位出口隐含空气污染物（NO_X 和 SO_X）排放量远大于单位进口隐含空气污染物排放量，尤其是整体上来看，中国与发达经济体之间的 SO_X 贸易条件呈现较大的恶化趋势，这意味着中国已经成为了发达经济体的"空气污染避难所"。

第二，1995~2009 年，中国与东亚经济体之间空气污染物（NO_X 和 SO_X）贸易条件整体一直大于 1 但均呈现下降趋势。表 8-19 显示，中国与日本、韩国、中国台湾地区和印度尼西亚之间 NO_X 贸易条件分别从 1995 年的 18.45、3.77、5.81 和 3.94 下降至 2009 年的 5.44、2.54、1.93 和 1.54，下降幅度分别达 70.51%、32.63%、66.78% 和 60.91%，这表明中国与东亚经济体之间的 NO_X 贸易条件逐渐改善且改善幅度较大。同时，如表 8-20

（b）所示，中国与日本、韩国、中国台湾地区和印度尼西亚之间 SO_X 贸易条件也在 14 年间下降了 48.91、0.38、6.99 和 6.58。因此，中国与东亚经济体之间 NO_X 和 SO_X 的贸易条件在研究期内均呈现下降趋势，但一直大于1，这意味着中国已经成为东亚经济体的"空气污染避难所"。

第三，整个研究期内，中国与四个资源型国家的 SO_X 贸易条件以及与澳大利亚的 NO_X 贸易条件大多数年份大于1但整体呈现下降趋势，与印度和巴西的 NO_X 贸易条件下降至1以下且与俄罗斯的 NO_X 贸易条件小于1但呈小幅度恶化趋势。表 8-19 显示，中国与俄罗斯的 NO_X 贸易条件在 1995~2009 年均小于1，从 1995 年的 0.61 下降至 2001 年的 0.33，之后持续上升至 2008 年的 0.78，后又下降至 2009 年的 0.69，可知其 NO_X 贸易条件呈现先下降后上升再下降的倒"N"型变化趋势，但整体呈现上升趋势。这表明，中国并没有成为俄罗斯的" NO_X 避难所"。中国与印度和巴西的 NO_X 贸易条件分别从 2000 年和 2002 年开始下降至1以下，至 2009 年分别达 0.75 和 0.64，15 年间的下降幅度分别达 40% 和 75%，这表明中国与印度和巴西的 NO_X 贸易条件逐渐改善，中国并没有成为印度和巴西的" NO_X 避难所"。中国与澳大利亚的 NO_X 贸易条件从 1995 年的 2.25 下降至 2009 年的 1.63，下降幅度达 27.56%，但仍大于1，即成为了澳大利亚的" NO_X 避难所"。表 8-20（b）显示，中国与资源型国家澳大利亚、印度、俄罗斯和巴西的 SO_X 贸易条件在整个研究期内均大于1，但除俄罗斯外，中国与其他国家的 SO_X 贸易条件均呈现下降趋势，14 年间减少了 3.51、0.66 和 6.60。这表明，中国已经成为了资源型国家的" SO_X 避难所"。

表 8-19　中国与主要贸易伙伴之间 NO_X 贸易条件

年份	发达经济体						东亚经济体				资源型国家			
	欧盟	美国	德国	法国	英国	意大利	日本	韩国	中国台湾地区	印度尼西亚	澳大利亚	印度	俄罗斯	巴西
1995	9.64	3.66	21.55	13.65	5.16	10.56	18.45	3.77	5.81	3.94	2.25	1.25	0.61	2.56
1996	9.78	3.91	19.26	15.30	5.06	12.62	16.07	3.46	5.26	3.94	2.07	1.17	0.54	2.26
1997	8.75	3.72	15.92	12.59	5.56	9.23	12.72	2.72	4.66	2.47	1.78	1.10	0.56	1.91
1998	9.85	4.14	17.39	13.18	5.47	10.15	11.00	2.00	4.11	1.25	1.56	1.04	0.61	1.65
1999	7.46	4.19	14.07	10.76	3.83	8.92	10.77	2.16	3.65	1.68	1.47	1.07	0.35	1.21
2000	7.30	3.47	10.87	7.74	5.72	8.43	10.66	2.35	3.37	1.36	1.11	0.94	0.36	1.34
2001	7.21	3.39	11.07	8.77	5.95	7.75	8.22	2.06	2.63	1.38	0.87	0.90	0.33	1.00
2002	6.94	3.22	12.25	9.10	6.24	8.42	7.57	2.36	2.50	1.41	0.96	0.93	0.34	0.87

续表

年份	发达经济体						东亚经济体				资源型国家		
	欧盟	美国	德国	法国	英国	意大利	日本	韩国	中国台湾地区	印度尼西亚	澳大利亚	印度	俄罗斯	巴西
2003	9.06	3.64	15.18	10.24	7.44	10.77	8.58	2.83	2.83	1.54	1.13	0.88	0.38	0.92
2004	7.89	3.43	14.02	10.52	7.16	11.04	8.86	3.09	2.54	1.18	1.22	0.90	0.51	0.46
2005	9.15	3.56	13.17	8.53	7.99	11.08	8.57	3.86	2.28	0.89	1.38	1.01	0.66	0.46
2006	9.45	3.57	12.59	10.08	9.25	11.29	7.67	3.98	1.98	1.01	1.28	0.84	0.68	0.50
2007	9.24	3.04	12.51	9.01	10.85	10.89	6.53	3.74	1.98	1.62	1.21	0.82	0.73	0.56
2008	9.37	2.92	12.79	8.92	7.33	10.92	6.07	3.13	2.20	1.47	1.40	0.66	0.78	0.74
2009	8.27	2.84	12.21	6.85	6.10	9.54	5.44	2.54	1.93	1.54	1.63	0.75	0.69	0.64

数据来源：笔者计算所得。

表8-20 中国与主要贸易伙伴之间 SO_X 贸易条件

（a）与发达经济体之间 SO_X 贸易条件						
年份	欧盟	美国	德国	法国	英国	意大利
1995	22.66	10.98	56.25	50.33	15.43	30.59
1996	25.03	10.44	54.21	44.35	15.08	39.00
1997	22.62	9.45	48.72	40.26	16.14	27.61
1998	27.45	9.71	62.11	44.70	15.11	31.85
1999	21.60	8.82	56.97	34.74	12.67	26.30
2000	20.86	7.98	55.37	29.39	17.23	27.96
2001	19.68	7.64	53.28	33.89	17.36	26.96
2002	14.66	7.94	56.99	35.83	19.48	30.09
2003	21.62	8.57	74.96	47.13	22.87	44.62
2004	20.92	7.88	65.21	45.03	23.25	47.36
2005	30.06	7.82	63.68	41.70	29.81	54.47
2006	33.16	8.64	63.97	47.02	35.73	54.70
2007	32.86	7.22	64.88	43.04	44.28	61.32
2008	45.09	7.93	72.43	57.85	31.31	74.96
2009	39.72	8.20	64.83	48.63	27.59	69.47

（b）与东亚经济体和资源型国家之间 SO_x 贸易条件							
年份	东亚经济体				资源型国家		
	日本	韩国	中国台湾地区	印度尼西亚	澳大利亚	印度	俄罗斯	巴西
1995	63.05	6.63	9.33	9.04	6.46	1.96	9.37	8.55
1996	51.85	6.24	8.00	9.51	5.58	1.72	9.49	7.93

续表

年份	东亚经济体				资源型国家			
	日本	韩国	中国台湾地区	印度尼西亚	澳大利亚	印度	俄罗斯	巴西
1997	38.45	4.72	6.85	6.46	4.30	1.67	9.85	7.50
1998	32.15	3.68	5.86	2.47	3.71	1.54	9.82	7.14
1999	29.20	3.66	5.08	2.64	3.16	1.36	4.79	3.91
2000	29.21	4.00	4.41	2.03	1.99	1.25	5.10	4.19
2001	22.09	3.75	3.59	1.86	1.49	1.23	4.55	3.37
2002	20.52	4.52	3.57	1.93	1.57	1.25	4.40	3.09
2003	24.27	6.44	3.66	2.38	1.82	1.18	5.20	3.06
2004	24.49	7.28	3.28	2.06	2.23	1.40	7.97	1.47
2005	23.60	9.09	2.96	1.93	2.49	1.59	9.51	1.42
2006	20.08	9.87	2.48	2.14	2.63	1.26	9.61	1.37
2007	16.77	9.55	2.26	2.54	2.71	1.29	11.54	1.57
2008	16.65	8.25	2.59	2.43	2.95	1.08	14.78	2.27
2009	14.14	6.25	2.34	2.46	2.95	1.30	11.18	1.95

（b）与东亚经济体和资源型国家之间 SO_x 贸易条件

数据来源：笔者计算所得。

四、与已有研究结果的比较分析

党玉婷（2010）采用多区域投入产出表，且借鉴 Hettige（2000）的方法对美国、日本和德国的直接污染排放系数进行了推算，结果显示，在1993 年、2000 年和 2003 年，中国出口到美国、日本和德国的产品隐含污染物（废水、废气、固体废物、COD 和 SO_2）量均大于进口品隐含污染物量，且进一步测算了中国与这些发达国家之间的污染贸易条件，发现中国单位出口隐含排放量明显高于单位进口隐含排放量，即中国已经成为这些国家的"污染避难所"。党玉婷（2013）进一步采用此方法验证了中美双边贸易隐含污染转移情况，即在中美双边贸易中，中国为净出口含污量国且成为其"污染避难所"。这与本书得出的结论类似，即通过对外贸易，中国为发达国家承担了较多的污染排放，成了它们的"污染避难所"。

·229·

第四节 PTBT 变化的 SDA 分析

本节通过 SDA 分析 1995~2009 年三种雾霾污染物污染贸易条件变动的原因。由于欧盟是由 27 个成员国组成的一个经济体，并且并没有预先加总 27 国投入产出表，因此，在对中国与欧盟污染贸易条件进行 SDA 分析时，其单位进口隐含排放量会受到进口品国别结构的影响，定义为"进口品来源国结构效应"[1]（ISS），该效应与对中国总体污染贸易条件进行分解时相同，即考虑了进口品来源国的差异，该考虑是本章分析的基础。表 8-21、表 8-22、表 8-23 和表 8-24 均显示，ISS 促使中欧之间温室气体（CO_2）、水污染（NH_3）和空气污染（NO_x 和 SO_x）的贸易条件增加，表明中国从欧盟中排放强度较高的成员国进口产品增多。

一、CO_2 贸易条件

从中国与各经济体之间 CO_2 贸易条件变迁影响因素的总效应（TE）可知，除与俄罗斯之间的 CO_2 贸易条件恶化外，中国与其他各经济体之间的 CO_2 贸易条件均呈现下降趋势且下降幅度较大，导致其变化的影响效应如下。

第一，出口区域 CO_2 排放强度效应（EIE）是导致中国与欧美国家、东亚经济体和资源型国家之间 CO_2 贸易条件下降的最主要因素。表 8-21 显示，1995~2009 年，由于中国技术的进步和能源利用效率的提高，中国温室气体 CO_2 排放强度下降，使得中国双边贸易单位出口隐含 CO_2 排放量降低，进而导致中国与欧盟、美国、日本、韩国、中国台湾地区、印度尼

---

[1] 由于 WIOD 提供的多区域投入产出表包括欧盟 27 个成员国，本书将欧盟看成一个经济总体，测算中国与欧盟之间的污染贸易条件，则中国与欧盟之间单位进口隐含排放量为 $\sum_{j=1, j\neq i}^{27} EEI_{ij}/im_i$，其中 $\sum_{j=1, j\neq i}^{27} EEI_{ij}$ 和 im_i 分别为中国从欧盟 27 个成员国进口隐含排放总量和进口产品总量。根据书中假定，可知单位进口隐含排放量为 $\sum_{j=1, j\neq i}^{27} P_j B_j S_{mj}(im_{ij}/im_i)$，因此在对其进行结构分解时会出现新变量 im_{ij}/im_i，即中国从欧盟某个成员国的进口量占从欧盟经济总体进口总量的比重，将此效应定义为"进口品来源国结构效应"。

西亚、澳大利亚、印度、俄罗斯和巴西之间 CO_2 贸易条件分别下降了 16.
33、8.09、11.09、5.98、7.53、5.62、6.89、1.98、1.13 和 10.30，成为近年来中国双边贸易 CO_2 贸易条件下降的主要因素。

第二，出口区域中间投入结构效应（ETE）是驱动中国与欧美国家、东亚经济体和资源型国家之间 CO_2 贸易条件增加的最主要因素。表 8-21显示，由于中国国内中间投入结构的调整，投入产出效率的降低，导致中国单位出口产品隐含 CO_2 排放量增加，使得中国与欧盟、美国、日本、韩国、中国台湾地区、印度尼西亚、澳大利亚、印度、俄罗斯和巴西之间 CO_2 贸易条件分别增加了 5.25、2.66、3.32、1.69、2.10、1.59、2.32、0.58、0.45 和 3.05。比较来看，中国国内中间投入结构给中国双边贸易 CO_2 贸易条件带来的正效应远低于中国国内 CO_2 排放强度带来的负效应。

第三，除欧美国家外，出口结构效应（ESE）对中国与东亚经济体和资源型国家之间 CO_2 贸易条件产生正效应，即导致其恶化；除中国台湾地区外，进口来源区域 CO_2 排放强度效应（EII）也是导致中国与欧美国家、其他东亚经济体和资源型国家之间 CO_2 贸易条件增加的因素。表 8-21 显示，中国在 1995~2009 年逐渐出口隐含 CO_2 量较低的产品到欧美国家，使得出口产品趋向清洁化，进而使得中国出口到欧美国家单位产品隐含 CO_2 量减少，导致中国与欧美国家之间 CO_2 贸易条件减少，但由于中国出口到东亚经济体和资源型国家隐含 CO_2 量较多的产品所占比重逐渐增加，导致中国与这些国家之间的 CO_2 贸易条件增加。

中国台湾地区区域内 CO_2 排放强度的变化使得中国与中国台湾地区之间的 CO_2 贸易条件减少了 0.36，而欧盟、美国、日本、韩国、印度尼西亚、澳大利亚、印度、俄罗斯和巴西各经济体区域内 CO_2 排放强度的变化，导致中国与这些国家之间的 CO_2 贸易条件分别增加了 4.07、3.02、0.59、1.89、0.66、3.37、0.40、0.63 和 3.00。这意味着，除中国台湾地区外，其他经济体区域内 CO_2 排放强度在样本期均下降了，导致中国从这些经济体进口的单位产品隐含 CO_2 量减少，进而导致中国双边贸易 CO_2 贸易条件增加。

第四，除欧美国家和资源型国家澳大利亚和印度外，进口来源区域中间投入结构效应（ETI）导致中国与其他经济体之间的 CO_2 贸易条件下降；除欧美国家、韩国、中国台湾地区和俄罗斯外，进口结构效应（ISE）对中国与其他经济体之间 CO_2 贸易条件产生负效应。表 8-21 显示，由于欧盟、美国、澳大利亚和印度中间投入结构的调整导致中国与这些经济体之间的 CO_2 贸易条件分别增加了 0.70、0.36、0.45 和 0.38，而由于日本、韩国、中国台湾地区、印度尼西亚、俄罗斯和巴西区域内中间投入结构的调整导致中国与它们之间的 CO_2 贸易条件减少量占样本期间总变化量的比重分别为 10.15%、27.12%、5.70%、15.19%、-22.51% 和 2.21%。从欧盟、美国、韩国、中国台湾地区和俄罗斯进口产品结构逐渐优化，导致中国从这些经济体进口单位产品中隐含 CO_2 量下降，使得其成为导致中国与经济体之间的 CO_2 贸易条件增加的一个因素，而从日本、印度尼西亚、澳大利亚、印度和巴西进口产品结构逐渐劣化，减少了中国与这些国家之间的 CO_2 贸易条件。

表 8-21　1995~2009 年中国与主要贸易伙伴之间 CO_2 贸易条件的结构分解

		EIE	ETE	ESE	EII	ETI	ISE	ISS	TE
欧美国家	欧盟	-16.33	5.25	-0.42	4.07	0.70	2.79	0.12	-3.81
		428.08	-137.66	10.96	-106.72	-18.33	-73.08	-3.26	100
	美国	-8.09	2.66	-0.21	3.02	0.36	0.25	—	-2.00
		404.08	-133.06	10.46	-150.68	-18.12	-12.67	—	100
东亚经济体	日本	-11.99	3.32	0.50	0.59	-0.89	-0.28	—	-8.75
		137.10	-37.91	-5.72	-6.80	10.15	3.18	—	100
	韩国	-5.98	1.69	0.57	1.89	-0.60	0.21	—	-2.23
		268.30	-75.81	-25.53	-84.76	27.12	-9.33	—	100
	中国台湾地区	-7.53	2.10	0.12	-0.36	-0.28	1.11	—	-4.83
		155.78	-43.46	-2.55	7.47	5.70	-22.94	—	100
	印度尼西亚	-5.62	1.59	0.53	0.66	-0.61	-0.57	—	-4.01
		140.16	-39.77	-13.28	-16.42	15.19	14.12	—	100
资源型国家	澳大利亚	-6.89	2.32	0.37	3.37	0.45	-0.46	—	-0.85
		806.85	-271.22	-43.35	-394.18	-52.11	54.02	—	100
	印度	-1.98	0.58	0.10	0.40	0.38	-0.10	—	-0.62
		318.51	-93.30	-16.06	-63.82	-60.66	15.34	—	100
	俄罗斯	-1.13	0.45	0.03	0.63	-0.01	0.09	—	0.06
		-1751.85	693.89	51.11	983.05	-22.51	146.31	—	100
	巴西	-10.30	3.05	0.06	3.00	-0.13	-1.51	—	-5.83
		176.81	-52.34	-1.09	-51.51	2.21	25.91	—	100

注：每个经济体包含的第一行为其结构分解的七种效应和总效应，由于其为相对量，所以没有单位；
　　第二行为各种效应占总效应的比重，单位为%。EIE、ETE、ESE、EII、ETI、ISE、ISS 和 TE 分别
　　表示出口区域污染排放强度效应、出口区域中间投入结构效应、出口结构效应、进口来源区域污染
　　排放强度效应、进口来源区域中间投入结构效应、进口结构效应、进口品国别结构效应和总效应。
数据来源：笔者计算所得。

二、NH₃贸易条件

从中国与各经济体之间 NH_3 贸易条件变迁影响因素的总效应（TE）可知，除与欧盟、中国台湾地区和澳大利亚之间的 NH_3 贸易条件呈现恶化趋势外，中国与其他各经济体之间的 NH_3 贸易条件均呈现下降趋势，且下降幅度较大，导致其变化的影响效应如下。

第一，出口区域 NH_3 排放强度效应（EIE）和出口结构效应（ESE）对中国与欧美国家、东亚经济体和资源型国家之间的 NH_3 贸易条件产生负效应，即促使 NH_3 贸易条件下降。表 8-22 显示，由于中国国内 NH_3 排放强度的下降，使得中国双边贸易单位出口隐含 NH_3 排放量下降，导致中国与欧盟、美国、日本、韩国、中国台湾地区、印度尼西亚、澳大利亚、印度、俄罗斯和巴西之间的 NH_3 贸易条件分别下降了 13.16、1.89、167.55、44.86、176.50、1.80、2.22、0.85、5.02 和 0.33，成为促使中国双边贸易 NH_3 贸易条件下降的最重要因素。同时，由于中国出口产品结构的优化，逐渐出口隐含 NH_3 量较少的产品，单位出口隐含 NH_3 量下降，致使中国与欧盟、美国、日本、韩国、中国台湾地区、印度尼西亚、澳大利亚、印度、俄罗斯和巴西之间的 NH_3 贸易条件也分别下降了 10.09、1.25、139.33、59.41、263.59、1.66、1.17、0.68、5.09 和 0.26。

第二，进口区域来源 NH_3 排放强度效应（EII）和出口区域中间投入结构效应（ETE）是驱动中国与欧美国家、东亚经济体和资源型国家之间 NH_3 贸易条件增加的主要因素。表 8-22 显示，由于世界自由贸易的发展和全球技术的进步，中国进口产品来源经济体的 NH_3 排放强度也呈现下降趋势，这使得中国单位进口产品隐含 NH_3 排放量减少，即 NH_3 贸易条件测算公式的分母变小，进而在整个研究期内导致中国与欧盟、美国、日本、韩国、中国台湾地区、印度尼西亚、澳大利亚、印度、俄罗斯和巴西之间的 NH_3 贸易条件分别增加了 6.91、0.73、10.47、9.92、195.95、1.91、1.40、0.81、8.26 和 0.26，成为中国双边贸易 NH_3 贸易条件增加的最重要因素，但其带来的正效应低于中国国内 NH_3 排放强度下降引起的正效应。

由于中国国内中间投入结构的优化，投入产出效率提高，使得中国单位出口产品隐含 NH_3 排放量减少，进而导致中国与欧盟、美国、日本、韩国、中国台湾地区、印度尼西亚、澳大利亚、印度、俄罗斯和巴西之间的

NH$_3$ 贸易条件分别增加了 0.94、0.13、6.63、0.95、0.93、0.06、0.12、0.03、0.64 和 0.02，对中国与主要伙伴双边贸易 NH$_3$ 贸易条件产生较小的正效应。

第三，除俄罗斯和巴西外，进口结构效应（ISE）是驱动中国与欧盟国家、东亚经济体和其他资源型国家之间的 NH$_3$ 贸易条件增加的最重要因素；除日本、印度尼西亚和巴西外，进口来源区域中间投入结构效应（ETI）是导致中国与其他经济体之间 NH$_3$ 贸易条件增加的一个因素。表 8–22 显示，随着从资源型国家俄罗斯和巴西进口产品结构的恶化，中国从俄罗斯和巴西单位进口产品隐含 NH$_3$ 排放量上升，进而使得中国与俄罗斯以及巴西之间的 NH$_3$ 贸易条件减少了 1.44 和 0.19；但随着从欧盟国家、东亚经济体和其他资源型国家进口产品结构的优化，中国与这些经济体之间的单位进口隐含 NH$_3$ 排放量减少，进而导致中国与欧盟、美国、日本、韩国、中国台湾地区、印度尼西亚、澳大利亚和印度之间的 NH$_3$ 贸易条件分别增加了 11.93、0.77、28.68、56.87、218.13、0.37、3.03 和 0.33，成为中国与这些经济体之间 NH$_3$ 贸易条件增加的最重要因素。

由于日本、印度尼西亚和巴西国内中间投入结构微小的劣化，增加了中国从这三个国家进口产品隐含 NH$_3$ 排放量，进而减少了中国与日本、印度尼西亚和巴西之间 NH$_3$ 贸易条件。不过，随着欧盟、美国、韩国、中国台湾地区、澳大利亚、印度和俄罗斯各经济体区域中间投入结构的优化，降低了中国从这些经济体进口隐含 NH$_3$ 量，进而使得中国与这些经济体之间的 NH$_3$ 贸易条件增加额占整个研究期间 NH$_3$ 贸易条件变化总额的比重分别为 289.98%、-10.68%、-21.64%、151.77%、9.84%、-74.04% 和 -30.50%。

表 8–22　1995~2009 年中国与主要贸易伙伴之间的 NH$_3$ 贸易条件的结构分解

		EIE	ETE	ESE	EII	ETI	ISE	ISS	TE
欧美国家	欧盟	−13.16	0.94	−10.09	6.91	3.96	11.93	0.86	1.37
		−963.39	68.92	−738.67	506.07	289.98	873.85	63.24	100
	美国	−1.89	0.13	−1.25	0.73	0.15	0.77	—	−1.37
		138.33	−9.39	91.45	−53.39	−10.68	−56.31	—	100
东亚经济体	日本	−167.55	6.63	−139.33	10.47	−2.07	28.68	—	−263.17
		63.66	−2.52	52.94	−3.98	0.79	−10.90	—	100
	韩国	−44.86	0.95	−59.41	9.92	6.50	56.87	—	−30.03
		149.38	−3.18	197.84	−33.03	−21.64	−189.38	—	100

续表

		EIE	ETE	ESE	EII	ETI	ISE	ISS	TE
东亚经济体	中国台湾地区	−176.50	0.93	−263.59	195.95	73.51	218.13	—	48.43
		−364.40	1.92	−544.22	404.56	151.77	450.37	—	100
	印度尼西亚	−1.80	0.06	−1.66	1.91	−0.08	0.37	—	−1.20
		149.61	−4.67	138.65	−158.96	6.26	−30.90	—	100
资源型国家	澳大利亚	−2.22	0.12	−1.17	1.40	0.13	3.03	—	1.29
		−172.12	9.59	−90.94	108.32	9.84	235.31	—	100
	印度	−0.85	0.03	−0.68	0.81	0.15	0.33	—	−0.21
		414.59	−16.72	333.03	−395.61	−74.04	−161.24	—	100
	俄罗斯	−5.02	0.64	−5.09	8.26	0.62	−1.44	—	−2.03
		246.84	−31.49	250.00	−405.81	−30.50	70.96	—	100
	巴西	−0.33	0.02	−0.26	0.26	−0.003	−0.19	—	−0.50
		64.47	−3.03	52.32	−52.43	0.52	38.15	—	100

注：每个经济体包含的第一行为其结构分解的七种效应和总效应，由于其为相对量，所以没有单位；第二行为各种效应占总效应的比重，单位为%。EIE、ETE、ESE、EII、ETI、ISE、ISS 和 TE 分别表示出口区域污染排放强度效应、出口区域中间投入结构效应、出口结构效应、进口来源区域污染排放强度效应、进口来源区域中间投入结构效应、进口结构效应、进口品国别结构效应和总效应。

数据来源：笔者计算所得。

三、NO$_X$ 和 SO$_X$ 贸易条件

从中国与各经济体之间空气污染物（NO$_X$ 和 SO$_X$）贸易条件变迁影响因素的总效应（TE）可知，除与俄罗斯之间的空气污染物（NO$_X$ 和 SO$_X$）贸易条件以及与欧盟之间的 SO$_X$ 贸易条件持续恶化外，中国与其他各经济体之间的 NO$_X$ 和 SO$_X$ 贸易条件均呈现下降趋势，且下降幅度较大，导致其变化的影响效应如下。

第一，出口区域空气污染物（NO$_X$ 和 SO$_X$）排放强度效应（EIE）是促使中国与欧美国家、东亚经济体和资源型国家之间空气污染物贸易条件下降的最重要因素。表 8-23 和表 8-24 显示，在样本期内，中国空气污染物 NO$_X$ 排放强度的变化导致中国与欧盟、美国、日本、韩国、中国台湾地区、印度尼西亚、澳大利亚、印度、俄罗斯和巴西之间 NO$_X$ 贸易条件下降了 17.95、6.48、13.65、5.61、6.22、3.56、3.02、1.92、1.13 和 2.23，且中国国内空气污染物 SO$_X$ 排放强度的变化也导致中国与这些经济体之间

SO_X 贸易条件下降了 130.15、30.30、61.55、22.51、11.88、9.73、11.58、4.95、27.73 和 10.03，可知，中国国内空气污染排放强度的变化成为促使中国与主要贸易伙伴双边贸易空气污染物（NO_X 和 SO_X）贸易条件下降的最主要因素，原因是在样本期内，中国空气污染排放强度呈现较大下降趋势，使得中国单位出口产品隐含空气污染物量减少，进而减少中国双边贸易空气污染贸易条件。

第二，进口区域来源空气污染物（NO_X 和 SO_X）排放强度效应（EII）和出口区域中间投入结构效应（ETE）对中国与欧美国家、东亚经济体和资源型国家之间空气污染物（NO_X 和 SO_X）贸易条件产生较大的正效应，成为驱动中国双边贸易空气污染贸易条件增加的主要因素。表 8-23 显示，由于进口来源区域空气污染物 NO_X 排放强度的变化，驱动中国与欧盟、美国、日本、韩国、中国台湾地区、印度尼西亚、澳大利亚、印度、俄罗斯和巴西之间 NO_X 贸易条件增加了 7.51、3.57、0.78、3.18、0.47、0.73、1.17、0.84、0.89 和 0.10。同时，如表 8-24 所示，由于 SO_X 排放强度的变化，驱动中国与欧盟、美国、日本、韩国、中国台湾地区、印度尼西亚、澳大利亚、印度、俄罗斯和巴西之间 SO_X 贸易条件也增加了 90.32、14.41、2.14、12.89、0.47、0.96、3.01、1.63、14.42 和 0.71。这表明，进口来源区域内空气污染排放强度在样本期内呈现下降趋势，导致中国从这些经济体进口单位产品隐含空气污染排放量减少，即降低了测算中国双边贸易空气污染贸易条件的分母，进而增加了中国与这些国家双边贸易空气污染（NO_X 和 SO_X）贸易条件。

随着中国中间投入结构的劣化，即中国投入产出效率下降，中国出口产品隐含空气污染物（NO_X 和 SO_X）排放量增加，进而导致中国与欧盟、美国、日本、韩国、中国台湾地区、印度尼西亚、澳大利亚、印度、俄罗斯和巴西之间 NO_X 贸易条件增加了 4.78、1.77、3.03、1.31、1.38、0.82、0.76、0.44、0.40 和 0.48，也导致它们之间 SO_X 贸易条件增加了 53.02、11.72、19.35、8.26、3.65、3.18、4.21、1.75、12.96 和 3.10。

第三，除韩国、印度尼西亚和澳大利亚外，出口结构效应（ESE）促使中国与其他经济体之间 NO_X 贸易条件减少；除韩国、印度尼西亚、澳大利亚、印度和俄罗斯外，出口结构效应（ESE）促使中国与其他经济体之间 SO_X 贸易条件减少。表 8-23 和表 8-24 显示，中国出口到韩国、印度尼西亚和澳大利亚的产品结构逐渐劣化，出口隐含空气污染物（NO_X 和 SO_X）

排放量较多的产品，进而使得中国与韩国、印度尼西亚和澳大利亚之间 NO_X 贸易条件分别增加了 0.10、0.20 和 0.21，也使得它们之间 SO_X 贸易条件分别增加了 1.12、0.30 和 0.01。但随着中国出口到欧盟、美国、日本、中国台湾地区和巴西的产品结构逐渐优化，中国与它们之间 NO_X 贸易条件分别减少了 0.63、0.34、0.59、0.17 和 0.09，SO_X 贸易条件也呈现小幅度减少。不过中国出口到印度和俄罗斯的产品结构逐渐变化成出口隐含 NO_X 量较少，而隐含 SO_X 量较多的产品结构，进而导致中国出口到印度和俄罗斯的产品隐含 NO_X 量减少，隐含 SO_X 量增多，使得中国与印度和俄罗斯之间 NO_X 贸易条件减少了 0.11 和 0.07，而 SO_X 贸易条件增加了 0.16 和 0.50。

第四，除欧盟、美国和资源型国家的澳大利亚、印度和俄罗斯外，进口来源区域中间投入结构效应（ETI）对中国与东亚经济体和其他资源型国家之间空气污染（NO_X 和 SO_X）贸易条件产生负效应；除日本、印度尼西亚、俄罗斯和巴西外，进口结构效应（ISE）增加了中国与其他六个经济体之间 NO_X 贸易条件，除印度尼西亚、澳大利亚和巴西外，进口结构效应也导致中国与其他七个经济体之间 SO_X 贸易条件增加。表 8-23 和表 8-24 显示，由于欧盟、美国、澳大利亚和印度各区域内自身中间投入结构的优化，减少了中国从这些经济体进口产品隐含空气污染量，进而增加了中国与这些经济体之间空气污染（NO_X 和 SO_X）贸易条件；而由于日本、韩国、中国台湾地区、印度尼西亚和巴西各区域内自身中间投入结构的劣化，减少了中国与它们之间空气污染（NO_X 和 SO_X）贸易条件。从欧盟、美国、中国台湾地区和印度进口产品优化，进而减少其进口隐含空气污染（NO_X 和 SO_X）量，导致中国与它们之间空气污染（NO_X 和 SO_X）贸易条件增加；从印度尼西亚和巴西进口产品的劣化，增加了其进口隐含空气污染量，导致中国与这两个国家之间的空气污染（NO_X 和 SO_X）贸易条件降低；从日本和俄罗斯进口产品在 1995~2009 年逐渐进口隐含 NO_X 量较多而隐含 SO_X 量较少的产品结构，导致中国与日本和俄罗斯之间 NO_X 贸易条件减少，但 SO_X 贸易条件增加，而澳大利亚与之相反。

表 8-23　1995~2009 年中国与主要贸易伙伴之间 NO_x 贸易条件的结构分解

		EIE	ETE	ESE	EII	ETI	ISE	ISS	TE
欧美国家	欧盟	-17.95	4.78	-0.63	7.51	1.76	2.07	1.09	-1.37
		1310.90	-349.26	45.80	-548.31	-128.28	-151.24	-79.60	100
	美国	-6.48	1.77	-0.34	3.57	0.37	0.28	—	-0.83
		784.81	-214.10	40.73	-432.19	-45.18	-34.07	—	100
东亚经济体	日本	-13.65	3.03	-0.59	0.78	-1.92	-0.65	—	-13.00
		105.01	-23.28	4.52	-6.01	14.73	5.04	—	100
	韩国	-5.61	1.31	0.10	3.18	-0.53	0.32	—	-1.23
		457.14	-107.20	-8.20	-259.04	43.54	-26.23	—	100
	中国台湾地区	-6.22	1.38	-0.17	0.47	-0.22	0.88	—	-3.88
		160.23	-35.61	4.35	-12.15	5.78	-22.60	—	100
	印度尼西亚	-3.56	0.82	0.20	0.73	-0.26	-0.32	—	-2.40
		148.01	-33.96	-8.18	-30.27	11.00	13.40	—	100
资源型国家	澳大利亚	-3.02	0.76	0.21	1.17	0.19	0.06	—	-0.62
		488.16	-123.65	-34.74	-189.55	-30.52	-9.70	—	100
	印度	-1.92	0.44	-0.11	0.84	0.20	0.04	—	-0.51
		376.21	-87.32	22.06	-165.18	-38.74	-7.04	—	100
	俄罗斯	-1.13	0.40	-0.07	0.89	0.04	-0.05	—	0.08
		-1354.07	477.17	-78.76	1073.75	46.89	-64.98	—	100
	巴西	-2.23	0.48	-0.09	0.10	-0.04	-0.14	—	-1.92
		116.40	-24.96	4.70	-5.40	2.20	7.04	—	100

注：每个经济体包含的第一行为其结构分解的七种效应和总效应，由于其为相对量，所以没有单位；
第二行为各种效应占总效应的比重，单位为%。EIE、ETE、ESE、EII、ETI、ISE、ISS 和 TE 分别
表示出口区域污染排放强度效应、出口区域中间投入结构效应、出口结构效应、进口来源区域污染
排放强度效应、进口来源区域中间投入结构效应、进口结构效应、进口品国别结构效应和总效应。
数据来源：笔者计算所得。

表 8-24　1995~2009 年中国与主要贸易伙伴之间 SO_x 贸易条件的结构分解

		EIE	ETE	ESE	EII	ETI	ISE	ISS	TE
欧美国家	欧盟	-130.15	53.02	-5.54	90.32	2.49	4.80	2.13	17.06
		-762.66	310.71	-32.48	529.27	14.58	28.13	12.45	100
	美国	-30.30	11.72	-0.74	14.41	0.68	1.45	—	-2.78
		1089.52	-421.22	26.53	-518.16	-24.58	-52.09	—	100
东亚经济体	日本	-61.55	19.35	-2.49	2.14	-6.58	0.21	—	-48.91
		125.83	-39.57	5.09	-4.38	13.44	-0.42	—	100

续表

		EIE	ETE	ESE	EII	ETI	ISE	ISS	TE
东亚经济体	韩国	−22.51	8.26	1.12	12.89	−1.38	1.24	—	−0.37
		6027.37	−2211.06	−300.91	−3451.36	369.01	−333.06	—	100
	中国台湾地区	−11.88	3.65	−0.10	0.47	−0.44	1.31	—	−6.99
		169.90	−52.24	1.48	−6.66	6.28	−18.76	—	100
	印度尼西亚	−9.73	3.18	0.30	0.96	−1.25	−0.03	—	−6.58
		147.90	−48.34	−4.57	−14.52	19.03	0.49	—	100
资源型国家	澳大利亚	−11.58	4.21	0.01	3.01	0.86	−0.03	—	−3.51
		329.68	−119.93	−0.38	−85.64	−24.48	0.75	—	100
	印度	−4.95	1.75	0.16	1.63	0.62	0.12	—	−0.67
		741.28	−262.22	−23.57	−243.93	−93.28	−18.27	—	100
	俄罗斯	−27.73	12.96	0.50	14.42	−0.26	1.90	—	1.81
		−1531.88	716.15	27.90	796.99	−14.29	105.13	—	100
	巴西	−10.03	3.10	−0.26	0.71	−0.10	−0.02	—	−6.60
		151.91	−46.95	3.95	−10.70	1.53	0.26	—	100

注：每个经济体包含的第一行为其结构分解的七种效应和总效应，由于其为相对量，所以没有单位；
　　第二行为各种效应占总效应的比重，单位为%。EIE、ETE、ESE、EII、ETI、ISE、ISS 和 TE 分别表
　　示出口区域污染排放强度效应、出口区域中间投入结构效应、出口结构效应、进口来源区域污染排
　　放强度效应、进口来源区域中间投入结构效应、进口结构效应、进口品国别结构效应和总效应。
数据来源：笔者计算所得。

第五节　小　结

　　本章在以往相关研究文献的基础上，基于 GMRIO 模型，从国别（地区）层面上分析我国对外贸易的环境效应，并进一步对其进行 SDA 分析。研究结果如下。

　　首先，从双边贸易进出口隐含污染排放量转移来看。出口层面上，1995~2009 年，有 2/5 以上的我国出口贸易隐含 CO_2、NH_3、NO_X 和 SO_X 排放量主要流向欧美国家的欧盟和美国，这与我国出口到欧美国家的贸易额

占我国总出口贸易额的比重变化相符合（见表 8-25）。表 8-25（c）显示，随着出口到资源型国家的贸易额占中国总出口贸易额的比重逐渐增加，出口隐含 CO_2、NH_3、NO_X 和 SO_X 排放量流向资源型国家的比重也呈增长趋势；进口层面上，1995~2009 年，我国进口产品主要来源于欧盟和日本（见表 8-25），而我国进口隐含 CO_2、NO_X 和 SO_X 排放量整体上主要来源于东亚经济体的韩国和中国台湾地区。1995~2001 年 NH_3 量主要来源于澳大利亚、欧盟和美国，2001 之后主要来源于巴西、澳大利亚等资源型国家。与从这些经济体的进口额占中国总进口额的比重比较分析可知，表 8-25 显示，从巴西和澳大利亚的进口额从 1995 年的 7.10 亿美元和 39.96 亿美元增加至 2009 年的 214.76 亿美元和 503.21 亿美元，年均增长率分别达 27.57%和 19.83%，使得其占中国进口总额的比重在 15 年间分别增加了 1.55 个百分点和 1.99 个百分点，导致中国从巴西和澳大利亚进口隐含 NH_3 量逐渐增加，尤其是巴西，其增加幅度最大。

表 8-25　中国与主要贸易伙伴的进出口贸易额所占比重

(a) 与发达经济体

年份	出口额占中国出口总额的比重（%）						进口额占中国进口总额的比重（%）					
	欧盟	美国	德国	法国	英国	意大利	欧盟	美国	德国	法国	英国	意大利
1995	22.55	24.80	6.21	2.32	3.82	2.29	20.92	9.92	5.48	2.74	3.29	3.20
1996	21.54	24.75	5.55	2.43	3.98	1.88	19.64	9.59	4.88	2.38	3.26	3.21
1997	20.48	25.32	5.08	2.28	3.86	1.93	19.80	10.68	4.70	2.65	3.64	2.87
1998	22.76	28.10	5.19	2.73	4.71	1.99	21.02	10.05	5.22	2.99	3.29	2.57
1999	24.49	27.41	6.02	2.80	5.05	1.97	21.04	9.30	5.45	2.49	4.03	2.36
2000	21.41	26.66	4.92	2.45	4.47	1.80	18.51	8.21	4.86	2.17	2.90	2.05
2001	21.21	25.76	4.61	2.42	4.40	1.85	20.65	8.87	6.05	2.48	2.82	2.28
2002	19.79	26.14	4.08	1.95	3.90	1.93	20.33	7.81	6.27	1.94	2.34	2.12
2003	20.78	24.77	4.70	2.27	3.74	1.86	20.86	7.36	7.23	1.89	1.83	1.85
2004	20.89	25.11	4.98	2.39	3.74	1.86	20.34	7.39	7.07	1.74	1.65	1.80
2005	19.97	25.17	4.84	2.38	3.15	1.72	17.18	7.52	6.05	1.75	1.62	1.56
2006	20.71	23.98	4.95	2.20	2.99	1.81	18.29	8.38	6.74	1.67	1.71	1.61
2007	21.83	22.41	5.37	2.43	2.98	1.89	18.66	8.59	6.61	1.65	2.12	1.56
2008	21.68	20.79	5.35	2.37	2.93	1.85	18.15	9.01	7.27	2.22	1.32	1.60
2009	21.98	21.80	5.74	2.67	2.82	1.80	18.76	9.82	7.57	1.97	1.17	1.60

续表

（b）与东亚经济体

年份	出口额占中国出口总额的比重（%）				进口额占中国进口总额的比重（%）			
	日本	韩国	中国台湾地区	印度尼西亚	日本	韩国	中国台湾地区	印度尼西亚
1995	18.14	4.53	1.91	1.43	20.29	9.66	11.29	2.32
1996	18.15	5.17	2.20	1.37	18.27	10.65	12.50	2.22
1997	16.69	6.39	2.39	1.32	18.87	12.42	13.39	2.14
1998	14.65	4.41	2.36	0.86	18.86	11.78	12.88	1.89
1999	16.26	5.41	2.27	0.92	18.11	10.81	12.44	1.63
2000	14.08	5.54	2.40	1.20	16.61	10.86	11.97	1.74
2001	14.22	5.31	2.14	1.16	15.70	9.88	11.01	1.53
2002	12.40	5.62	2.07	1.16	16.02	9.90	12.18	1.45
2003	12.12	5.60	2.20	0.99	15.77	10.18	11.28	1.17
2004	11.49	5.43	2.37	0.85	15.12	10.24	10.74	0.98
2005	10.75	5.15	2.06	0.82	13.85	10.08	10.57	1.00
2006	9.60	4.99	1.98	0.82	13.22	9.94	9.96	1.00
2007	8.34	4.96	1.82	0.84	12.48	9.34	9.27	1.12
2008	7.96	4.93	1.75	1.27	11.77	9.02	7.94	1.08
2009	8.99	4.82	1.74	1.46	11.31	9.41	7.71	1.25

（c）与资源型国家

年份	出口额占中国出口总额的比重（%）				进口额占中国进口总额的比重（%）			
	澳大利亚	印度	俄罗斯	巴西	澳大利亚	印度	俄罗斯	巴西
1995	2.59	1.00	0.97	0.55	2.81	0.41	1.33	0.50
1996	2.74	1.01	0.86	0.63	3.22	0.59	1.68	0.55
1997	2.64	1.13	0.79	0.66	3.45	0.99	1.55	0.74
1998	2.53	1.17	0.76	0.59	2.86	0.99	1.67	0.59
1999	2.71	1.47	0.59	0.44	2.78	0.99	1.43	0.44
2000	2.15	1.28	0.47	0.48	2.55	1.06	1.28	0.52
2001	1.98	1.24	0.82	0.49	2.18	1.16	1.33	0.64
2002	2.03	1.25	1.08	0.46	1.95	1.33	1.44	0.69
2003	2.12	1.25	1.10	0.48	2.01	1.08	1.37	0.94
2004	2.39	1.40	0.92	0.57	2.26	1.11	1.70	1.09
2005	2.35	1.81	1.03	0.65	2.81	1.22	1.96	1.07
2006	2.06	2.35	1.45	0.79	2.99	1.24	1.60	1.16

续表

年份	(c) 与资源型国家							
	出口额占中国出口总额的比重（%）				进口额占中国进口总额的比重（%）			
	澳大利亚	印度	俄罗斯	巴西	澳大利亚	印度	俄罗斯	巴西
2007	2.21	2.67	2.11	1.01	3.29	1.20	1.80	1.34
2008	2.31	2.65	2.31	1.29	4.30	0.80	1.81	1.82
2009	2.86	3.44	2.15	1.26	4.80	0.97	1.68	2.05

注：日本既为东亚经济体又为发达经济体，但为了把东亚经济体作为一个整体讨论，所以把日本归
　　类为东亚经济体而不是发达经济体。
数据来源：WIOD 和笔者计算所得。

　　其次，从双边贸易污染物净转移量来看。绝对量上，中国与发达经济体（欧盟、美国、德国、法国、英国和意大利）、东亚经济体（日本、韩国和印度尼西亚）以及资源型国家（澳大利亚和印度）之间双边贸易隐含 CO_2、NH_3、NO_X 和 SO_X 排放量平衡在 1995~2009 年均为负，即与这些经济体进行贸易不利于中国温室气体 CO_2 和三种污染物的减排。而与中国台湾地区之间双边贸易隐含 CO_2、NO_X 和 SO_X 排放量平衡均为正，即产生 CO_2、NO_X 和 SO_X 贸易盈余，且与俄罗斯的 CO_2 和 NO_X 以及与巴西的 NH_3 和 NO_X 贸易平衡均为正。这意味着，整体来看，中国与中国台湾地区、俄罗斯和巴西进行双边贸易有利于中国减排。相对量上，我国 CO_2、NH_3、NO_X 和 SO_X 贸易平衡呈现较大赤字状态主要是由于我国与欧美国家（美国和欧盟）进行双边贸易造成的。影响因素上，出口规模的扩张、我国国内中间投入结构的劣化和进口来源区域污染排放强度的下降均驱动着我国与发达经济体、东亚经济体和资源型国家之间的环境贸易赤字额增加，成为恶化我国双边贸易隐含 CO_2、NH_3、NO_X 和 SO_X 贸易平衡的三大主要因素，尤其是出口规模效应。但进口规模的扩张和我国国内污染排放强度的下降均是促使我国与发达经济体、东亚经济体和资源型国家之间环境贸易赤字额减少的主要因素。

　　最后，从相对量污染贸易条件来看。中国与欧盟、美国、德国、法国、英国、意大利、日本、韩国、中国台湾地区、澳大利亚之间的 CO_2 贸易条件、NH_3 贸易条件、NO_X 贸易条件和 SO_X 贸易条件在 1995~2009 年均一直大于 1，意味着中国已经成为这些经济体的"污染避难所"，但污染贸易条件整体上呈现改善趋势。不过，中国与印度之间的 CO_2 贸易条件和

NO_x 贸易条件下降至 1 以下，且 NH_3 贸易条件在整个研究期间小于 1，但 SO_x 贸易条件一直大于 1。因此，整体来看，中国并没有成为印度的"污染避难所"。中国与俄罗斯之间的 CO_2 贸易条件和 NO_x 贸易条件在 1995~2009 年均小于 1，但 NH_3 贸易条件和 SO_x 贸易条件一直大于 1，这意味着与俄罗斯进行双边贸易有利于中国 CO_2 和 NO_x 减排，但不利于 NH_3 和 SO_x 减排，即中国成了俄罗斯的"CO_2 和 NO_x 避难所"而没有成为"NH_3 和 SO_x 避难所"。中国与巴西之间的 NH_3 贸易条件和 NO_x 贸易条件小于 1，而 CO_2 贸易条件和 SO_x 贸易条件在研究期内一直大于 1，即中国成了巴西的"CO_2 和 SO_x 避难所"而没有成为其"NH_3 和 NO_x 避难所"。

我国国内 CO_2、NH_3、NO_x 和 SO_x 排放强度的下降分别是导致我国双边贸易 CO_2、NH_3、NO_x 和 SO_x 贸易条件下降的最主要因素。而进口来源区域污染排放强度的下降和我国国内中间投入结构的恶化对我国双边贸易 CO_2、NH_3、NO_x 和 SO_x 贸易条件产生正效应，即增加了我国双边贸易污染贸易条件。值得一提的是，进口品来源国结构效应增加了我国与欧盟之间的 CO_2、NH_3、NO_x 和 SO_x 贸易条件，即产生正效应。

第九章 结论与政策建议

第一节 主要结论

1. 从最终需求角度分析环境污染影响因素

第一，整体而言，通过对 1995~2009 年数据的分析发现，经济规模效应和中间投入产品结构效应是驱动中国环境污染排放增长的主要原因。生产技术进步提高了能源的利用效率，进而降低了污染排放强度，对缓解中国环境质量恶化起到较大的作用，表明中国应继续通过鼓励企业加大研发投入力度，提高生产技术进步来达到节能减排的目的。而基于最终需求的产业结构效应、最终需求结构效应和进口中间品投入比例变化效应对环境污染排放增长的影响不显著。进一步深入分析可发现，导致中国环境污染排放增长的动因在此期间发生了根本的改变。其中，金属冶炼、压延加工业及金属制品业，电力、燃气及水的供应业等污染密集型行业中间投入上升幅度较为显著，已成为中国环境污染排放加速增长的重要原因。

第二，为深入分析中国经济增长方式的转变与空气污染排放增长的关系，基于最终需求的视角研究消费需求、投资需求和出口需求对环境污染排放的影响，发现驱动经济增长的三类最终需求单位产出隐含污染排放强度不同，综合温室气体和两类污染物的结果，得出基于消费驱动的经济增长是清洁型的，而基于投资驱动的经济增长是污染型的。同时，单位消费需求增加值率处于较高水平，而单位投资和单位出口需求增加值率处于较低水平且下降幅度较大。

研究结论还发现，加入 WTO 之前，消费需求效应是导致中国环境污染排放增长的最主要因素，远高于投资需求效应和出口需求效应对中国环境污染排放的作用；加入 WTO 之后，投资需求超过消费需求成为中国环境质量恶化的最主要因素，是近年来中国环境污染排放加速增长的主要原因，中国经济增长已经进入粗放式发展阶段。进一步分析中国经济增长的依存结构发现，中国经济从 1995 年趋向于"内需依存型"到 2001 年开始逐渐趋向于"出口导向型"，而这种经济增长模式的改变既推动了中国经济高速增长，也成为环境污染排放近年来加速增长的主要原因。因此，中国应该平衡并利用好国际与国内两个市场，大力发展内需型经济，既能促进经济增长，也能改善中国环境质量。

2. 从供给角度分析环境污染影响因素

第一，1995~2009 年，中国和美国一直是空气污染物排放大国，加入WTO 以来，中国超过美国成为空气污染物排放第一大国，排放强度一直呈下降趋势，但远高于其他"金砖国家"和发达国家。电力、煤气和水的供应业，其他非金属矿物制品业和陆上运输及管道运输业等产业是中国空气污染排放的重点产业。其中，电力、煤气和水的供应业，采矿及采石业，陆上运输及管道运输业和化学工业等重点空气污染产业排放强度下降带来的正效应大于经济规模扩大带来的负效应，但中间分配效应和供给结构效应成为中国空气污染物上升的重要因素。

第二，1995~2009 年，经济规模效应是导致中国空气污染物排放增加的重要因素，排放强度效应是抑制污染物排放增加的重要因素，加入WTO 以后，经济规模效应给中国空气污染带来的负面效应超过排放强度效应给中国空气污染排放带来的正面效应。而美国、德国、日本和韩国等发达国家和俄罗斯、巴西等"金砖国家"，排放强度效应已经超过经济规模效应，促使发达国家空气污染物排放总量呈下降趋势。俄罗斯和巴西等"金砖国家"空气污染物排放总量基本保持不变。印度由于经济规模效应的负效应明显大于排放强度效应，研究期内，空气污染物排放量明显上升。至 2009 年，中国空气污染排放强度仅低于印度，明显高于美国、德国、日本和韩国等发达国家，也高于俄罗斯和巴西等"金砖国家"。

第三，相对经济规模效应和排放强度效应而言，中间分配效应和供给结构效应对"金砖国家"和美国、德国、日本和韩国等发达国家的影响都较小，但对各国的影响存在差异。1995~2009 年，供给结构效应促使中国空气污染物排放增加 0.95MT，对其他"金砖国家"和美国、日本以及韩国等发达国家空气污染存在抑制作用；2001~2009 年，供给结构效应已实现对空气污染物排放的抑制作用，中国的总体供给结构已经改善。中间分配效应对中国空气污染排放具有较强的负面效应，而对俄罗斯、巴西和印度等"金砖国家"以及美国、德国、日本和韩国空气污染物排放影响不明显。

3. 从总量层面分析中国环境贸易平衡及其影响因素

从总量层面分析我国对外贸易的环境效应。结果显示，绝对量上，1995~2009年我国温室气体（CO_2）、水污染（NH_3）、空气污染（NO_x和SO_x）的环境贸易平衡一直保持赤字且赤字额呈现增加趋势。这意味着，国际贸易对我国环境的正面影响远低于负面影响，我国伴随贸易盈余的同时也成为环境赤字国。而出口规模的迅速攀升是导致我国环境贸易赤字上升的主要因素，进口规模的扩张和国内污染排放强度的下降是抑制我国环境贸易赤字快速上升的主要因素；相对量上，1995~2009年，我国CO_2和三种污染物的污染贸易条件均大于1，表明我国出口品比进口品"肮脏"，"污染避难所"假说成立，对外贸易增加了我国污染排放量。不过，样本期内，CO_2和三种污染物的污染贸易条件呈大幅度的下降趋势。这意味着，我国的污染贸易条件在逐渐改善，近年来实施的大量减排政策逐渐取得成效。而我国国内污染排放强度的下降和进口品来源国结构的优化是促使污染贸易条件改善的主要因素，但进口结构的变化和进口来源区域排放强度的下降是恶化污染贸易条件的主要因素。

4. 从部门层面分析对外贸易对中国环境的影响

第一，从各部门出口隐含污染物转移角度来看，1995~2009年中国出口隐含CO_2、NH_3、NO_x和SO_x排放量主要由第二产业的出口导致，至2009年，其占中国总出口隐含CO_2、NH_3、NO_x和SO_x排放量的比重均达80%以上。而第二产业的制造业出口贸易隐含CO_2、NH_3、NO_x和SO_x排放量又分别是第二产业出口贸易隐含CO_2、NH_3、NO_x和SO_x排放量的主要构成行业。这与中国具有"中国制造"与"世界加工厂"的称号相符合。进一步考察制造业细分部门发现，电气与光学设备制造业，纺织及服装制造业，金属冶炼、压延加工业及金属制品业这三个部门出口隐含温室气体（CO_2）和空气污染物（NO_x和SO_x）排放量一直居所有细分部门中的前三位。纺织及服装制造业和食品制造及烟草加工业这两个部门出口隐含NH_3排放量一直居所有细分部门中的前两位。

第二，从各部门进口隐含污染物转移角度来看，中国进口隐含温室气体（CO_2）和空气污染物（NO_x 和 SO_x）排放量主要由第二产业的进口导致。但是，在整个研究期间，中国进口隐含水污染（NH_3）排放量主要由第一产业的进口引起。这意味着，在每个产业进口量一定时，同一产业进口隐含 CO_2、NH_3、NO_x 和 SO_x 排放量分别占中国三次产业进口隐含 CO_2、NH_3、NO_x 和 SO_x 排放量的比重存在很大的差异，原因是第一产业进口产品中水污染（NH_3）排放强度明显超过了其他产业进口产品中水污染（NH_3）排放强度，造成第一产业进口产品隐含 NH_3 排放量远超过其他产业。第二产业进口隐含 CO_2、NH_3、NO_x 和 SO_x 排放量又主要由制造业的进口构成。深入分析制造业细分部门可知，电气与光学设备制造业，化学工业，金属冶炼、压延加工业及金属制品业这三个部门进口隐含温室气体（CO_2）和空气污染物（NO_x 和 SO_x）排放量是构成制造业进口隐含温室气体（CO_2）和空气污染物（NO_x 和 SO_x）排放量的主要部分。食品制造及烟草加工业和化学工业是构成制造业进口隐含水污染（NH_3）排放量的两个主要部门。

第三，从各部门的环境贸易平衡来看，1995~2009 年，第二产业和第三产业的 CO_2、NH_3、NO_x 和 SO_x 贸易平衡均表现为赤字状态且赤字额呈现增加趋势，但第一产业的环境贸易平衡却从赤字状态逐渐转为盈余状态，并且盈余额呈现增加态势。同时，第二产业是导致中国 CO_2、NH_3、NO_x 和 SO_x 贸易平衡呈现赤字状态的主要产业。而在第二产业包含的四个行业之中，1995~2009 年，除采矿及采石外其他三个行业（制造业，电力、煤气和水的供应业以及建筑业）的 CO_2 和三种污染物环境贸易平衡均表现为赤字状态，并且制造业是构成第二产业环境贸易赤字的主要部门。进一步比较制造业的细分部门，整体上，电气与光学设备制造业和纺织及服装制造业这两个部门的 CO_2 和三种污染物环境贸易赤字额一直居所有细分部门的前两位。

第四，从各部门的污染贸易条件来看，1995~2009 年，整体而言，中国三次产业和 35 个细分部门的 CO_2、NH_3、NO_x 和 SO_x 贸易条件均大于 1 但均呈现下降趋势。这表明，中国三次产业和各部门的出口产品比进口产品都"肮脏"，三次产业和各部门均已成为其他国家的"污染避难所"，但污染贸易条件呈现改善趋势。

5. 从国别（地区）层面分析中国环境贸易平衡及其影响因素

第一，从双边贸易进出口隐含污染排放量来看，中国出口贸易隐含温室气体（CO_2）、水污染（NH_3）和空气污染（NO_X和SO_X）主要流向欧美经济体的欧盟和美国，其占中国总出口贸易隐含污染物排放量的比重达 2/5 以上。这与中国出口到欧美国家（欧盟和美国）的贸易额占中国总出口贸易额的比重变化相符合。随着出口到资源型国家的贸易额占中国总出口贸易额的比重逐渐增加，出口隐含 CO_2、NH_3、NO_X 和 SO_X 排放量流向资源型国家的比重也呈增长趋势；中国进口产品主要来源于欧盟和日本，而中国进口隐含温室气体（CO_2）和空气污染物（NO_X 和 SO_X）排放量整体上主要来源于东亚经济体的韩国和中国台湾地区。1995~2001 年，中国进口隐含 NH_3 量主要来源于澳大利亚、欧盟和美国，2001 年之后主要来源于巴西、澳大利亚和欧盟等经济体。

第二，从双边贸易污染物净转移量来看，中国与发达经济体（欧盟、美国、德国、法国、英国和意大利）、东亚经济体（日本、韩国和印度尼西亚）以及资源型国家（澳大利亚和印度）之间双边贸易隐含 CO_2、NH_3、NO_X 和 SO_X 排放量平衡在 1995~2009 年均为负，即与这些经济体进行贸易不利于中国温室气体 CO_2 和三种污染物的减排。而整体来看，中国与中国台湾地区、俄罗斯和巴西进行双边贸易有利于中国污染物减排。从相对量来看，中国温室气体（CO_2）、水污染（NH_3）和空气污染（NO_X 和 SO_X）贸易平衡呈现较大赤字状态主要是由于中国与欧美国家（美国和欧盟）之间相应污染物贸易平衡呈现赤字额造成的。

第三，从相对量污染贸易条件来看，中国与发达经济体（欧盟、美国、德国、法国、英国和意大利）、东亚经济体（日本、韩国和中国台湾地区）以及资源型国家（澳大利亚）之间的 CO_2、NH_3、NO_X 和 SO_X 的贸易条件在 1995~2009 年均一直大于 1，意味着中国已经成为这些经济体的"污染避难所"，但污染贸易条件整体上呈现改善趋势。不过，综合温室气体和 NH_3 来看，中国并没有成为印度的"污染避难所"。中国成了俄罗斯的"CO_2 和 NO_X 避难所"而没有成为其"NH_3 和 SO_X 避难所"。中国成了巴西的"CO_2 和 SO_X 避难所"而没有成为其"NH_3 和 NO_X 避难所"。

第四，从影响因素来看，不管是中国与欧美国家、东亚经济体还是资源型国家，进口规模的扩张和中国国内污染排放强度的下降均是促使中国与这些经济体之间环境贸易赤字额减少的主要因素，但出口规模的扩张、中国国内中间投入结构的劣化和进口来源区域污染排放强度的下降均驱动着中国与欧美国家、东亚经济体和资源型国家之间 CO_2、NH_3、NO_X 和 SO_X

的贸易赤字额增加，成为恶化了中国双边贸易隐含 CO_2、NH_3、NO_X 和 SO_X 贸易平衡的主要三大因素。中国 CO_2、NH_3、NO_X 和 SO_X 排放强度的下降分别是导致中国双边贸易 CO_2、NH_3、NO_X 和 SO_X 贸易条件下降的最主要因素。而进口来源区域污染排放强度的下降和中国中间投入结构的恶化对中国双边贸易 CO_2、NH_3、NO_X 和 SO_X 贸易条件产生正效应，即增加了中国双边贸易污染贸易条件。值得一提的是，由于采用的是全球多区域投入产出表，所以中国与欧盟之间污染贸易条件的分解因素将多一个"进口品来源国结构效应"，而从之前的分析中我们可以得到，进口品来源国结构效应均增加了中国与欧盟之间的 CO_2、NH_3、NO_X 和 SO_X 贸易条件，即产生正效应。

第二节　政策建议

　　根据投入产出模型，从总体、部门、国别（地区）、多污染物四个维度，对影响我国对外贸易环境效应的因素进行 SDA 分析，我们发现在影响我国对外贸易环境效应的环境贸易平衡绝对量的八种效应和污染贸易条件相对量的七种效应中，仅可以通过调整出口区域污染排放强度、出口区域中间投入结构、出口产品结构、进口产品结构和进出口规模（或进口品来源国结构），来改善我国对外贸易的环境效应。但有些影响因素对我国不同污染物的排放存在不同效应，需区别对待。理论与实践相结合，从总体、国别（地区）和多污染物三个维度综合研究我国贸易与环境污染之间的关系，关键在于根据实证分析的结果为我国环境政策和贸易政策的制定与实施、经济的发展模式等方面提出可行性建议。本书的研究有利于我国有效地追踪环境恶化的原因，引导我国制定和实施合理的环境政策和贸易政策，促进经济增长与环境保护相协调。

　　首先，继续加大减排力度，提高减排技术水平，降低我国国内环境污染排放强度。从影响因素来看，环境污染排放强度是促进我国环境贸易平衡（ETB）和双边贸易隐含污染排放量平衡（BEEBT）赤字额降低的重要原因，也是改善我国污染贸易条件和双边贸易污染贸易条件的重要因素。由此可以认为，降低污染排放强度将成为我国减排的主要途径，我国应该进一步降低环境污染排放强度来改善环境质量、环境贸易平衡和污染贸易条件。因此，一方面，我国应加大科研投入，提高自主创新能力，降低对国外核心技术的高度依赖，提高能源利用率，进而降低污染排放强度，减少环境污染排放量，改善环境质量；另一方面，鼓励低污染、低能耗等新兴产业的发展，鼓励环境技术研发的投入和清洁生产设备的投资，进而降低高污染、高能耗产业的比重，减少污染排放。同时，节能减排相关技术水平的提高将有利于我国产业在世界环境保护舞台上占据一席之地，逐渐掌控减排技术创新的主动权，从而摆脱受发达国家任意摆布的从属地位。

其次，合理利用国内外市场，调节进出口产品结构。从影响因素和贸易平衡比较来看，出口规模效应是增加我国环境污染物排放量的主要因素，而进口规模效应刚好相反，但这并不意味着我国需要通过增加进口量、减少出口量来达到减少环境污染排放量的目的，而应该充分利用国内与国际两个市场，引进并自主创新节能减排技术，调整进出口产品结构，降低污染系数较高行业出口份额，进而改善我国环境贸易平衡和双边贸易隐含排放量平衡。我国以量的扩张为特征的粗放式贸易模式是不可持续的，因为，一方面，将继续扩大我国环境贸易赤字，不利于我国实施节能减排措施；另一方面，我国将始终受制于发达国家，处于低端的价值链环节，成为世界的"加工厂"，如在"新三角贸易"中，我国扮演着东亚区域对外出口平台的角色。因此，在贸易全球化的今天，我国需要不断提高出口产品的"质"，优化出口产品结构，进而拉动经济增长并改善我国环境质量。

最后，拓宽进口产品渠道，调节进口产品来源国结构，改变我国现处于"低附加值、高污染、高排放"的位置。从进口产品来源国结构对污染贸易条件的影响效应可知，其减少了我国污染贸易条件。由此可以认为，我国可以通过从主要的贸易伙伴国，如美国、日本、德国等发达国家，进口大量先进的节能技术和清洁生产技术产品，然后进行"干中学"，进而提升自主创新能力，增强产品的国际竞争力，改善贸易不平衡状态下隐含的环境贸易不平衡状态。这一方面能增加进口规模，根据进口规模效应对我国环境贸易平衡和双边贸易隐含污染贸易平衡的影响可知，扩大进口规模将实现减少我国环境贸易赤字的目的，进而促进环境贸易平衡，改善贸易与环境的关系；另一方面将有助于改善我国自身的生产技术和能源利用效率。通过进口大量的外来环保技术，进行吸收再加工，创造出适合国内自身条件的节能减排技术，提高能源利用效率，进而减少国内污染排放强度。根据国内污染排放强度效应对环境贸易平衡与污染贸易条件的影响可知，减少污染排放强度将改善环境贸易赤字状态和污染贸易条件，降低贸易给我国环境带来的负面影响。

第三节　研究展望

第一，进一步采用完全区分加工贸易与非加工贸易的投入产出表，重新计算对外贸易隐含污染转移量。虽然本书在已有的文献基础上，基于全球多区域投入产出表（GMRIO），采用了扣除一定加工贸易的投入产出模型，但仍假定进口品一般不再出口。而近年来，随着我国对外贸易的发展，加工贸易仍占较大的份额。因此，进一步采用海关详细的微观数据和已有的多区域投入产出表，编制区分加工贸易与非加工贸易的投入产出表，重新估算对外贸易对我国环境污染的影响，成为下一步深入研究所需。

第二，基于跨国数据，采用计量模型，全面分析对外贸易环境效应的影响因素。由于受数据的限制，缺乏全球各国详细的部门微观数据，本书主要通过数学模型来分解分析影响一国（地区）对外贸易环境效应的驱动因素。因此，如果要进一步深入研究对外贸易环境效应的影响因素，可以采用计量模型来进行全面分析。

第三，如何在全球价值链的背景下测算对外贸易的环境影响效应。随着国际垂直专业化分工的细化和产品内贸易的发展，把全球价值链和贸易的环境影响效应相结合将更加有意义且符合实际需要。

参考文献

包群、彭水军：《经济增长与环境污染》，《世界经济》2006 年第 11 期。

蔡昉、都阳、王美艳：《经济发展方式转变与节能减排内在动力》，《经济研究》2008 年第 6 期。

陈华文、刘康兵：《经济增长与环境质量：关于环境库兹涅茨曲线的经验分析》，《复旦学报》（社会科学版）2004 年第 2 期。

陈诗一：《节能减排与中国工业的双赢发展：2009~2049》，《经济研究》2010 年第 3 期。

陈诗一：《能源消耗、二氧化碳排放与中国工业的可持续发展》，《经济研究》2009 年第 4 期。

党玉婷：《中国对外贸易与环境污染——基于多边及双边贸易的污染含量分析》，南开大学博士学位论文，2010 年。

党玉婷：《中美贸易的内涵污染实证研究——基于投入产出技术矩阵的测算》，《中国工业经济》2013 年第 12 期。

邓吉祥、刘晓、王铮：《中国碳排放的区域差异及演变特征分析与因素分解》，《自然资源学报》2014 年第 29 卷第 2 期。

傅京燕、裴前丽：《中国对外贸易对碳排放量的影响及其驱动因素的实证分析》，《财贸经济》2012 年第 5 期。

高静、刘友金：《中美贸易中隐含的碳排放以及贸易环境效应——基于环境投入产出法的实证分析》，《当代财经》2012 年第 5 期。

郭朝先：《中国二氧化碳排放增长因素分析》，《中国工业经济》2010 年第 12 期。

何洁：《国际贸易对环境的影响：中国各省的二氧化硫（SO_2）工业排放》，《经济学》（季刊）2010 年第 9 卷第 1 期。

贺泓、王新明、王跃思、王自发、刘建国、陈运法：《大气雾霾追因与控制》，《中国科学院院刊》2013 年第 28 卷第 3 期。

蒋金荷:《中国碳排放量测算及影响因素分析》,《资源科学》2011年第33卷第4期。

李小平、卢现祥:《国际贸易、污染产业转移和中国工业CO_2排放》,《经济研究》2010年第1期。

林伯强、蒋竺均:《中国二氧化碳的环境库兹涅茨曲线预测及影响因素分析》,《管理世界》2009年第4期。

刘红光、刘卫东、唐志鹏:《中国产业能源消费碳排放结果及其减排敏感性分析》,《地理科学进展》2010年第29卷第56期。

刘瑞翔、安同良:《中国经济增长的动力来源与转换展望》,《经济研究》2011年第7期。

刘瑞翔、姜彩楼:《从投入产出视角看中国能耗加速增长现象》,《经济学》(季刊)2011年第10卷第3期。

刘伟、蔡志洲:《技术进步、结构变动与改善国民经济中间消耗》,《经济研究》2008年第4期。

马丽梅、张晓:《中国雾霾污染的空间效应及经济、能源结构影响》,《中国工业经济》2014年第4期。

倪红福、李善同、何建武等:《贸易隐含CO_2测算及影响因素的结构分解分析》,《环境科学研究》2012年第25卷第1期。

彭水军、刘安平:《中国对外贸易的环境影响效应:基于环境投入产出模型的经验研究》,《世界经济》2010年第5期。

齐晔、李惠民、徐明:《中国进出口贸易中的隐含碳估算》,《中国人口·资源与环境》2008年第18卷第3期。

沈利生、唐志:《对外贸易对我国污染排放的影响——以二氧化硫排放为例》,《管理世界》2008年第6期。

沈利生:《"三驾马车"的拉动作用评估》,《数量经济技术经济研究》2009年第4期。

盛斌、吕越:《外国直接投资对中国环境的影响——来自工业行业面板数据的实证研究》,《中国社会科学》2012年第5期。

孙建卫、赵荣钦、黄贤金、陈志刚:《1995~2005年中国碳排放核算及其因素分解研究》,《自然资源学报》2010年第25卷第8期。

孙文杰:《中国劳动报酬份额的演变趋势及其原因——基于最终需求和技术效率的视角》,《经济研究》2012年第5期。

孙小羽、臧新：《中国出口贸易的能耗效应和环境效应的实证分析——基于混合单位投入产出模型》，《数量经济技术经济研究》2009 年第 4 期。

王锋、吴丽华、杨超：《中国经济发展中碳排放增长的驱动因素研究》，《经济研究》2010 年第 2 期。

王文中、程永明：《地球暖化与温室气体的排放——中日贸易中的 CO_2 排放问题》，《生态经济》2006 年第 7 期。

吴献金、李妍芳：《中日贸易对碳排放转移的影响研究》，《资源科学》2012 年第 34 卷第 2 期。

徐慧：《中国进出口贸易的环境成本转移：基于投入产出模型的分析》，《世界经济研究》2010 年第 191 卷第 1 期。

许广月、宋德勇：《中国碳排放环境库兹涅茨曲线的实证研究》，《中国工业经济》2010 年第 5 期。

许和连、邓玉萍：《外商直接投资导致了中国的环境污染吗？——基于中国省际面板数据的空间计量研究》，《管理世界》2012 年第 9 期。

许士春、习蓉、何正霞：《中国能源消耗碳排放的影响因素分析及政策启示》，《资源科学》2012 年第 34 卷第 1 期。

许钊：《我国对外贸易的环境效应评价研究》，华北电力大学硕士学位论文，2010 年。

闫云凤、赵忠秀：《中国对外贸易隐含碳的测度研究——基于碳排放责任界定的视角》，《国际贸易问题》2012 年第 1 期。

杨海生、贾佳、周永章等：《贸易、外商直接投资、经济增长与环境污染》，《中国人口·资源与环境》2005 年第 15 卷第 3 期。

姚愉芳、齐舒畅、刘琪：《中国进出口贸易与经济、就业、能源关系及对策研究》，《数量经济技术经济研究》2008 年第 10 期。

袁鹏、程施、刘海洋：《国际贸易对我国 CO_2 排放增长的影响——基于 SDA 与 LMDI 结合的分解法》，《经济评论》2012 年第 1 期。

张友国：《经济发展方式变化对中国碳排放强度的影响》，《经济研究》2010 年第 4 期。

张友国：《中国贸易含碳量及其影响因素：基于（进口）非竞争型投入产出表的分析》，《经济学》（季刊）2010 年第 9 卷第 4 期。

张友国：《中国贸易增长的能源环境代价》，《数量经济技术经济研究》2009 年第 1 期。

郑义、徐康宁:《中国碳排放增长的驱动因素分析》,《财贸经济》2013 年第 1 卷第 2 期。

中国经济增长报告:《从需求管理到供给管理》,中国发展出版社 2010 年版。

IPCC:日本全球环境战略研究所,《2006 年 IPCC 国家温室气体清单指南》,2006 年。

Ahmed N. and Wyckoff A., "Carbon Dioxide Emissions Embodied in International Trade of Goods", *OECD Science*, *Technology and Industry Working Papers*, 2003.

Andrew R., Peters G.P. and Lennox J., "Approximation and Regional Aggregation in Multi-regional Input-output Analysis for National Carbon Footprint Accounting", *Economic System Research*, Vol.21, No.3, 2009, pp.311-335.

Ang B.W. and Choi K., "Decomposition of Aggregate Energy and Gas Emission Intensities for Industry: A Refined Divisia Index Method", *Energy Journal*, Vol.18, No.3, 1997, pp.59-73.

Ang B.W. and Liu F.L., "A New Energy Decomposition Method: Perfect in Decomposition and Consistent in Aggregation", *Energy*, Vol.26, No.6, 2001, pp.537-548.

Antweiler W., "The Pollution Terms of Trade", *Economics Systems Research*, Vol.8, No.4, 1996, pp.361-366.

Antweiler W., Copeland B.R. and Taylor M.S., "Is Free Trade Good for the Environment?", *NBER Working Paper*, No. 6707, 1998.

Arrow K., Bolin B., Costanza R., et al., "Economic Growth, Carrying Capacity, and the Environment", *Ecological Economics*, Vol.15, 1995, pp.91-95.

Arto I., Rueda-Cantuche J.M., Andreoni V., Mongelli I. and Genty A., "The Game of Trading Jobs for Emissions", *Energy Policy*, Vol.66, 2014, pp.517-525.

Boitier B., "CO_2 Emissions Production-based Accounting vs Consumption: Insights from the WIOD Databases", *WIOD Conference Paper*, April 2012.

Branger F. and Quirion P., "Would Border Carbon Adjustments Prevent Carbon Leakage and Heavy Industry Competetiveness Losses? Insights from a

Meta – analysis of Recent Economic Studies", *Ecological Economic*, Vol. 99, 2014, pp.29–39.

Brizga J., Feng K.S. and Hubacek K., "Drivers of Greenhouse Gas Emissions in the Baltic States: A Structural Decomposition Analysis", *Ecological Economics*, No.98, 2014, pp.22–28.

Carson R. T., Jeon Y. and McCubbin D.R., "The Relationship between Air Pollution Emissions and Income: US Data", *Environment and Development Economics*, Vol.2, No.04, 1997, pp.433–450.

Cazcarro Ignacio, Duarteb Rosa and Sánchez–Chóliz Julio., "Economic Growth and the Evolution of Water Consumption in Spain: A Structural Decomposition Analysis", *Ecological Economics*, No.96, 2013, pp.51–61.

Chen X., Cheng L.K., Fung K.C. and Lau L.J., "The Estimation of Domestic Value –added and Employment Induced by Exports: An Application to Chinese Exports to the United States", *Department of Economics, Stanford University Working Paper*, June 2001.

Cole M.A., "Trade, the Pollution Haven Hypothesis and the Environmental Kuznets Curve: Examining the Linkages", *Ecological Economics*, Vol.48, 2004, pp. 71–81.

Cole M.A., Elliott R.J.R. and Shimamoto K., "Industrial Characteristics, Environmental Regulations and Air Pollution: An Analysis of the UK Manufacturing Sector", *Journal of Environment Economics and Management*, Vol.50, 2005, pp.121–143.

Cole M.A., Elliott R.J.R. and Wu S. S., "Industrial Activity and the Environment in China: An Industry –level Analysis", *China Economic Review*, No.19, 2008, pp.393–408.

Cole M.A., Rayner A.J. and Bates J.M., "The Environmental Kuznets Curve: An Empirical Analysis", *Environment and Development Economics*, Vol. 2, 1997, pp.401–416.

Copeland B.R. and Taylor M.S., "North –south Trade and the Environment", *Quarterly Journal of Economics*, Vol.109, No.3, 1994, pp.755–787.

Copeland B.R. and Taylor M.S., "Trade, Growth and the Environment", *NBER Working Paper*, No.9823, 2003.

Dean J.M., Fung K.C. and Wang Z., "Measuring Vertical Specialization: The Case of China", *Review of International Economics*, Vol.19, No.4, 2011, pp.609-625.

Dietzenbacher E. and Los B., "Structural Decomposition Techniques: Sense and Sensitivity", *Economic Systems Research*, No.10, 1998, pp. 307-323.

Dong Y.L., Ishikawa M., Liu X.B. and Wang C., "An Analysis of the Driving Forces of CO_2 Emissions Embodied in Japan-China trade", *Energy Policy*, Vol.38, No.11, 2010, pp.6784-6792.

Frankel Jeffrey A. and Romer David, "Does Trade Cause Growth", *American Economic Review*, Vol.89, No.3, 1999, pp.379-399.

Friedl B. and Getzner M., "Environment and Growth in a Small Open Economy: An EKC Case-study for Austrian CO_2 Emissions", *Univ. Klagenfurt*, *Inst. für Wirtschaftswiss*, 2002.

Ghosh A., "Input-Output Approach in an Allocation System", *Economica*, Vol. 25, 1958, pp.58-64.

Grossman G. and Krueger A., "Environmental Impacts of a North American Free Trade Agreement", *NBER Working Paper*, NO.3194, 1991.

He J., "Pollution Haven Hypothesis and Environmental Impacts of Foreign Direct Investment: The Case of Industrial Emission of Sulfur Dioxide (SO_2) in Chinese Provinces", *Ecological Economics*, Vol.60, No.1, 2006, pp.228-245.

Hettige H., Mani M. and Wheeler D., "Industrial Pollution in Economic Development: The Environmental Kuznets Curve Revisited", *Journal of Development Economics*, Vol.62, 2000, pp.445-476.

Hoekstra R., Van Den Bergh J.J.C.J.M., "Comparing Structural and Index Decomposition Analysis", *Energy Economics*, Vol.25, 2003, pp.39-64.

Jalil A. and Feridun M., "The Impact of Growth, Energy and Financial Development on the Environment in China: A Co-integration Analysis", *Energy Economics*, Vol.33, No.2, 2011, pp.284-291.

Koopman R., Wang Z. and Wei S.J., "Estimating Domestic Content in Exports when Processing Trade is Pervasice", *Journal of Development Economics*,

Vol.99, No.1, 2012, pp.178-189.

Koopman R., Wang Z. and Wei S.J., "How Much of Chinese Exports is Really Made in China? Assessing Domestic Value-added when Processing Trade is Pervasive", *NBER Working Paper*, No.14109, 2008.

Lenzen M., Moran D., Moram D., Kanemoto K. and Geschke A. "Building Eora: A Global Multi-regional Input-Output Database at High Country and Sector Resolution", *Economic Systems Research*, Vol.25, No.1, 2013, pp.20-49.

Leontief W., "Environmental Repercussions and the Economic Structure: An Input-output Approach". *Review of Economics and Statistics*, Vol.52, 1970, pp.262-271.

Li II., Zhang P.D., He C.Y. and Wang G., "Evaluating the Effects of Embodied Energy in International Trade on Ecological Footprint in China", *Ecological Economics*, Vol.62, No.1, 2007, pp.136-148.

Li Y. and Hewitt C., "The Effect of Trade between China and the UK on National and Global Carbon Dioxide Emissions", *Energy Policy*, Vol.36, No.6, 2008, pp. 1907-1914.

Lin B. and Sun C., "Evaluating Carbon Dioxide Emissions in International Trade of China", *Energy Policy*, Vol.38, No.1, 2010, pp.613-621.

Liu L. and Ma X., "CO_2 Embodied in China's Foreign Trade 2007 with Discussion for Global Climate Policy", *Proceda Environmental Sciences*, Vol.5, 2011, pp. 105-113.

Liu L.C., Fan Y., Wu G. and Wei Y.M., "Using LMDI Method to Analyze the Change of China's Industrial CO_2 Emissions from Final Fuel Use: An Empirical Analysis", *Energy Policy*, Vol.35, No.11, 2007, pp.5892-5900.

Liu X. B., Ishikawa M. Wang C. Dong Y.L. and Liu Wenling., "Analyses of CO_2 Emissions Embodied in Japan-China Trade", *Energy Policy*, Vol.38, No.3, 2010, pp.1510-1518.

Löschel A., Rexhäuser S. and Schymura M., "Trade and the Environment: An Application of the WIOD Database", *Chinese Journal of Population Resources and Environment*, Vol.11, No.1, 2013, pp.51-61.

Machado G., Schaeffer R. and Worrell E., "Energy and Carbon Embodied in the International Trade of Brazil: An Input-output Approach", *Ecological Economics*, Vol.39, No.3, 2001, pp.409-424.

Meng B., Xue J.J., Feng K.S., Guan D.B. and Fu X., "China's Inter-Regional Spillover of Carbon Emissions and Domestic Supply Chains", *Energy Policy*, No.61, 2013, pp.1305-1321.

Minx J.C., Baiocchi G., Peters G.P., Weber C.L. Guan D. and Hubacek K., "A 'Carbonizing Dragon': China's Fast Growing CO_2 Emissions Revisited", *Environmental Science and Technology*, Vol.45, 2011, pp.9144-9153.

Muradian R., O'Connor M. and Martinez-Alier J., "Embodied Pollution in Trade: Estimating the 'Environmental Load Displacement' of Industrialised Countries", *Ecological Economics*, Vol.41, 2002, pp.51-67.

OECD, "The Environmental Effect of Trade", *Paris: OECD*, 1994.

Pan J.H., Phillips J. and Chen Y., "China's Balance of Emissions Embodied in Trade: Approaches to Measurement and Allocating International Responsibility", *Oxford Review of Economic Policy*, Vol.24, No.2, 2008, pp.354-376.

Panayoutou T., "Empirical Tests and Policy Analysis of Environmental Degradation at Different Stages of Economic Development", *International Labour Organization Working Paper*, No.292778, 1993.

Panayoutou Theodore, "Globalization and the Environment", *CID working Paper*, No.53, 2000.

Pao H.T. and Tsai C.M., "Multivariate Granger Causality between CO_2 Emissions, Energy Consumption, FDI (Foreign Direct Investment) and GDP (Gross Domestic Product): Evidence from a Panel of BRIC (Brazil, Russian Federation, India, and China) Countries", *Energy*, Vol.36, 2011, pp.685-693.

Peters G.P., Andrew R. and Lennox J., "Constructing an Environmental-extended Multi-regional Input-output Table Using the GTAP Database", *Economic System Research*, Vol.23, 2011a, pp.131-152.

Peters G.P., Minx J.C., Weber C.L., Edenhofer O., "Growth in Emission Transfers Via International Trade from 1990 to 2008", *Proceeding of the*

National Acadrmy of Sciences, Vol.108, No.21, 2011b, pp.8903-8908.

Peters G.P., Weber C.L., Guan D. and Hubacek K., "China's Growing CO_2 Emissions a Race between Increasing Consumption and Efficiency Gains", *Environmental Science & Technology*, Vol.41, No.17, 2007, pp: 5939-5944.

Ren S.G., Yuan B.L., Ma X. and Chen X.H., "International Trade, FDI (Foreign Direct Investment) and Embodied CO_2 Emissions: A Case Study of Chinas Industrial Sectors", *China Economic Review*, Vol.28, 2014, pp.123-134.

Roberts J.T. and Grimes P.E., "Carbon Intensity and Economic Development 1962-1991: A Brief Exploration of the Environmental Kuznets Curve", *World Development*, Vol.25, No.2, 1997, pp.191-198.

Selden T.M. and Song D., "Environmental Quality and Development: Is There a Kuznets Curve for Air Pollution Emissions?", *Journal of Environmental Economics and Management*, Vol.27, No.2, 1994, pp.147-162.

Shafik N., "Economic Development and Environmental Quality: An Econometric Analysis", *Oxford Economic Papers*, 1994, pp.757-773.

Shao S., Yang L., Yu M. and Yu M., "Estimation, Characteristics, and Determinants of Energy -related Industrial CO_2 Emissions in Shanghai (China), 1994-2009", *Energy Policy*, Vol.39, No.10, 2011, pp.6476-6494.

Shui B. and Harriss R., "The Role of CO_2 Embodied in US-China Trade", *Energy Policy*, Vol.34, No.18, 2006, pp.4063-4068.

Su B. and Ang B.W., "Input-output Analysis of CO_2 Emissions Embodied in Trade: A Multi -region Model for China", *Applied Energy*, Vol.114, 2014, pp.377-384.

Su B. and Ang B.W., "Input-output Analysis of CO_2 Emissions Embodied in Trade: The Effects of Spatial Aggregation", *Ecological Economic*, Vol.70, No.1, 2010, pp.10-18.

Su B., Ang B.W. and Low M., "Input -output Analysis of CO_2 Emissions Embodied in Trade and the Driving Forces: Processing and Normal Exports", *Ecological Economic*, Vol.88, 2013, pp.119-125.

Su B., Huang H.C., Ang B.W. and Zhou P., "Input-output Analysis of CO_2 Emissions Embodied in Trade: The Effects of Sector Aggregation", *Energy Economic*, Vol.32, No.1, 2010, pp.166-175.

Su Bin. and Ang B.W., "Structural Decomposition Analysis Applied to Energy and Emissions: Some Methodological Developments", *Energy Economics*, No.34, 2012, pp.177-189.

Sun J.W., "Accounting for Energy Use in China, 1980-1994", *Energy*, Vol.23, No.10, 1998, pp.835-849.

Vincent J.R., "Testing for Environmental Kuznets Curves within a Developing Country", *Environment and Development Economics*, Vol.2, No.04, 1997, pp.417-431.

Wang C., Chen J. and Zou J., "Decomposition of Energy-related CO_2 Emission in China: 1957-2000", *Energy*, Vol.30, No.1, 2005, pp.73-83.

Wang T. and Watson J., "Who Owns China's Carbon Emissions", *Tyndall Briefing Note*, Vol.23, 2007.

Weber C., Peters G., Guan D. and Hubacek K., "The Contribution of Chinese Exports to Climate Change", *Energy Policy*, Vol.36, No.9, 2008, pp.3572-3577.

Weitzel M. and Ma T., "Emissions Embodied in Chinese Exports Taking into Account the Special Export Structure of China", *Energy Economic*, Vol.45, 2014, pp.45-52.

Wyckoff W. and Roop J.M., "The Embodiment of Carbon in Imports of Manufactured Products: Implications for International Agreements on Greenhouse Gas Emissions", *Energy Policy*, Vol.22, 1994, pp.187-194.

Xepapadeas A. and Amri E., "Environmental Quality and Economic Development: Empirical Evidence Based on Qualitative Characteristics", *Fondazione ENI Enrico Mattei*, 1995.

Xu M., Li R., Crittenden J.C., Chen Y.S., "CO_2 Emissions Embodied in China's Exports from 2002 to 2008: A Structural Decomposition Analysis", *Energy Policy*, Vol.39, 2011, pp.7381-7388.

Xu S.C., He Z.X. and Long R.Y., "Factors That Influence Carbon Emissions Due to Energy Consumption in China: Decomposition Analysis Using

LMDI", *Applied Energy*, Vol.127, 2014, pp.182-193.

Xu Y. and Dietzenbacher E., "A Structural Decomposition Analysis of the Emissions Embodied in Trade", *Ecological Economics*, Vol.101, 2014, pp.10-20.

Yan Y. and Yang L., "China's Foreign Trade and Climate Change: A Case Study of CO_2 Emissions", *Energy Policy*, Vol.38, No.1, 2010, pp.350-356.

Yu Huichao and Wang Limao., "Carbon Emission Transfer by International Trade: Taking the Case of Sino-U.S. Merchandise Trade as an Example", *Journal of Resources and Ecology*, Vol.1, No.2, 2010, pp.155-163.

Zhang M., Mu H., Ning Y., Song Y., "Decomposition of Energy-related CO_2 Emission over 1991-2006 in China", *Ecological Economics*, Vol.68, No.7, 2009, pp.2122-2128.

Zhang Y.G., "Structural Decomposition Analysis of Sources of Decarbonizing Economic Development in China: 1992-2006", *Ecological Economics*, No.68, 2009, pp.2399-2405.

Zhang Y.G., "Supply-side Structural Effect on Carbon Emissions in China", *Energy Economics*, Vol.32, No.1, 2010, pp.186-193.

Zhang Y.G., "The Responsibility for Carbon Emissions and Carbon Efficiency at the Sectoral Level: Evidence from China", *Energy Economics*, Vol.40, 2013, pp.967-975.

索　引

后　记

　　改革开放以来，中国确立了"以经济建设为中心"的发展战略，经过中国经济 30 多年的快速增长，在 2010 年中国超过日本成为世界第二大经济体。中国经济的快速发展引起了国际和国内社会各界的关注。然而，伴随着经济的快速增长，中国环境污染问题日益突出，2013 年以来持续的雾霾天气使公众认识到转变经济发展方式，促进经济与环境的协调发展迫在眉睫。中共十八大将生态文明建设纳入中国特色社会主义五位一体总体布局，提出推进生态文明建设的内涵和目标任务，到中共十八届三中全会提出生态文明体制改革的主要任务，党中央、国务院在推进生态文明建设和加强环境保护认识上更加清醒，态度上更加坚决，内容上更加丰富，要求上更加明确。本书从一般均衡的视角，利用投入产出模型，基于最终需求、供给和对外贸易多个视角研究中国环境污染变迁的影响因素，为系统、全面和多层次地考察中国环境污染的影响规律提供了基础。

　　一方面，中国人口众多、环境承载能力脆弱，人均耕地面积、人均水资源占有量都远远低于世界平均水平；另一方面，包括中国在内的发展中国家正在为发达国家的环境和资源成本买单。同时还受到来自发达国家对中国等发展中国家加强环境保护的舆论压力。在国内和国际形势下，"先污染，后治理"的老路在我国走不通也走不起，从宏观战略层面切入，从生产、分配、流通、消费的再生产全过程入手，制定和完善环境经济政策，形成激励与约束并举的环境保护长效机制，探索环境保护新路，正在成为"新常态"。本书利用由欧盟 11 个机构联合编制的世界投入产出表数据库（WIOD）和环境账户表，基于 GMRIO 模型，从最终需求、供给和对外贸易多个视角研究中国环境污染变迁的影响因素，可从生产、分配、流通、消费等环节为环境污染治理提供政策依据。

　　本书由谢锐拟定写作大纲和章节结构，由谢锐负责第一章、第二章和第九章的撰写，由谢锐和赵果梅负责第三章、第五章、第六章、第七章和

第八章的撰写，由谢锐和王芳芳负责第四章内容撰写。

本书的顺利出版得到了博士后合作导师——中国社会科学院数量经济与技术经济研究所副所长李雪松教授、中国社会科学院金融研究所副所长胡滨研究员、经济管理出版社博士后文库副主任宋娜等老师的大力支持和帮助，在此表示衷心的感谢！本书是博士后科学基金面上资助项目《东亚区域贸易自由化对我国环境效应的动态一般均衡分析》（2012M510057）、国家自然科学青年基金项目《环境规制对能源—经济—环境系统的影响及其路径选择：基于动态 CGE 模型的研究》（71303076）和两型社会与生态文明协同创新中心项目共同资助的阶段性成果，也是在博士后出站报告的基础上扩充而成的成果，因为研究时间和写作水平限制，书中内容难免存在缺陷和疏漏之处，但文责自负，敬请各位读者谅解和指正。

作者

2015 年 8 月